计算机辅助设计（AutoCAD平台）

AutoCAD 2007
职业技能培训教程

（绘图员级）

教材编写委员会　编写

北京希望电子出版社
Beijing Hope Electronic Press
www.bhp.com.cn

内容简介

本书共分 11 章，从 AutoCAD 的基础知识讲起，介绍了 AutoCAD 的绘图环境设置、基本图形绘制、图形属性与编辑、精确绘图、尺寸标注与文字、三维绘图、专业绘图、文件输出及 2007 版新增的 Internet 功能等知识。其中还包括了综合实例的操作讲解，以使读者能更好理解和掌握书中所介绍的知识。

本教程可作为普通高等院校、中等专业学校、技工学校、职业高中及社会培训机构进行 AutoCAD 软件应用技能培训与测评的教材，也适用于学习 AutoCAD 制图知识，自测 AutoCAD 制图技能的广大读者。

为方便考生练习，本书配套资源将在北京希望电子出版社微信公众号、微博，以及北京希望电子出版社网站（www.bhp.com.cn）上提供。

图书在版编目（CIP）数据

计算机辅助设计（AutoCAD 平台）AutoCAD 2007 职业技能培训教程：绘图员级 / 教材编写委员会编写. —北京：北京希望电子出版社，2012.9

ISBN 978-7-83002-040-8

Ⅰ. ①计… Ⅱ. ①全… Ⅲ. ①计算机辅助设计—AutoCAD 软件—技术培训—教材 Ⅳ. ①TP391.72

中国版本图书馆 CIP 数据核字(2012)第 108296 号

出版：北京希望电子出版社
地址：北京市海淀区中关村大街 22 号
中科大厦 A 座 10 层
邮编：100190
网址：www.bhp.com.cn
电话：010-82620818（总机）转发行部
010-82626237（邮购）
传真：010-62543892
经销：各地新华书店

封面：张　洁
编辑：杨　莉
校对：石文涛
开本：787mm×1092mm　1/16
印张：13.875
字数：329 千字
印刷：北京建宏印刷有限公司
版次：2022 年 7 月 1 版 6 次印刷

定价：43.80 元

国家职业技能鉴定专家委员会
计算机专业委员会名单

主 任 委 员： 路甬祥

副主任委员： 张亚男　周明陶

委　　　员：（按姓氏笔画排序）

丁建民　王　林　王　鹏　尤晋元　石　峰
冯登国　刘　旸　刘永澎　孙武钢　杨守君
李　华　李一凡　李京申　李建刚　李明树
求伯君　肖　睿　何新华　张训军　陈　钟
陈　禹　陈　敏　陈　蕾　陈孟锋　季　平
金志农　金茂忠　郑人杰　胡昆山　赵宏利
赵曙秋　钟玉琢　姚春生　袁莉娅　顾　明
徐广懋　高　文　高晓红　唐　群　唐韶华
桑桂玉　葛恒双　谢小庆　雷　毅

秘　书　长： 赵伯雄

副 秘 书 长： 刘永澎　陈　彤　何文莉　陈　敏

教材编委会名单

顾　　　问：陈　宇　陈李翔

主任委员：刘　康　张亚男　周明陶

副主任委员：袁　芳　陈　彤

委　　　员：（按姓氏笔画排序）

丁文花　马　进　石文涛　皮阳文　朱厚峰

刘南平　杨　莉　肖慧俊　何新华　邱　璟

张训军　张　慧　张灵芝　陈　捷　陈　敏

罗　辑　周宝龙　徐建华

本书执笔人：梁　静　周　华　张琳娜　任文静　董亚谋

张亮亮　单铮荣　成建联　周延杰　张　军

刘　瑞　李文昊

出 版 说 明

本书是计算机辅助设计（AutoCAD 平台）AutoCAD 2007 绘图员级培训教材，根据计算机辅助设计（AutoCAD 平台）AutoCAD 2007 绘图员考试大纲精心编写。本书共分 11 章，从 AutoCAD 的基础知识讲起，介绍了 AutoCAD 的绘图环境设置、基本图形绘制、图形属性与编辑、精确绘图、尺寸标注与文字、三维绘图、专业绘图、文件输出及 2007 版新增的 Internet 功能等知识。其中还包括了综合实例的操作讲解，使读者能更好理解和掌握书中所介绍的知识。

本教程可作为普通高等院校、中等专业学校、技工学校、职业高中及社会培训机构进行 AutoCAD 软件应用技能培训与测评的教材，也适用于学习 AutoCAD 制图知识，自测 AutoCAD 制图技能的广大读者。

本书执笔人为陕西邮电职业技术学院梁静、周华、张琳娜、任文静、董亚谋、张亮亮，陕西科技大学单铮荣，长安大学工程机械学院成建联，西安财经学院信息学院周延杰，西安美术学院设计系张军，西安建筑科技大学艺术学院刘瑞，陕西省佳脉计算机信息高新技术考试站李文昊。参与本书编写还有李奇、罗传江、周颖、王敏、孙聪妮、郭红梅、白建兵、邓鲲鹏、严瑜筱等。

关于本书的不足之处，敬请批评指正。

目　录

第 1 章　初识 AutoCAD 2007

要学好 AutoCAD 必须首先掌握它的一些基础操作，并熟悉 AutoCAD 的界面组成，以及启动和退出 AutoCAD 软件和掌握图形文件的新建、打开、保存和关闭等。只有熟练掌握了 AutoCAD 2007 的绘图基础，才能为以后的学习奠定基础。

本章主要技能点

- 建立文件：建立新图形文件。
- 关闭文件：关闭已经打开的图形文件。
- 保存：以给定的文件名保存文件至指定文件夹中。

本章导读

AutoCAD 2007 中文版是 Autodesk 公司 CAD 系列的产品，可用于绘制建筑图、土木工程图和机械图等专业图形，本次升级最主要的改变是动态块和动态输入显示。初学者通过本章的学习可以初步了解 AutoCAD，为后续学习 AutoCAD 做好基础准备工作。接下来将进入 AutoCAD 的系统学习阶段。

1.1　AutoCAD 2007 概述

1.1.1　AutoCAD 2007 简介

AutoCAD（Auto Computer Aided Design，计算机辅助设计）是由美国 Autodesk 公司开发的通用计算机辅助绘图设计软件包，具有易于掌握、使用方便、体系结构开放等优点，能够绘制二维图形与三维图形、标注尺寸、渲染图形以及打印输出图纸，目前广泛应用在机械、建筑、电子、航天、造船、石油化工、土木工程等方面，深受广大用户的喜爱。

随着技术的不断进步，AutoCAD 也在日益创新，从 1982 年开始的 1.0 版到 AutoCAD 2007 版的推出，共经历了 20 多种版本的演变，并由个人单独设计的工作模式发展到协同设计、共享资源的工作模式，功能更加强大，技术日趋完善，并进一步朝人性化、自动化方向发展。AutoCAD 2007 与 AutoCAD 先前的版本相比，它在性能和功能方面都有较大的增强，同时与低版本完全兼容。

1.1.2　AutoCAD 2007 的系统要求

安装 AutoCAD 2007 硬件推荐配置如下：

- Intel Pentium Ⅲ 以上的 PC 机，配置 500 MHz 或更高频的处理器。
- Windows XP Professional/Home、Windows 2000 或 Windows NT4.0（带有 SP 6a 或更高版本）操作系统，Microsoft Internet Explorer 6.0 版本以上的 Web 浏览器。
- 128 MB 以上内存。
- 500 MB 以上的硬盘空间。
- VGA 显示器，支持 1024×768 VGA 真彩色或更高的分辨率。

- 鼠标或轨迹球、键盘。
- 绘图仪或打印机等输出设备。

1.1.3 AutoCAD 2007 的新增功能

AutoCAD 2007 继承了 AutoCAD 以往版本效率高、功能强、快速、便捷，可以帮助用户更快地创建设计数据，更轻松地共享设计数据，更有效地管理软件等特点外，AutoCAD 2007 附增了一些新的特性，如增加了三维图形的处理能力等。另外，在文件格式，打开速度，DWF、Xref、PDF 输出和 API 方面等都有所增强。AutoCAD 2007 新增功能包括以下几个方面。

1. 文件格式

AutoCAD 2007 将采用新的 DWG 文件格式，但仍向下兼容旧版本的文件格式。AutoCAD 2007 可以另存为 AutoCAD 2004 和 AutoCAD 2000 版本的文件，甚至是以 DWF 为格式的 AutoCAD R14 版本文件。选择【文件】|【另存为】命令，弹出如图 1-1 所示对话框，在“文件类型”下拉菜单中可以选择所需的文件格式。

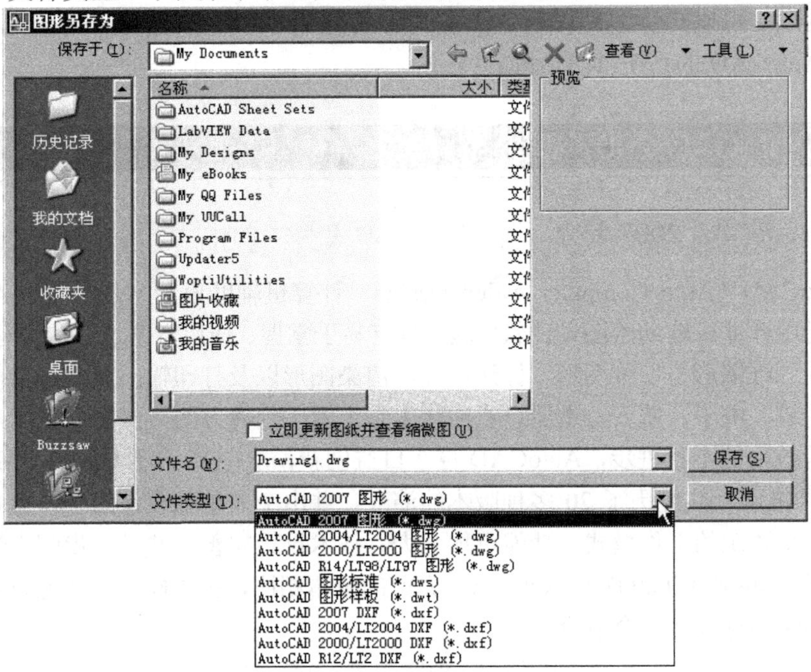

图 1-1 “图形另存为”对话框

2. “三维建模”工作空间

增加了“三维建模”工作空间，当选择了“三维建模”工作空间，绘图区域将以三维建模的绘图效果显示。在“三维建模”工作空间下，坐标显示为三维的 UCS 坐标，系统自动打开了“三维建模”、“视角样式”和“渲染”等工具选项控制面板，使得创建三维对象更加方便、快捷。

3. 简易的三维绘图方式

在 AutoCAD 2007 中，可以通过三维绘图界面和动态输入提示，使绘制实体、曲面都变得简单且直观。AutoCAD 2007 简易的绘图主要包括以下几点。

（1）创建三维实体：通过预置的三维实体模型，可以更加轻松地创建三维实体（例如长方体、圆锥体、圆柱体、球体、棱锥体等）等常用的基本模型。创建实体图形时，只要用鼠标点击“三维建模”工作选项面板中的相应实体，即可完成创建。

（2）创建螺旋线：AutoCAD 2007 中可以直接生成开放的二维或三维的螺旋线。可以使用螺旋线直接创建弹簧或螺钉，在以前的版本中创建弹簧或螺钉之类的物体需要很繁琐的操作且不能直接生成。

（3）创建实体和曲面：可以利用直线或者曲线通过拉伸、扫掠、放样、旋转这些命令创建实体和曲面，也可以使用直线和曲线来定义实体或曲面的截面轮廓和路径。闭合的截面轮廓（例如圆）用于创建实体，开放的截面轮廓（例如圆弧）用于创建曲面。

（4）修改实体和曲面：可以通过夹点方式对实体或者曲面进行修改，也可以通过“对象特性”对话框对实体或者曲面进行修改。

（5）动态 UCS：可以使用动态 UCS 在三维实体的平整面上创建对象，不必像以前那样手动更改 UCS 方向。

4. 增强的渲染三维图形

在 AutoCAD 2007 中，设置光源、进行渲染将更加简单、直接，使绘制的图像更具有真实感。AutoCAD 2007 增加了草图质量、中等质量和演示质量的标准渲染预设。增加了全局照明渲染（使用扩散的反射光线来照亮场景），可以通过模拟光线的交叉反射来增强场景的真实性。

1.2　启动 AutoCAD 2007

（1）通过【开始】菜单启动 AutoCAD 2007。

选择【开始】|【所有程序】|【Autodesk】命令，在弹出的子菜单中选择【AutoCAD 2007-Simplified Chinese】下的【AutoCAD 2007】命令，如图 1-2 所示，即可启动 AutoCAD 2007 应用程序。

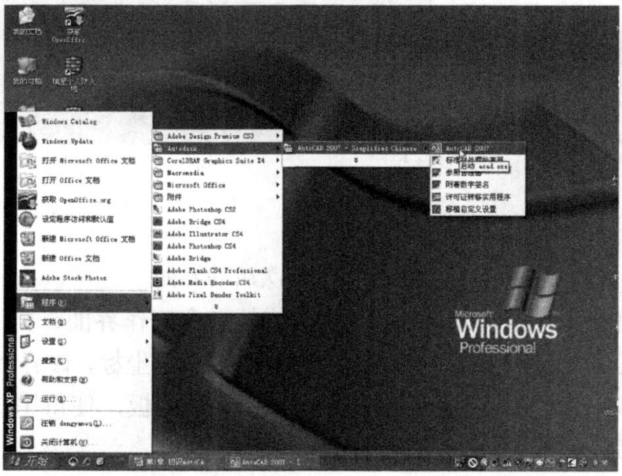

图 1-2　通过【开始】菜单启动 AutoCAD 2007

（2）双击桌面上的 AutoCAD 2007 Simplified Chinese 图标启动 AutoCAD 2007，如图 1-3 所示。

图 1-3　AutoCAD 2007 快捷方式图标

（3）通过打开 AutoCAD 文件启动 AutoCAD 2007

还可以通过打开 AutoCAD 的标准文件格式的文件来启动 AutoCAD 2007。由于 DWG 格式是 AutoCAD 的标准文件格式，可在资源管理器中双击打开 DWG 文件，也可以直接启动 AutoCAD 应用程序，再打开该文档。

1.3　AutoCAD 2007 工作界面介绍

AutoCAD 2007 平台拥有强大直观的界面，可以轻松、快速地进行外观图形的创作和修改。用户启动 AutoCAD 2007 后可以有两种选择：一是进入“三维建模工作界面”，二是进入“经典的用户界面”，如图 1-4 所示。

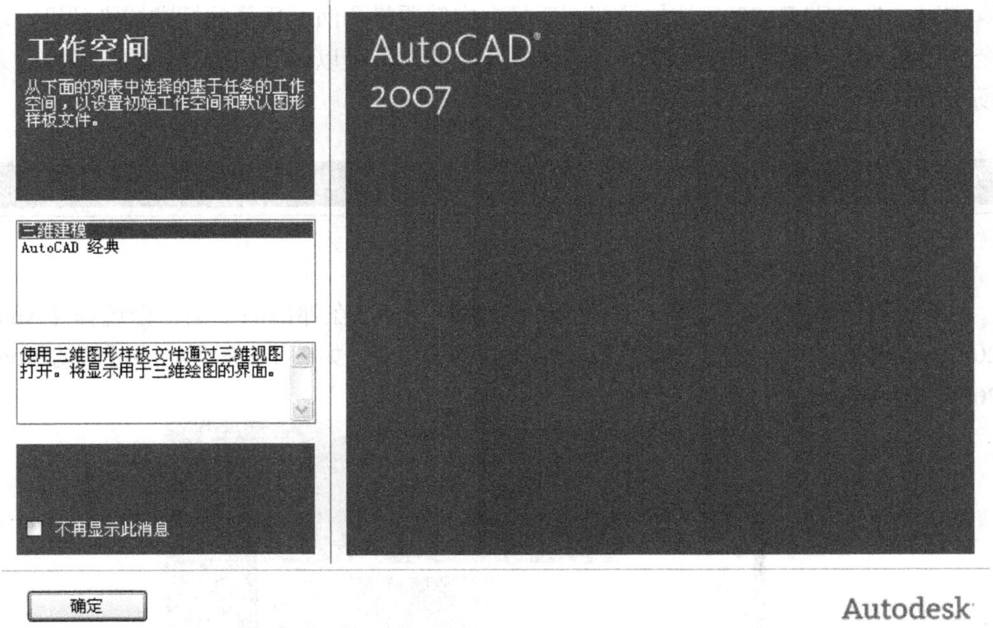

图 1-4　首次启动界面

“三维建模”界面是 AutoCAD 2007 新增的一个工作界面，如图 1-5 所示。在此界面内，绘图区变为三维显示区域，坐标显示为三维的 UCS 坐标，该界面将“三维建模”、“视角样式”及“渲染”等工具选项集合在一起作为一个面板，使得用户对三维对象的常用操作更加方便和快捷。

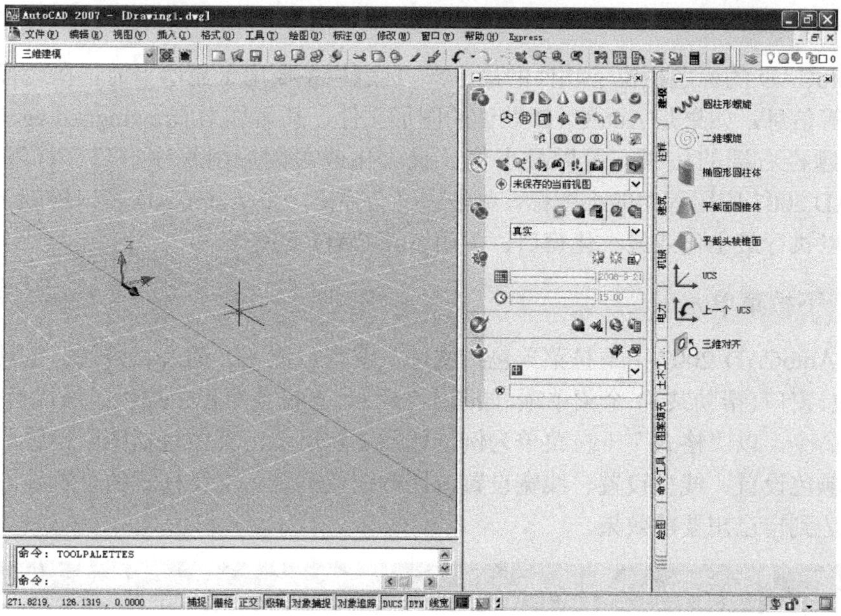

图 1-5　“三维建模”工作界面

AutoCAD 的老用户也可以进入 AutoCAD 经典界面，此界面保留了以前版本的布局。整个界面由标题栏、菜单栏、工具栏、绘图窗口、命令窗口、状态栏、工具选项板等组成，如图 1-6 所示。

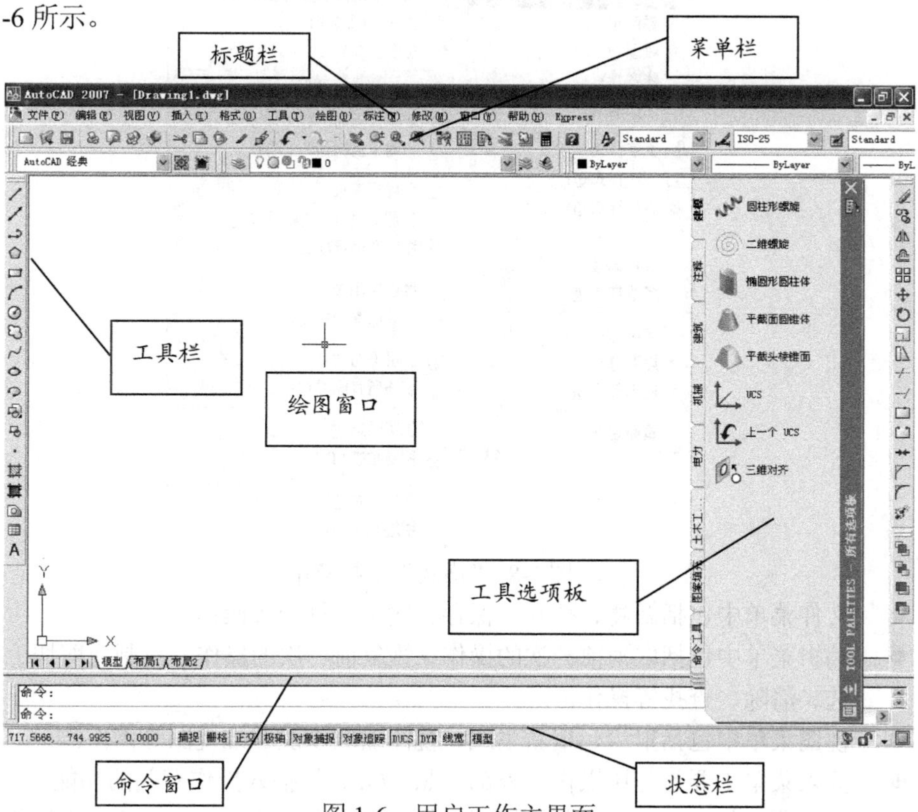

图 1-6　用户工作主界面

1.3.1 标题栏

AutoCAD 的标题栏位于软件的最上部，标题栏主要用于显示当前正在运行的程序名及文件名等信息，如果是 AutoCAD 默认的图形文件，其名称为 DrawingN.dwg（N 是数字）。通过标题栏右端的按钮，可以最小化、最大化或关闭应用程序窗口。标题栏最左边是 AutoCAD 2007 应用程序的小图标，单击它将会弹出一个 AutoCAD 窗口控制下拉菜单，在此也可以执行最小化或最大化窗口、关闭 AutoCAD 等操作。

1.3.2 下拉菜单

在 AutoCAD 2007 中下拉菜单包括文件、编辑、视图、插入、格式、工具、绘图、标注、修改、窗口、帮助共 11 个菜单项，如图 1-7 所示。下拉菜单栏中提供了所以可供 AutoCAD 执行的命令。以“格式”下拉菜单为例，如图 1-8 所示，其中包括图层设置、图层工具的设置、颜色设置、线型设置、线宽设置、比例缩放列表、文字样式的设置等。用户可通过设置，达到自己想要的效果。

图 1-7　AutoCAD 2007 下拉菜单项

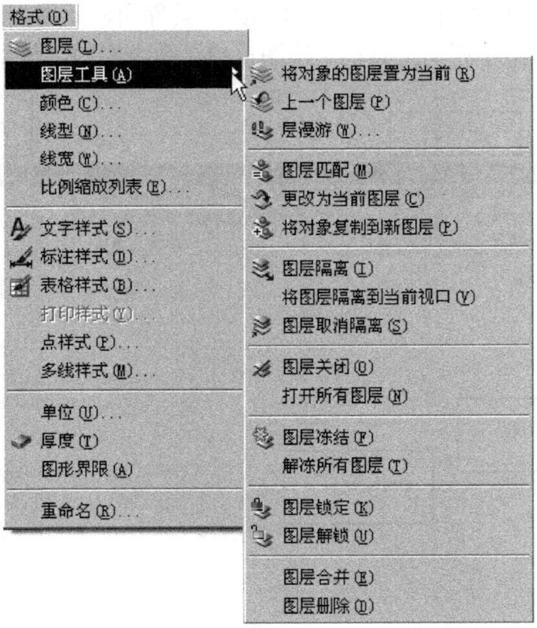

图 1-8　“格式”下拉菜单

- 文件菜单中包括新建、打开、保存、输出、打印等操作。
- 编辑菜单中包括取消前一次的操作、恢复前一次的操作、复制、剪切、粘贴、全选、清除、查找等操作。
- 视图菜单中包括重绘、重新生成、视图缩放以及三维视图等操作。
- 插入菜单主要是与块操作、外部参照、OLE 等插入操作有关的功能。
- 格式菜单包含有层、颜色、线型、线宽、文字格式、尺寸标注、点等样式设置。

- 工具菜单包含今日、快速选择、拼写检查、AutoCAD 设计中心和 AutoCAD 2007 的系统设置等内容。
- 绘图菜单包含所有的图形绘制命令，如点、线、圆（弧）、矩形、椭圆、文字和三维实体的绘制等。
- 标注菜单包含所有的尺寸标注命令，如线型、半径、直径等命令。
- 修改菜单包含对二维几何体的编辑和对三维实体造型的操作，如复制、旋转、缩放、镜像、倒圆角、布尔运算等操作。
- 窗口是与绘图窗口排列有关的操作，它支持多窗口、多任务操作。
- 帮助菜单用于帮助用户获取有关 AutoCAD 使用、技术支持等信息。

如果用户要打开下拉菜单可用鼠标或与菜单相应的热键。热键的使用方法：先按 Alt 键，再按下热键字母即可，如表 1-1 所示。

在下拉菜单中，如某一项有▶表示还有下一级子菜单；带有“…”表示选中菜单项后会弹出对话框。

表 1-1　常用的热键及功能对照表

热键	功能
Ctrl+N	新建
Ctrl+O	打开
Ctrl+S	保存
Ctrl+Shift+S	另存为
Ctrl+Z	放弃命令组
Ctrl+X	剪切
Ctrl+C	复制
Ctrl+V	粘贴

1.3.3 工具栏

下面简要介绍一下各工具栏的作用。

1. “标准”工具栏

“标准”工具栏提供了建立新文件、打开已有文件、保存文件、打印文件、剪切、复制以及视图的缩放等工具，这是最重要、使用最频繁的工具栏之一，如图 1-9 所示。

图 1-9 “标准”工具栏

2. “图层”工具栏

该工具栏显示了当前图层及属性信息，包括显示状态、颜色、图层的名称等，如图 1-10 所示。

图 1-10 “图层”工具栏

3. “特性”工具栏

该工具栏显示了所选择对象或即将绘制对象的属性，如图 1-11 所示。

图 1-11 “特性”工具栏

4. “绘图”工具栏

该工具栏是 AutoCAD 用来绘制各种图形的工具栏，可以用来绘制直线、构造线和多段线等，如图 1-12 所示。

图 1-12 “绘图”工具栏

5. “修改”工具栏

通过“修改”工具栏，可以实现对所绘制图形的修改，如图 1-13 所示。

图 1-13 “修改”工具栏

6. “标注”工具栏

通过“标注”工具栏，可以实现对所绘图形的标注和注释，如图 1-14 所示。

图 1-14 “标注”工具栏

综合应用这些工具栏，基本上就可以实现绝大多数平面图形的绘制了，其具体的应用将在后面章节用到的时候详细介绍。

1.3.4 屏幕菜单

AutoCAD 还有一种菜单：“屏幕菜单”。在默认情况下，系统不显示“屏幕菜单”，但可以通过选择【工具】|【选项】命令，打开“选项”对话框，在“显示”选项卡的“窗口元素”选项组中勾选【显示屏幕菜单】复选框即可将其显示，如图 1-15 所示。选择其中的【工具 1】和【工具 2】子菜单，可以使用绘图相关工具。【工具 1】和【工具 2】子菜单中的每个命令分别与 AutoCAD 2007 的绘图命令相对应。

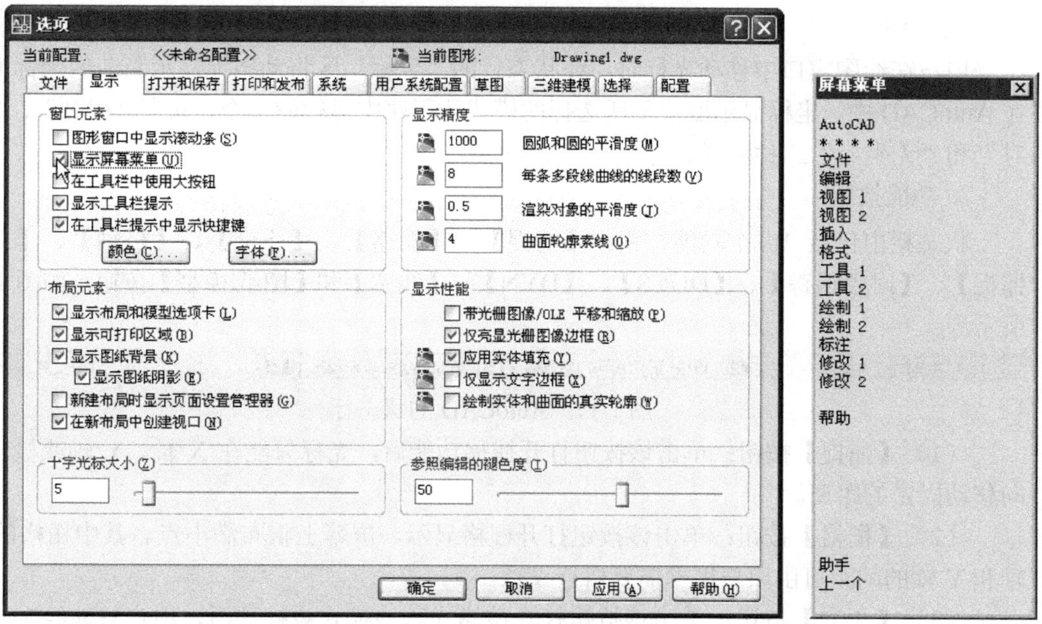

图 1-15 “屏幕菜单”

1.3.5 “命令行”窗口

“命令行”窗口位于绘图窗口的底部，用于接收用户输入的命令，并显示 AutoCAD 提示信息。在 AutoCAD 2007 中，“命令行”窗口可以拖放为浮动窗口，如图 1-16 所示“命令行”窗口。

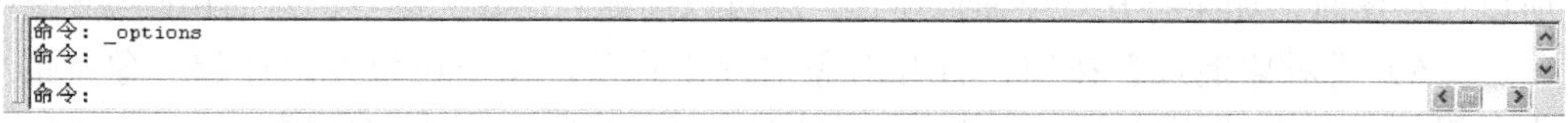

图 1-16 AutoCAD 的“命令行”窗口

1.3.6 绘图窗口

在 AutoCAD 中，绘图窗口是用户绘图的工作区域，它相当于桌面上的图纸，所有绘制的图形都显示在该窗口中。绘图窗口中包括标题栏、控制菜单图标、滚动条和模型空间等。如需增大绘图区域，可关闭这些工具栏。图纸如果比较大，在查看未显示部分时，可以单击窗口右边与下边滚动条上的箭头，或拖动滚动条上的滑块来移动图纸。在绘图窗口中除了显示当前的绘图结果外，还显示了当前使用的坐标系类型以及坐标原点、X 轴、Y 轴、Z 轴的方向等。默认情况下，坐标系为世界坐标系（WCS）。

绘图窗口的下方有“模型”和“布局”两个选项卡，可以根据需要单击其标签以达到在模型空间或图纸空间之间来回切换。

1.3.7 状态行

状态行用来显示 AutoCAD 当前的状态，如当前光标的坐标、命令和按钮的说明等。

在绘图窗口中移动光标时，状态栏的“坐标”区将动态地显示当前坐标值。坐标显示取决于所选择的模式和程序中运行的命令，共有“相对”、“绝对”和“无”三种模式。

1. 坐标

用户在绘图窗口中移动光标时，在状态行的“坐标”区将动态地显示当前的坐标值。在 AutoCAD 中，坐标显示取决于所选择的模式和程序中运行的命令，共有“相对”、“绝对”和“无坐标”三种模式。

2. 功能按钮

状态栏中包括 10 个功能按钮：【捕捉】、【栅格】、【正交】、【极轴】、【对象捕捉】、【对象追踪】、【DUCS】、【DYN】、【线宽】和【图纸|模型】按钮，如图 1-17 所示。

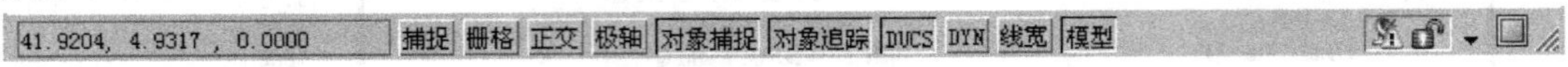

图 1-17　AutoCAD 的状态行

（1）【捕捉】按钮：单击该按钮打开捕捉功能后，光标只能在 X 轴、Y 轴或极轴方向移动固定的距离。

（2）【栅格】按钮：单击该按钮打开栅格显示。屏幕上将布满小点。其中栅格的 X 轴和 Y 轴的间距可由用户根据需要自行设置。

（3）【正交】按钮：单击该按钮打开该模式。该模式被打开后，用户只能绘制垂直或水平直线。

（4）【极轴】按钮：单击该按钮打开极轴追踪模式。在绘制图形时，系统将显示出一条追踪线，用户可以设置极轴参数，从而可以在追踪线上根据提示精确移动光标，进行精确绘图。

（5）【对象捕捉】按钮：由于所有几何图形都有一些决定其形状和方位的关键点，所以在绘图时，如果打开对象捕捉模式，就可以捕捉到这些关键点，从而精确绘制图形。

（6）【对象追踪】按钮：打开对象追踪模式后，用户可以通过捕捉对象上的关键点并沿正交方向或极轴方向拖动光标，此时，可以显示光标当前位置与捕捉点之间的相对位置。

（7）【DUCS】按钮：它是 AutoCAD 2007 新增的按钮。单击该按钮可打开动态用户坐标系统。当执行此命令时，可任意指定某个平面作为工作界面。

（8）【DYN】按钮：单击该按钮打开动态输入模式。当执行命令时，光标旁边显示的工具栏提示信息将随着光标的移动而动态更新。当某个命令处于活动状态时，可以在工具栏提示中输入值。

（9）【线宽】按钮：单击该按钮打开线宽显示。在绘图时如果图层和所绘图形设置了不同的线宽，打开该开关则可以在屏幕上显示线宽，以标识不同线宽对象的区别。

（10）【图纸|模型】按钮：单击该按钮，可以在图纸空间和模型空间之间自由切换。

3. 状态行菜单

在状态行上单击右端的三角按钮▾将打开状态行菜单，如图 1-18 所示。

用户可以通过选择或取消选择这些命令项来控制状态行中坐标或功能按钮的显示。当选择“状态托盘设置”选项时，系统将打开“状态托盘设置”对话框，当取消选择【显示服务图标】复选框时，在状态行上将隐藏“服务图标”，如图 1-19 所示。

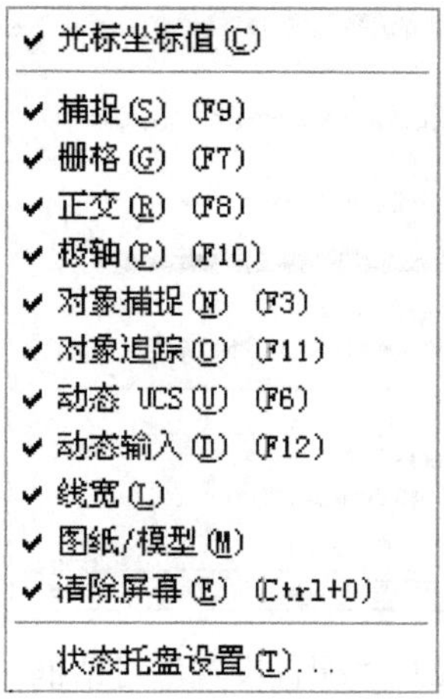

图 1-18　状态行菜单

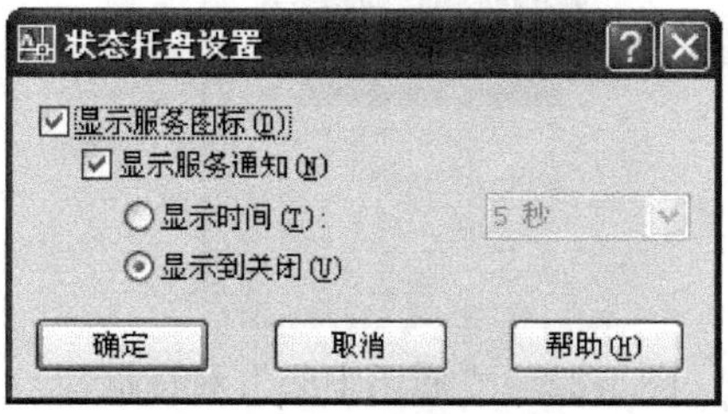

图 1-19 “状态托盘设置”对话框

4. 挂锁

挂锁用于锁定工具栏和选项板窗口（例如“设计中心”和“特性”选项板）的位置和大小。当锁定处于关闭时为锁定状态，反之则为解锁状态。锁定的工具栏和窗口仍然可以打开和关闭，并可以增加和删除项目。要临时解锁工具栏或选项板，可在移动工具栏或选项板时按住【Ctrl】键，也可以通过以下方法锁定或解锁操作。

（1）选择【窗口】|【锁定位置】命令下的子项，如图 1-20 所示。

（2）右击状态栏挂锁图标处，从显示的菜单中选择一个子项，如图 1-21 所示。

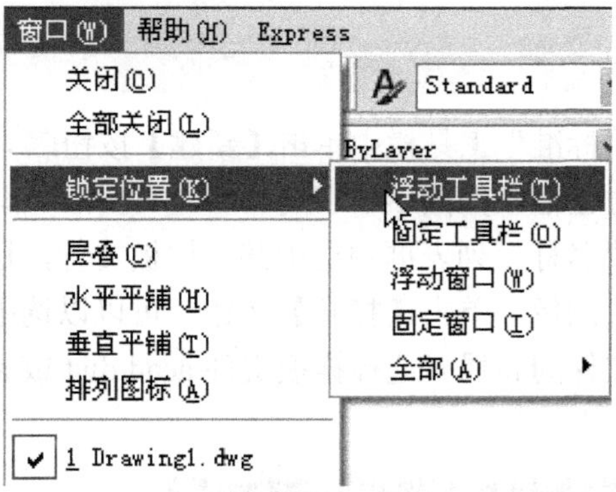

图 1-20　从“窗口”选择“锁定文件”

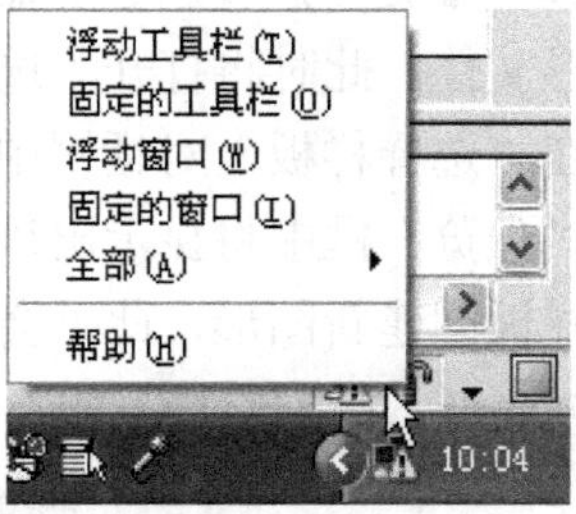

图 1-21　从“挂锁”选择“锁定文件”

（3）右击AutoCAD的工作界面任意工具栏上，在弹出的快捷菜单中的“锁定位置”子菜单中选择一个选项。

5. 通讯中心

在 AutoCAD 2007 的状态栏中，单击“通讯中心”图标，可以打开“通讯中心”对话框，如图 1-22 所示。

通讯中心是用户与最新的软件更新、产品支持通告和其他服务的直接连接。用户可以单击“通讯中心”对话框中的【设置】按钮，打开“配置设置”对话框，如图 1-23 所示。在“设置”选项卡中可以设置启动 Live Update（最新更新）功能的国家（或地区）轮询频道。同时可以设置随时连接 Internet，查找并下载 AutoCAD 最新的更新和通知。

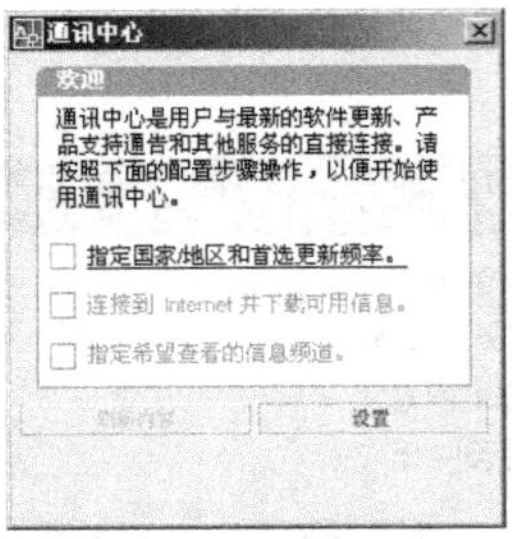

图 1-22 “通讯中心”对话框

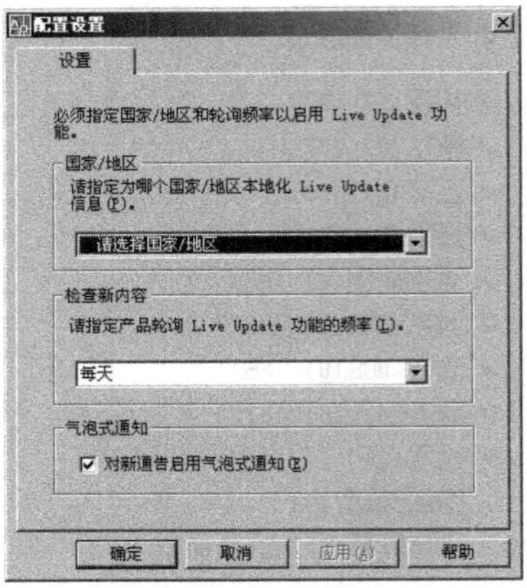

图 1-23 “配置设置”对话框

6. 清除屏幕

点击“清除屏幕”按钮，可以关闭AutoCAD运行窗口中除绘图窗口、菜单栏、命令行及状态行以外的所有面板。

1.4 AutoCAD 2007 的文件管理

在 AutoCAD 2007 中，文件管理包括创建新的图形文件、打开已有的图形文件、保存图形文件、关闭图形文件及退出 AutoCAD。

1.4.1 创建新的图形文件

选择【文件】|【新建】命令，或在“标准”工具栏中单击【新建】按钮，可以创建新图形文件，此时将打开“选择样板”对话框，如图 1-24 所示。

在“选择样板”对话框中，可以在“名称”列表框中选中某一样板文件，这时在其右面的“预览”框中将显示出该样板的预览图像。单击【打开】按钮，可以以选中的样板文件为样板创建新图形，此时会显示图形文件的布局（选择样板文件 acad.dwt 或 acadiso.dwt 除外）。

图 1-24 “选择样板”窗口

1.4.2 打开已有的图形文件

选择【文件】|【打开】命令，或在“标准”工具栏中单击【打开】按钮，可以打开已有的图形文件，此时将打开“选择文件”对话框。选择需要打开的图形文件，在右面的“预览”框中将显示出该图形的预览图像。默认情况下，打开的图形文件的格式为.dwg。

在 AutoCAD 中，可以以“打开”、“以只读方式打开”、“局部打开”和“以只读方式局部打开”四种方式打开图形文件，如图 1-25 所示。当以“打开”和“局部打开”方式打开图形时，可以对打开的图形进行编辑；如果以“以只读方式打开”、“以只读方式局部打开”方式打开图形时，则无法对打开的图形进行编辑。

如果选择以“局部打开”和“以只读方式局部打开”打开图形，这时将打开“局部打开”对话框。可以在“要加载几何图形的视图”选项组中选择要打开的视图，并在“要加载几何图形的图层”选项组中选择要打开的图层，然后单击【打开】按钮，即可在视图中打开选中图层上的对象。

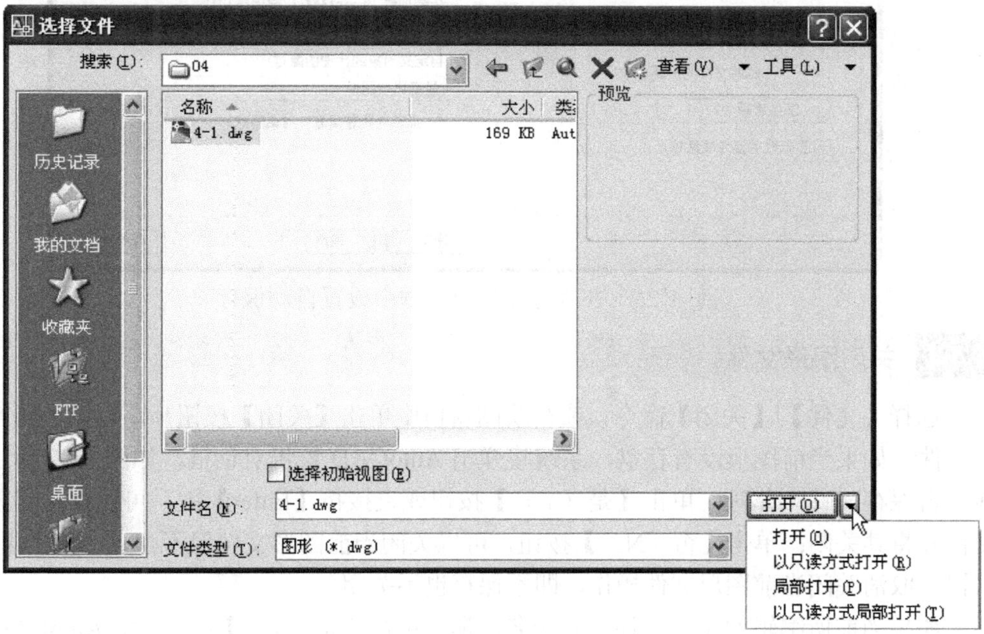

图 1-25　选择文件打开方式

1.4.3 保存图形文件

在 AutoCAD 中，可以使用多种方式将所绘图形以文件形式存入磁盘。

选择【文件】|【保存】命令，或在“标准”工具栏中单击【保存】按钮，以当前使用的文件名保存图形；也可以选择【文件】|【另存为】命令，将当前图形以新的名称保存。在第一次保存创建的图形时，系统将打开“图形另存为”对话框。默认情况下，文件以“AutoCAD 2007 图形（*.dwg）”格式保存，也可以在“文件类型”下拉列表框中选择其他格式。

为了防止突然断电、死机或程序出现致命错误等问题导致文件丢失，用户可以设置自动保存等功能，自动保存时间间隔可设置为 1～120 分钟。选择【工具】|【选项】命令，

在弹出的对话框中选择“打开和保存”选项中，如图 1-26 所示。一旦有意外发生，而用户忘记存盘，它只丢失不足保存间隔之内的还未来得及保存的部分。设置的时间间隔越小，丢失的数据相对越少。

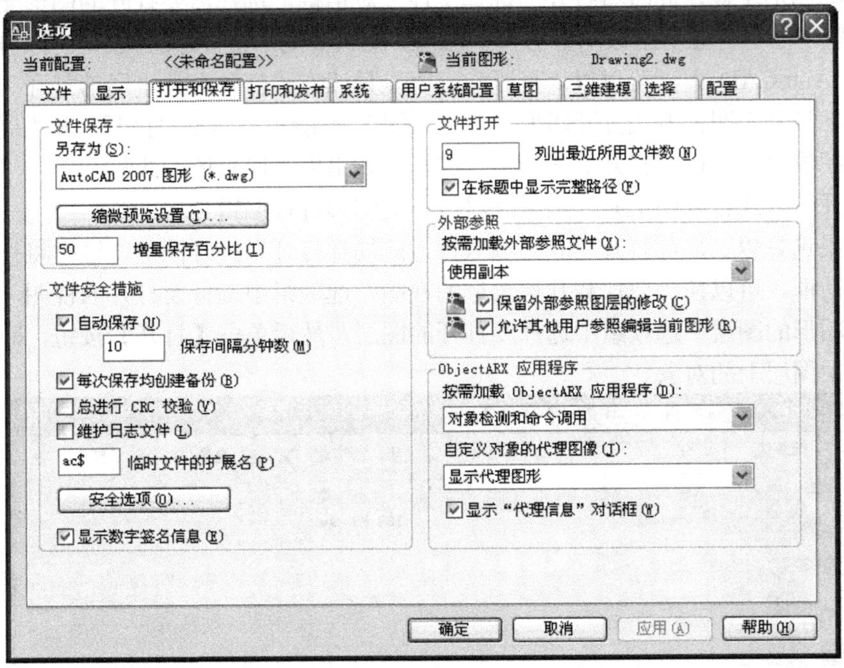

图 1-26　在“选项”对话框中设置自动保存

1.4.4　关闭图形文件

选择【文件】|【关闭】命令，或在绘图窗口中单击【关闭】按钮×，可以关闭当前图形文件。如果当前图形没有存盘，系统将弹出 AutoCAD 警告对话框，如图 1-27 所示，询问是否保存文件。此时，单击【是（Y）】按钮或直接按【Enter】键，可以保存当前图形文件并将其关闭；单击【否（N）】按钮，可以关闭当前图形文件但不存盘；单击【取消】按钮，取消关闭当前图形文件操作，即不保存也不关闭。

如果当前所编辑的图形文件没有命名，那么单击【是（Y）】按钮后，AutoCAD 会打开“图形另存为”对话框，要求用户确定图形文件存放的位置和名称。

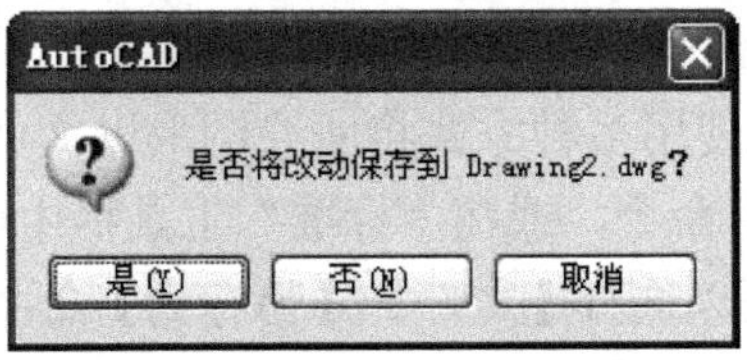

图 1-27　系统警告对话框

1.4.5　退出 AutoCAD

选择【文件】|【退出】命令，或点击在AutoCAD操作界面右上角的【关闭】按钮☒，也可以在命令行中输入“quit”或“exit”，如图1-28所示，退出AutoCAD。如果绘制的文件

没有保存，会提示您保存文件，然后再退出AutoCAD。

图 1-28　输入 exit 命令

1.5　实例演示

自定义工作空间

在 AutoCAD 2007 版本的工作空间，用户可以自定义基于任务的用户界面方案。用户可以通过自定义工作空间来创建一个绘图环境，以便仅显示所选择的那些工具栏、菜单和可固定的窗口。

本例要求：用户根据自己的需要创建一个名为“CAD 创意工作室”的工作空间，工具栏仅有【绘图】、【修改】、【图层】和【工作空间】，菜单栏只保留【文件】、【视图】、【格式】、【绘图】、【工具】、【修改】，局部 CUI 文件选择“工具栏”和“菜单”。具体操作过程如下。

（1）如图 1-29 所示，选择【自定义】命令，打开“自定义用户界面”对话框。

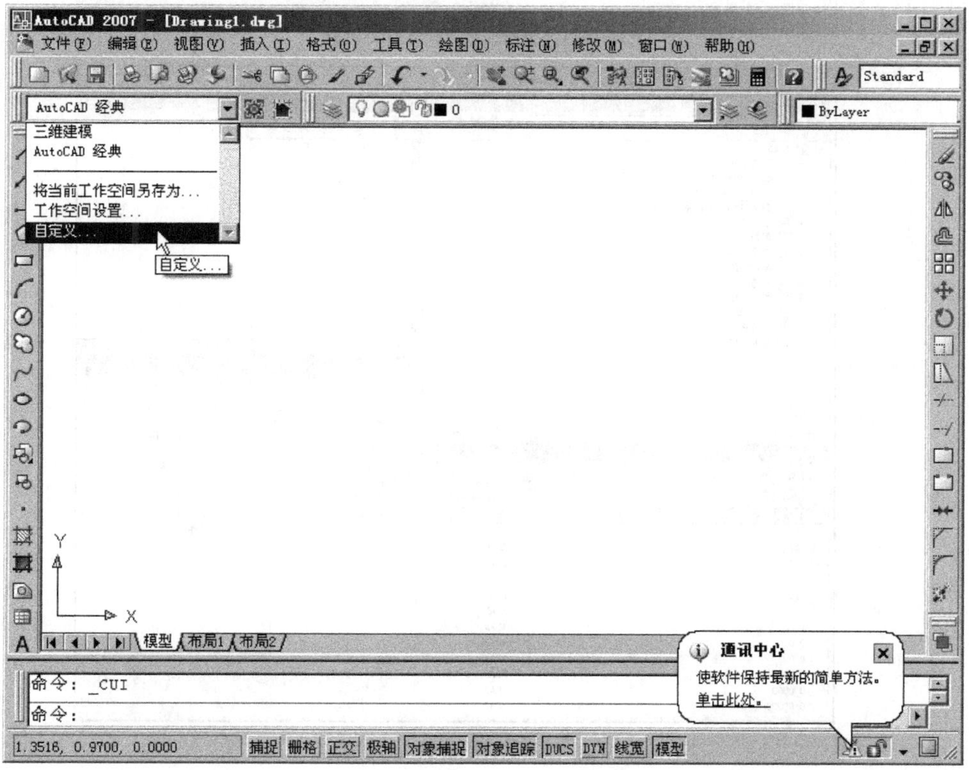

图 1-29　AutoCAD 2007 工作界面

（2）点击“工作空间”选项，并单击鼠标右键，在弹出的菜单中选择【新建】|【工

作空间】命令，如图 1-30 所示。新的工作空间将被放置在“工作空间”树的底部，默认名称为“工作空间 1”，重命名为“CAD 创意工作室”，如图 1-31 所示。

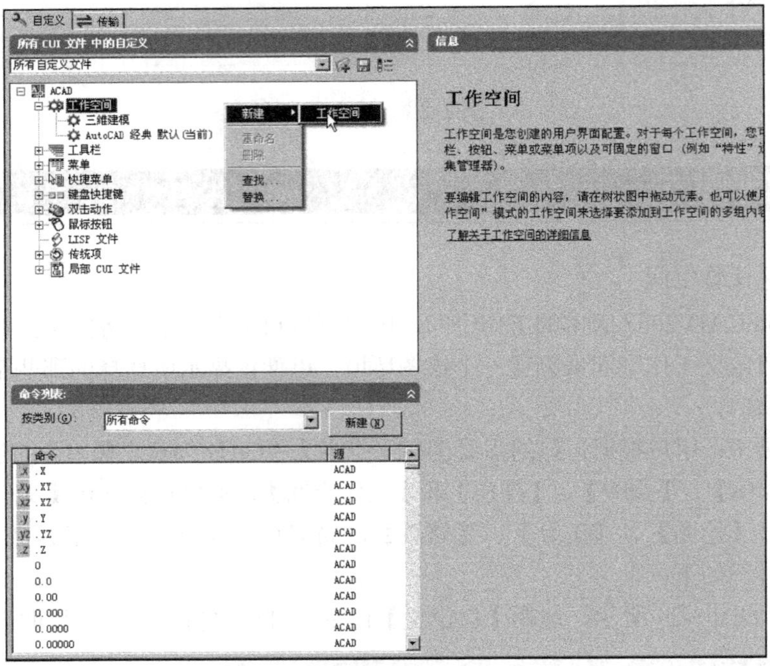

图 1-30　新建工作空间

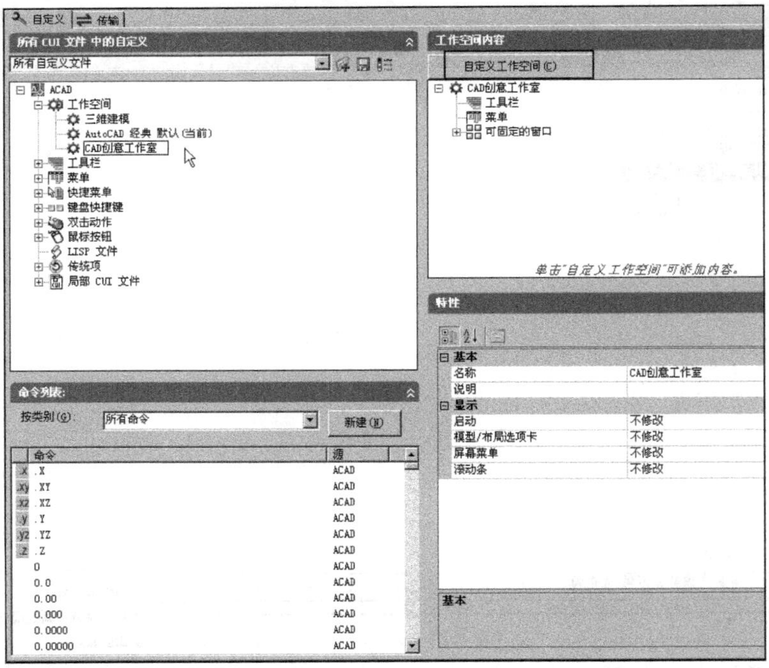

图 1-31　重命名工作空间

（3）在工作空间内容窗格中，单击【自定义工作空间】按钮。

（4）在左侧的“自定义设置”窗格中，单击左边相应的“+”，分别将其展开。

（5）按照题目要求，勾选要添加到工作空间的每个菜单、工具栏或局部 CUI 旁边的复选框。在“工作空间内容”窗格中，选定的元素将被添加到工作空间，如图 1-32 所示。

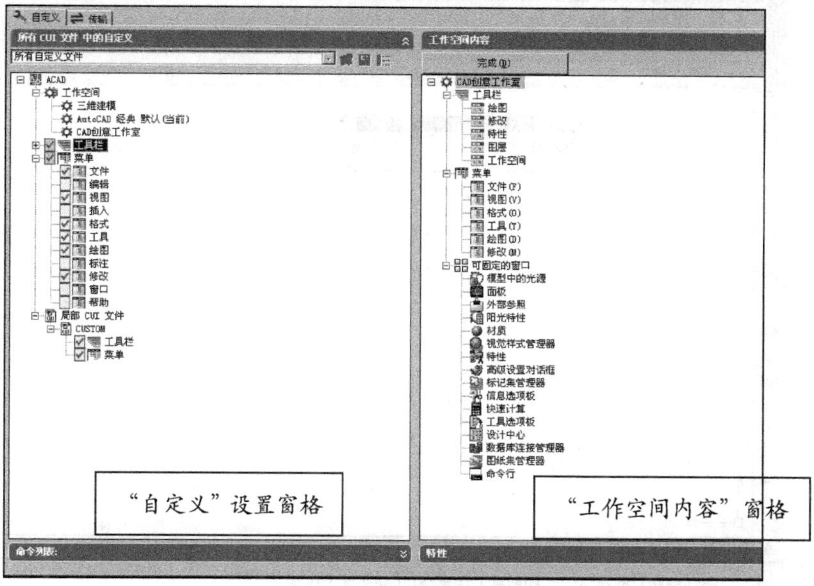

图 1-32　添加工作空间元素

（6）在“工作空间内容”窗格中，单击【完成】按钮，可以看到新的“CAD 创意工作室”空间，如图 1-33 所示。

（7）将“CAD 创意工作室”设置为当前，如图 1-34 所示。

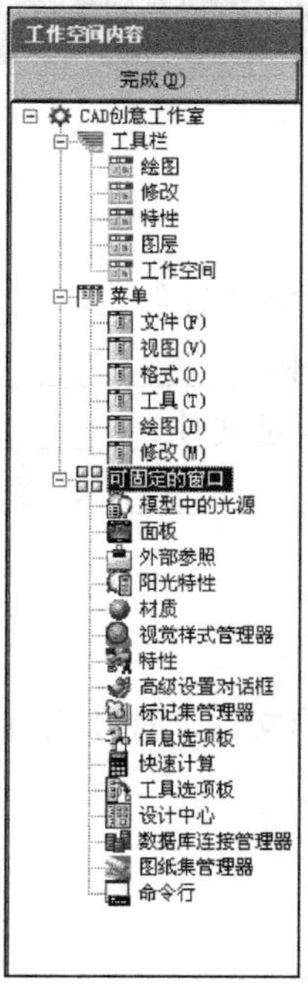

图 1-33　自定义菜单

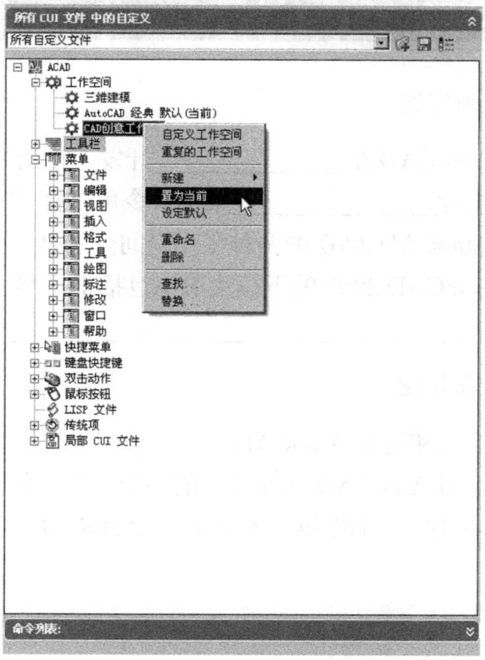

图 1-34　设置为当前

（8）然后单击【应用】按钮，再单击【确定】按钮，即可得到 1-35 所示的用户自定义工作界面。

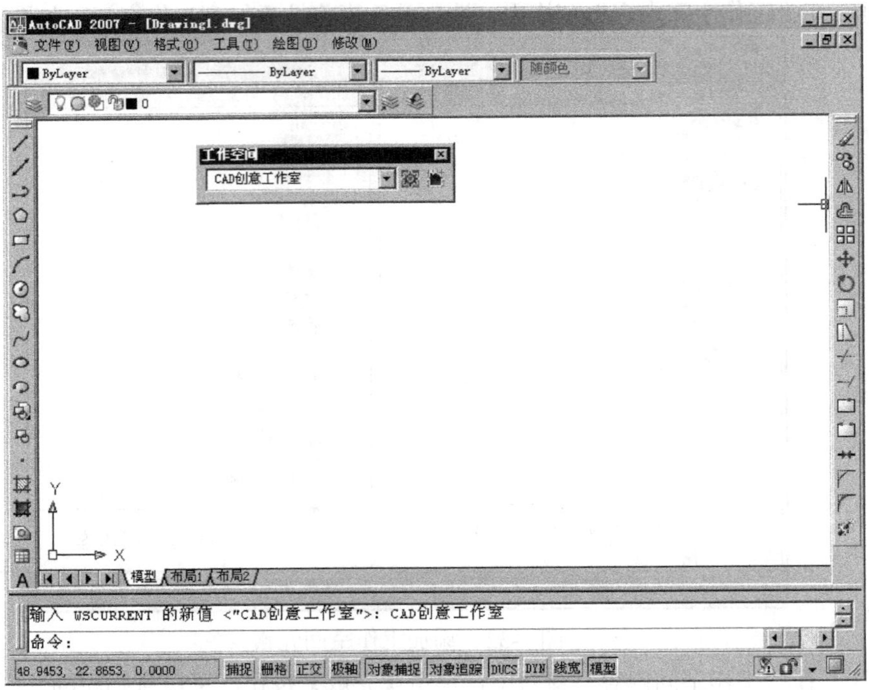

图 1-35　自定义工作界面

1.6　习题

一、填空题

1．AutoCAD 是______________开发、推出的软件。

2．执行_______________菜单命令可以打开 AutoCAD 2007 软件。

3．AutoCAD 2007 的两种工作空间分别是___________和______________。

4．AutoCAD 2007 的下拉菜单中包括 11 种菜单项，分别是文件、________、________、________、________、________、________、________、________、窗口和帮助。

二、操作题

1．启动和退出 AutoCAD。

2．练习 AutoCAD 文件管理的各个操作：创建新的图形文件，打开已有的图形文件，保存图形文件，关闭图形文件及退出 AutoCAD。

第 2 章　AutoCAD 2007 基础知识

本章主要讲述的是 AutoCAD 2007 的绘图环境。在绘图过程中要精确定位某个对象时，必须以某个坐标系作为参照，所以本章详细介绍了 AutoCAD 的坐标系统。由于在图形的绘制过程中，绘图者的习惯不同，所设置的界面和参数也有所不同，这将涉及到 AutoCAD 的系统设置。在 AutoCAD 中，在“选项”对话框中可以进行许多与窗口设置和绘图环境设置相关的修改。只有熟练掌握了本章的知识，才能更准确和更有效地绘制图形。

本章主要技能点

- 建立文件：建立新图形文件，并设置其绘图参数，要求设置正确，对操作顺序不做要求。
- 设置绘图环境：按所给定的要求正确地设置绘图环境。先设置坐标系统，再进行系统设置。
- 保存：以给定的文件名保存文件至指定文件夹中。

本章导读

在利用 AutoCAD 2007 进行绘图之前，需要了解其绘图环境。AutoCAD 2007 的绘图环境包括坐标系统以及系统的设置，在了解了这些绘图环境后，特别是掌握了绘图的辅助功能后，可以很大程度地提高绘图质量和绘图效果。

2.1　AutoCAD 2007 的坐标系统

AutoCAD 的坐标系统，可以帮助绘图者在绘图的过程中精确定位对象，可以提供精确绘制图形的方法，可以按照非常高的精度标准，准确地设计并绘制图形。

2.1.1　笛卡儿坐标系

笛卡儿坐标系统就是数学里的直角坐标系，它通过一系列坐标来准确地表达几何形状。坐标系是由一组有序的数值组成的，如X值和Y值。如图2-1所示，水平轴X轴与数值轴Y轴相互垂直，两轴的交点为坐标原点（0,0）。从原点起，向上和向右定为坐标轴的正方向，向下和向左定为坐标轴负方向。坐标轴划分为4个象限，分别标记为象限Ⅰ、象限Ⅱ、象限Ⅲ和象限Ⅳ。

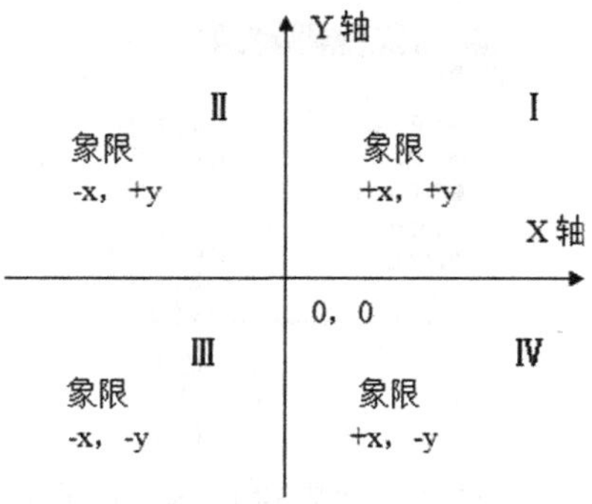

图 2-1　笛卡儿坐标系

2.1.2 世界坐标系

AutoCAD为用户提供了一个绝对的坐标系，即世界坐标系（World Coordinate System，WCS），如图2-2所示。在绘图和编辑图形的过程中，WCS是默认的坐标系，其坐标原点和坐标轴方向都不会改变。

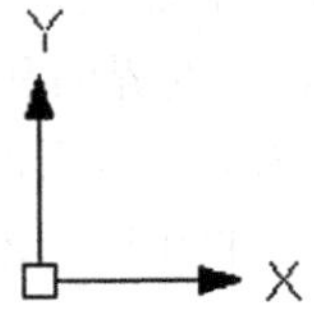

图 2-2　世界坐标系

2.1.3 用户坐标系

1. **用户坐标系**

对于一个图形来说 WCS 是固定的，不能改变。为了方便绘图，AutoCAD 2007 提供了功能丰富的用户坐标系，用户可以根据需要在世界坐标系内创建任意的坐标系统，利用创建的坐标系统可以更方便地确定角度、点的位置等，创建的坐标系统称为用户坐标系统，即“User Coordinate Systems”，缩写为 UCS。

2. **新建用户坐标系**

创建新的 UCS，选择【工具】|【新建 UCS】命令，在弹出的子菜单中进行选择，如图 2-3 所示。

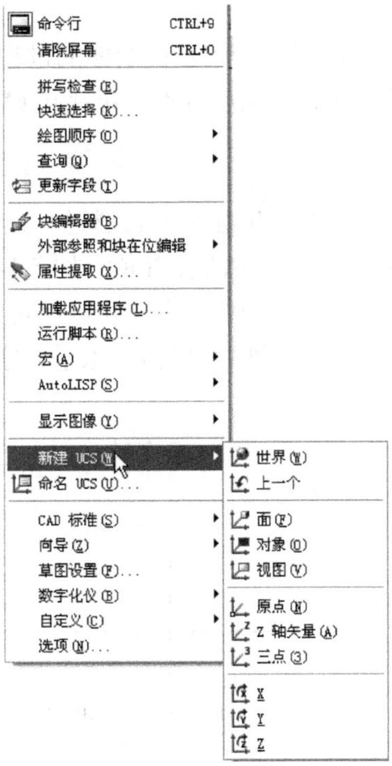

图 2-3　“新建 UCS”菜单项

2.1.4 输入方法

用户与计算机是通过命令以及相关信息的输入来实现交互的。任何一个命令都需要用户进行明确的输入。在 AutoCAD 中输入命令的方式有 3 种：下拉菜单方式、工具栏方式及命令行方式。下面以输入一条直线为例，说明上述 3 种方式的实现。

- 选择【绘图】|【直线】命令，如图2-4所示。
- 单击“绘图”工具栏中的【直线】按钮，如图2-5所示。

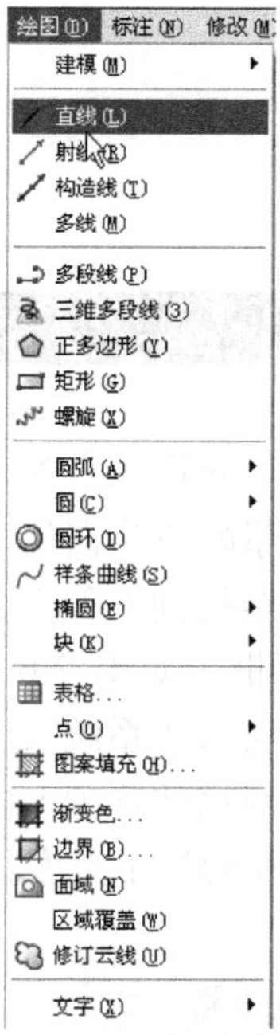

图 2-4　菜单中的“直线”命令

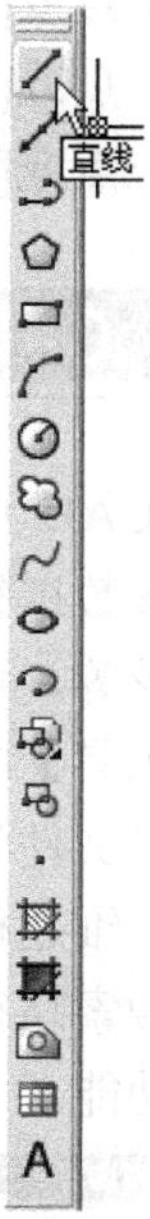

图 2-5　绘图工具的直线按钮

- 在命令行中输入Line或L，然后按回车键。

命令：Line↙

在 AutoCAD 中绘制图形时，可以采用以上任意一种输入方法完成图形的绘制。

点的输入有两种类型，一种是绝对坐标的输入，另外一种是相对坐标的输入。

小提示：点的绝对坐标是相对于坐标原点的坐标。在二维平面上表示一个点，它的 Z 轴坐标值始终为 0.0000。相对坐标是根据某参考点而确定的坐标，通常可以将这一参考点假定为原点，再相对于这一参考点来确定另外一点的坐标。经常采用的表示方法有两种：相对直角坐标和相对极坐标。

绝对坐标的输入

表示为（x,y,z），在平面图中可表示为（x,y）。绝对坐标即为点在直角坐标系中的位置。例如画一条从点（0,0）到点（6,0），然后到点（6,6）的直线。

命令：Line↙
指定第一点：0,0↙
指定下一点或[放弃（U）]：6,0↙

指定下一点或[放弃（U）]：6,6↙

指定下一点或[闭合（C）放弃（U）]：↙

相对坐标的输入

表示为（@x,y,z），在平面图中表示为（@x,y），其表示相对于前一次输入点的相对坐标。例如从点（0,0）到点（6,0），然后到点（6,6）的直线还可以这样输入。

命令：Line↙

指定第一点：0,0↙

指定下一点或[放弃（U）]：@6,0↙

指定下一点或[放弃（U）]：@0,6↙

指定下一点或[闭合（C）放弃（U）]：↙

2.2 AutoCAD 的系统设置

在 AutoCAD 中，可以通过对“选项”对话框的设置，对许多与窗口设置和绘图环境设置相关的参数进行修改。例如：修改设置模型空间的背景颜色为白色，指定各类常用文件所在的目录等。可以尝试在不同的系统环境下绘图，直至找到一种最合适的设置。

选择【工具】|【选项】命令，即可打开“选项”对话框，如图 2-6 所示。“选项”对话框中包含“文件”、“显示”、“打开和保存”、“打印和发布”、“系统”、“用户系统配置”、“草图”、“三维建模”、“选择”和“配置”选项卡，通过对这些选项卡的设置，用户将掌握如何修改搜索路径、设置 AutoCAD 的背景颜色、圆弧和圆的平滑度、定时保存、CAD 文件加密等功能。

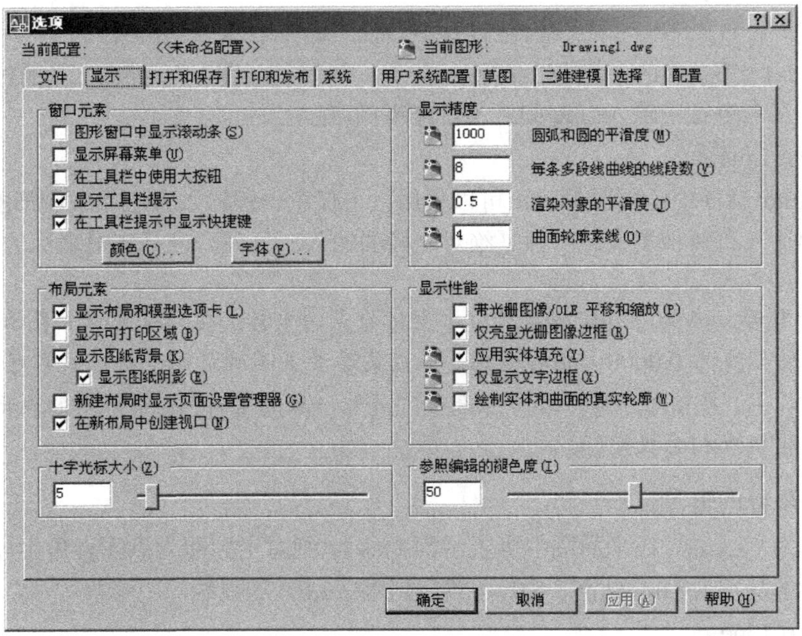

图 2-6 “选项”对话框

2.2.1 “文件”选项卡

“选项”对话框中的“文件”选项卡可用于设置系统查找支持文件的搜索路径，这些支持文件包括字体、图形、线型和填充图案等。“工作支持文件路径”中列出的路径必须是有效的并且是在当前目录结构中的。

在“文件”选项卡中可以指定临时文件的位置。系统运行期间会在硬盘上创建临时文件，系统结束运行后将自动删除，默认的临时目录是 Windows 使用的临时目录，可以为临时文件指定其他位置。指定的临时目录不能是写保护的，并且该目录所在的磁盘必须有足够的空间供临时文件使用。

修改搜索路径，其步骤如下。

（1）选择【工具】|【选项】命令，打开“选项”对话框。

（2）在“选项”对话框中选择“文件”选项卡，如图 2-7 所示。

（3）在“文件” 选项卡中，找到要修改的路径类型，单击旁边的加号⊞，然后选择要修改的路径。

（4）单击【浏览】按钮，然后搜索驱动器和目录直到找到所需的内容，如图 2-8 所示。

（5）单击【确定】按钮。

如果要使用自定义菜单文件，在“菜单”、“帮助”和“其他文件名称”中指定。默认的菜单是 acad.mun。

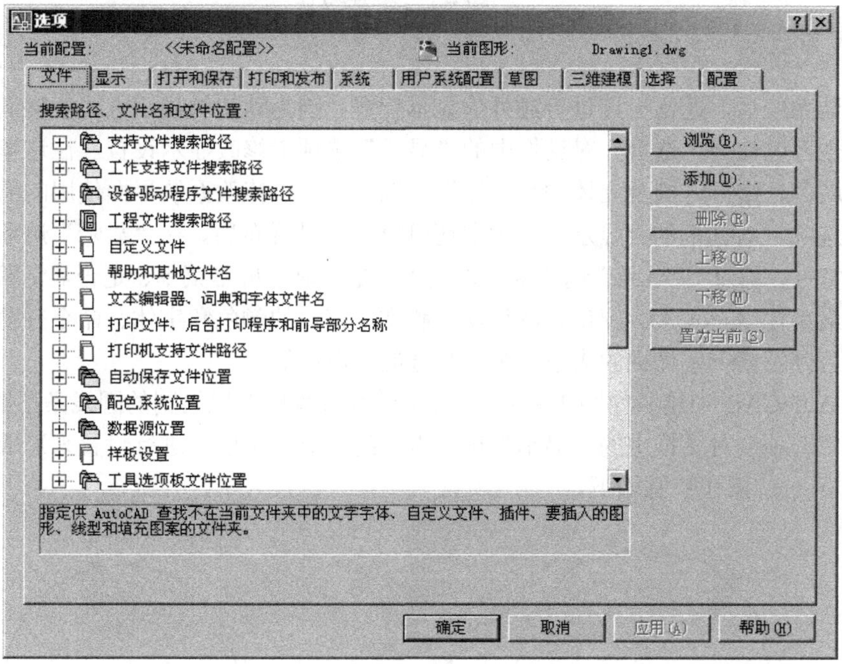

图 2-7 “文件”选项卡

命令为 OPTIONS，简化命令为 OP。

快捷菜单：在没有任何命令运行也没有选定任何对象时，右击绘图区域，然后选择【选项】命令或右击命令行窗口后选择【选项】命令。

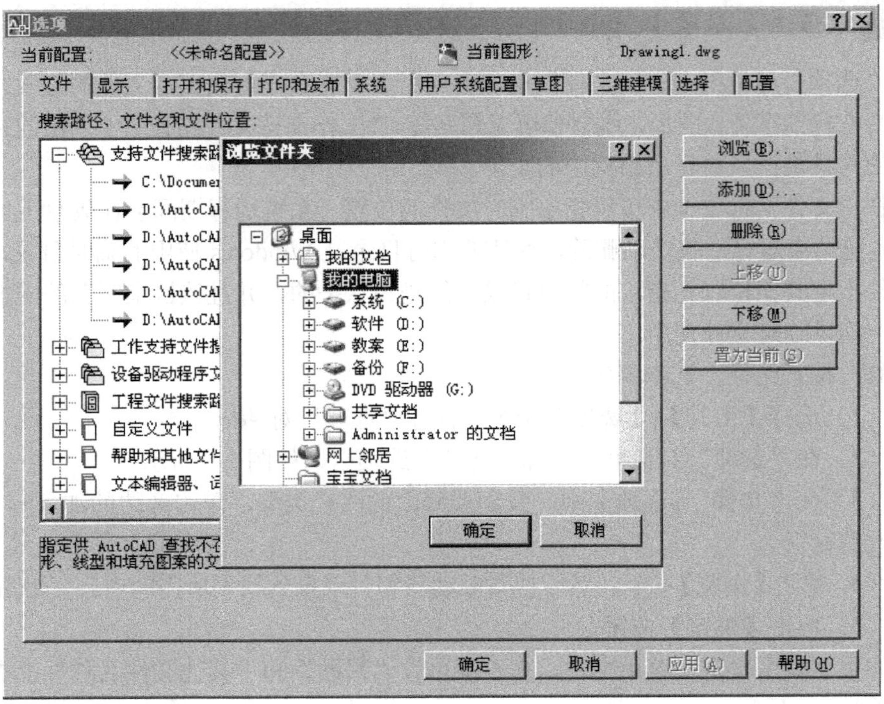

图 2-8　选择路径

2.2.2　“显示”选项卡

安装系统后，通常无需进行额外的显示配置，因为默认的显示方式能够满足一般的要求。但也可以使用“选项”对话框中的“显示”选项卡修改显示设置。在这里可以设置绘图区的底色、字体、圆及立体的平滑度等。例如，可以修改系统界面使用的颜色和字体。

“选项”对话框的“显示”选项卡还可以用来设置布局。在“显示”选项卡中可以指定布局特性，通过 “显示”选项卡可以设置：是否显示屏幕菜单、是否显示滚动条、是否启动后最小化 AutoCAD 窗口、图形窗口和文本窗口的颜色和字体、命令行窗口字体的设定，也可以设置十字光标的大小、圆弧与圆的平滑度等。

在 AutoCAD 中绘制如图 2-9 所示的圆，绘制过程中发现绘制的圆线条不够平滑，可以通过对“选项”对话框中的“显示”选项卡下的“显示精度”进行设置来形成平滑圆，如图 2-10 所示，操作步骤如下。

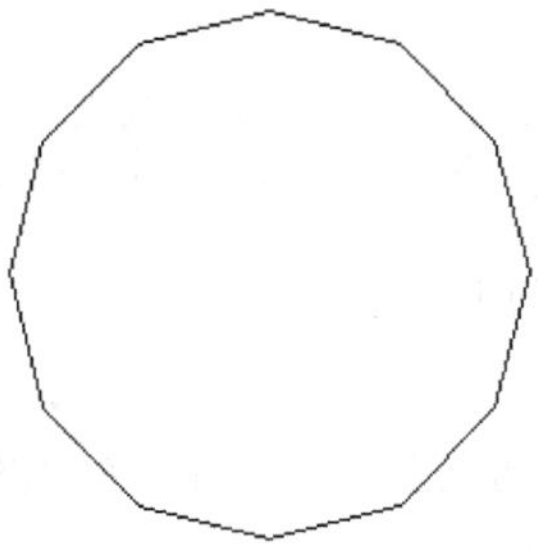

图 2-9　线条不平滑的圆

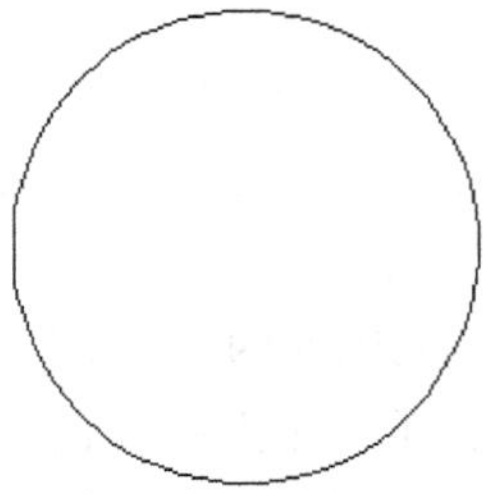

图 2-10　线条平滑的圆

（1）选择【工具】|【选项】命令，打开“选项”对话框。

（2）在“选项”对话框中选择“显示”选项卡，如图 2-11 所示。

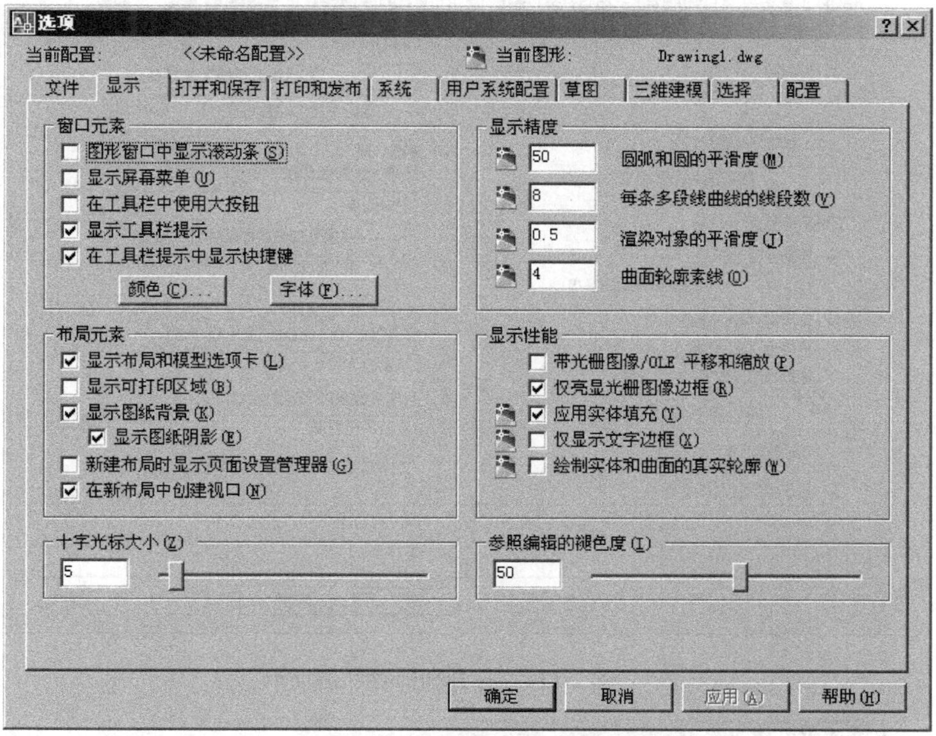

图 2-11　“显示”选项卡

（3）在“显示”选项卡中，设置显示精度下圆弧和圆的平滑度，设置的值越大绘制的对象线条越平滑，设置值为 1000 时，点击【确定】按钮即可将图 2-9 所示的圆变为如图 2-10 所示的圆。

2.2.3　“打开和保存”选项卡

“选项”对话框中的“打开和保存”选项卡可设置与打开和保存图形文件相关的内容，在这里主要设置文件的格式、自动保存的间隔时间及文件的安全等。

在绘制图形过程中，经常会出现意外的断电或死机，一旦没有保存图形，所绘制的图形将前功尽弃。AutoCAD 可以设置自动保存时间，图形将以指定的时间间隔自动保存图形。设置步骤如下。

（1）选择【工具】|【选项】命令，打开“选项”对话框。

（2）在“选项”对话框中选择“打开和保存”选项卡，如图 2-12 所示。

（3）在“打开和保存” 选项卡中，启用“自动保存”选项，图形保存的位置由“文件”选项卡的“自动保存文件”决定，自动保存设置为 15～20 分钟比较合适。设置完成，点击【确定】即可。

在“打开和自动保存”选项卡中，点击“安全选项”可以弹出“安全选项”对话框，如图 2-13 所示，在此对话框中输入密码，可以对所绘制的图形进行加密设置。

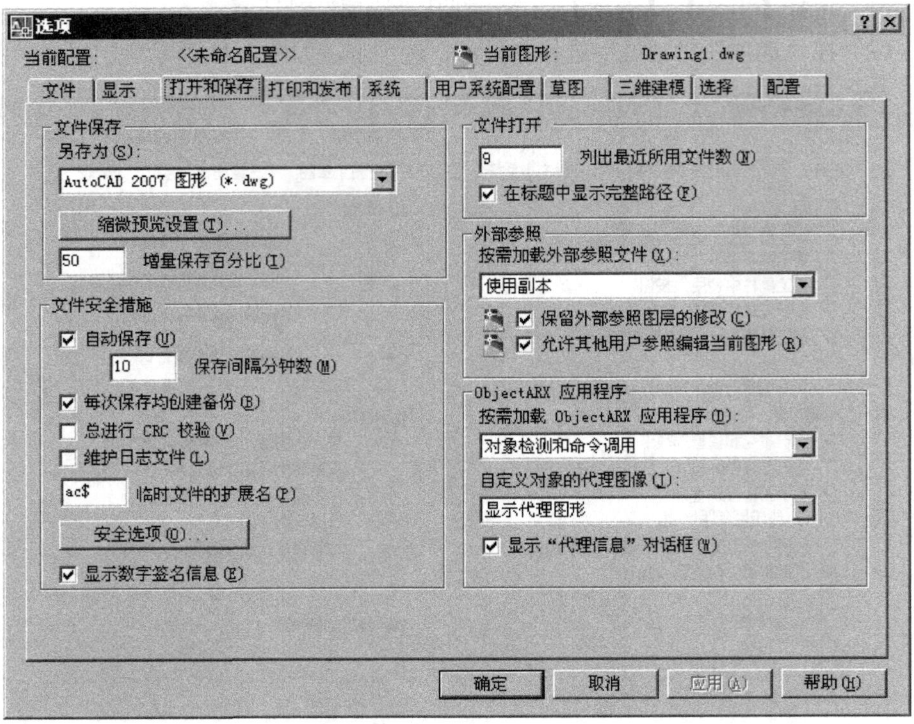

图 2-12 “打开和保存”选项卡

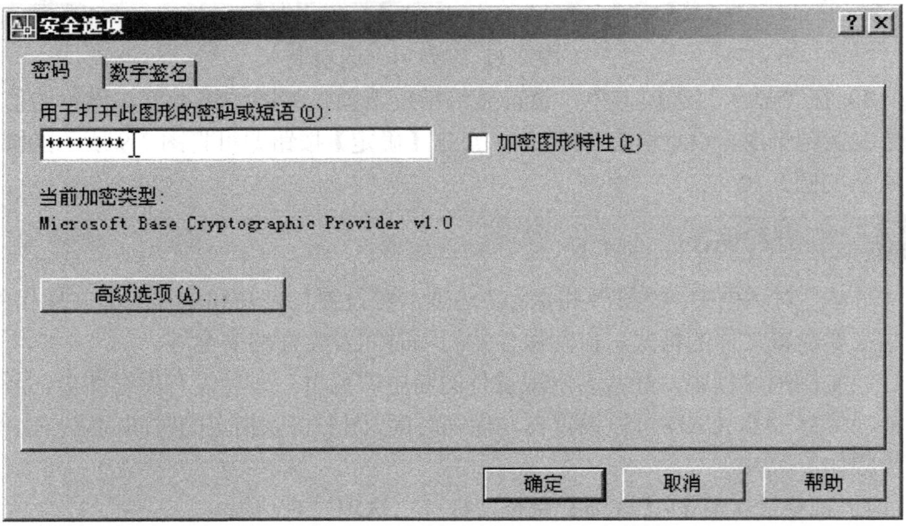

图 2-13 “安全选项”对话框

2.2.4 “打印和发布”选项卡

“选项”对话框中的“打印和发布”选项卡可配置打印选项，可以在其中指定基本的打印控制。在新图形的默认打印样式中，可以指定打印对象的颜色、抖动、灰度、画笔指定、屏幕显示、线型、线宽、端点样式、连接样式和填充样式等，如图 2-14 所示。

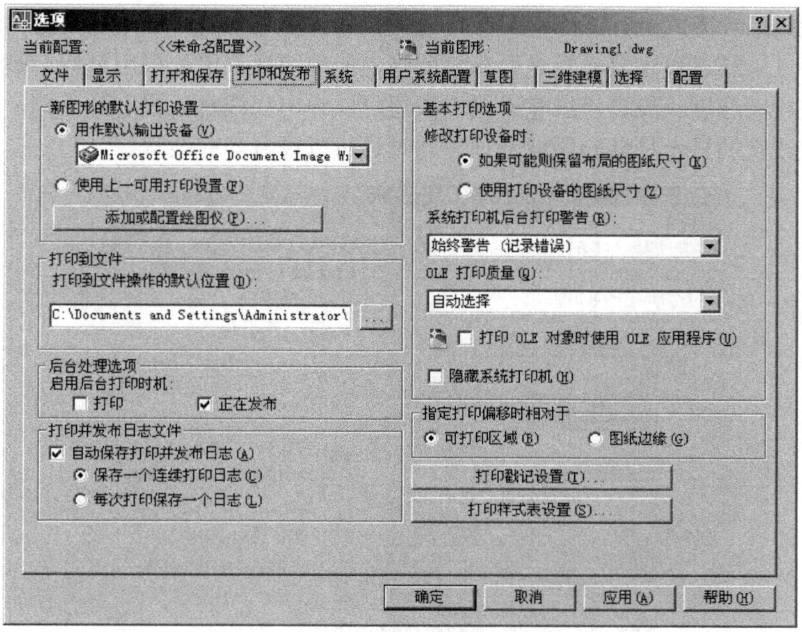

图 2-14　“打印和发布”选项卡

2.2.5　“系统”选项卡

“选项”对话框中的“系统”选项卡可用来调整 AutoCAD 的系统设置。可以设置当前三维图形显示区域中包含控制三维图形显示系统的相关选择等，如图 2-15 所示。

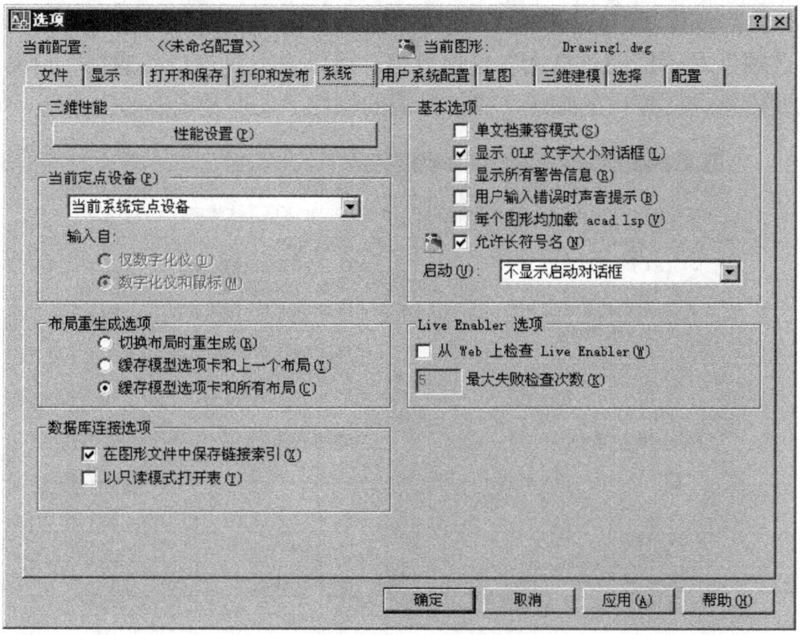

图 2-15　“系统”　选项卡

2.2.6　“用户系统配置”选项卡

在“选项”对话框中的“用户系统配置”选项卡中，如图 2-16 所示可以设置绘图环境，使用户能按最佳方式进行工作；能够自定义快捷菜单的设置；还可以决定图形中超级链接的显示特性。在这里主要设置是否在绘图区中使用快捷菜单，可用鼠标右键作为回车键，从而加快绘图速度。点击“线宽设置”按钮可以弹出“线宽设置”对话框，在此对话框中可以设置线宽的显示特性和所缺选项，同时还可以设置当前线宽。

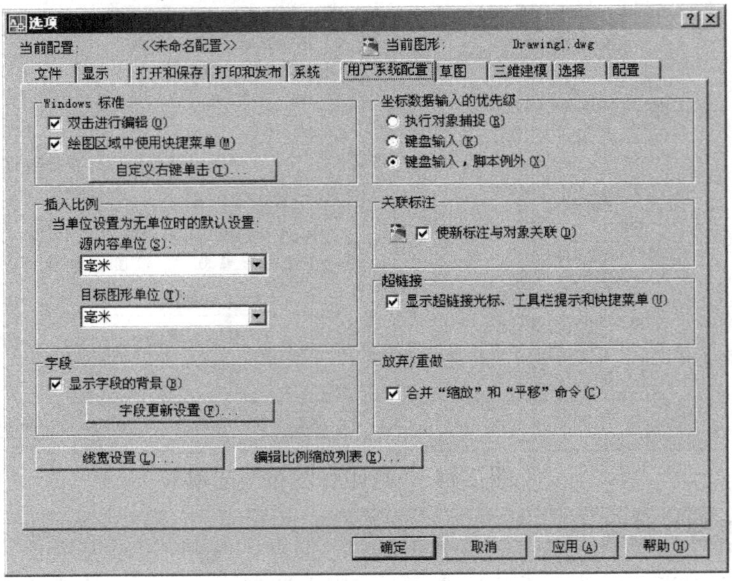

图 2-16 “用户系统配置”选项卡

2.2.7 “草图”选项卡

在“选项”对话框的“草图”选项卡中，可以设置对象自动捕捉、自动跟踪等功能，在这里主要设置绘图窗口的颜色、捕捉标记的颜色、大小及靶框的大小等，如图2-17所示。

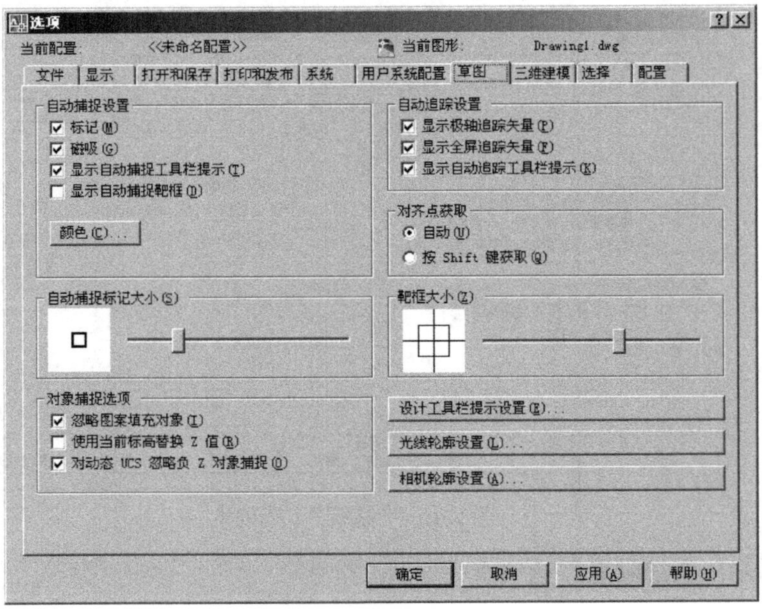

图 2-17 “草图”选项卡

2.2.8　“三维建模”选项卡

在“选项”对话框的“三维建模”选项卡中，可以设置三维十字光标、UCS的空间显示和飞行设置等功能，如图2-18所示。

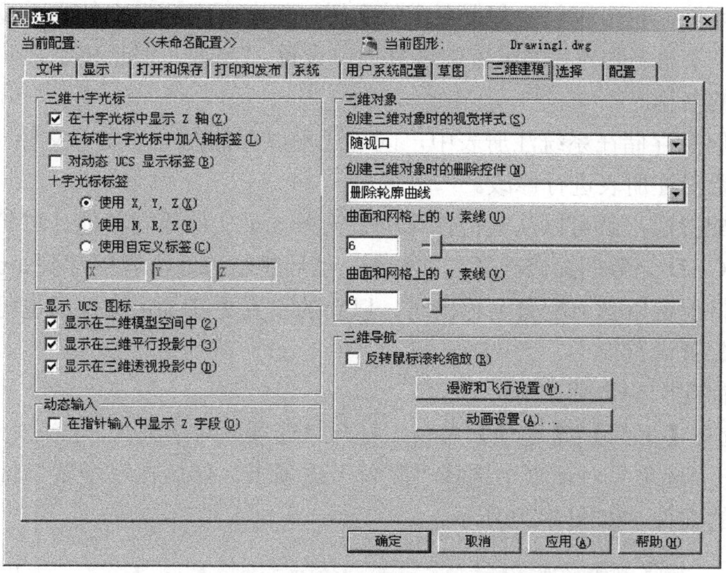

图 2-18　“三维建模”选项卡

2.2.9　“选择”选项卡

在“选项”对话框的“选择”选项卡中，可以控制选择工具和对象的选择，既可以调整拾取框的大小，也可以制定绘图时使用的选择方法。它主要用于控制AutoCAD拾取框的大小、指定选择对象的方法和设置夹点，如图2-19所示。

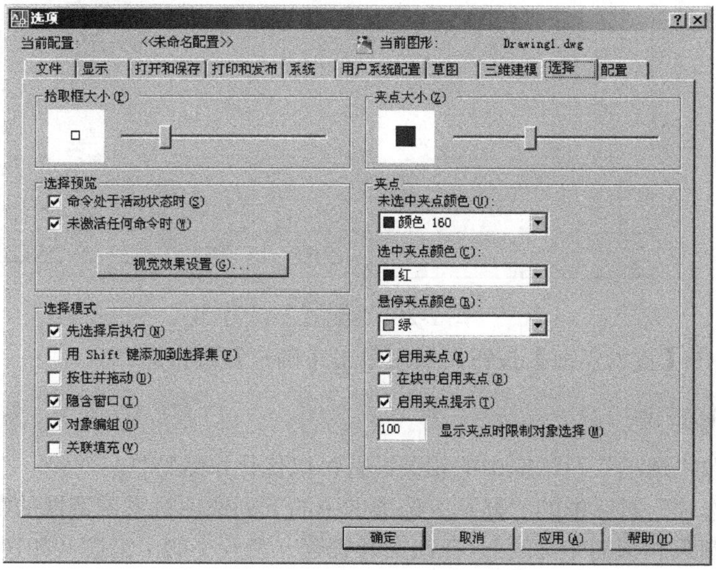

图 2-19　“选择”选项卡

2.2.10 “配置”选项卡

在“选项”对话框的“配置”选项卡中，可以设置绘图环境并将其保存到配置中。如果与使用相同登录名的其他用户共享工作站，则可以将自己的配置标记为当前配置来恢复自己的绘图环境，也可以创建和保存多份配置以便在不同项目中使用。没人情况下，系统在一个名为“未命名配置”的配置中恢复当前设置。“选项”对话框中显示当前配制的名称和当前图形的名称。

配置的信息存储在系统注册表中，同时还可以存储在一个文本文件（arg 文件）中。可以根据需要对注册表进行修改。

保存了配置后，就可以从其他计算机上输入 arg 文件或向其他计算机输入 arg 文件。如果在 AutoCAD 任务期间修改了当前配置，然后想将修改内容保存到 arg 文件中，就必须输出配置。将配置以当前配置名输出时，以新的设置更新 arg 文件，也可以再次将该文件输入以更新配置设置。

设置当前配制的步骤如下。

（1）选择【工具】|【选项】命令，打开“选项”对话框。

（2）在“选项”对话框中选择“配置”选项卡，然后在“配置”选项卡中选择要设为当前配置的文件，如图 2-20 所示。

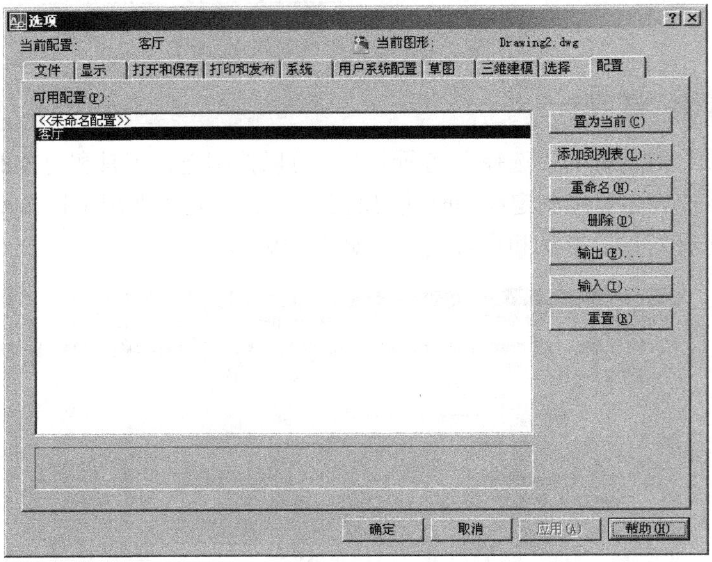

图 2-20 “配置”选项卡

（3）单击【置为当前】按钮，然后单击【确定】按钮即可。

2.2.11 优化性能

适当修改“选项”对话框中的相关设置可以优化系统特性。

（1）“选项”对话框的“显示”选项卡中的下列选项对系统特性的影响。

- “圆弧和圆的平滑度”：在绘图时设置一个较小的平滑度（如100），而在渲染时增大该值可以优化性能。取值范围为1～20 000。增大此值时，被渲染的对象更加平滑；但是在AutoCAD执行重生成、平滑和缩放等操作时需要较多的时间。

- “每条多段线曲线的线段数”：设置一个较小的值（如3）可以优化性能。线段数值设的越大，重生成图形所需时间越长。
- “渲染对象的平滑度”：设置为1或更小的值可以优化性能。取值范围从0.01～10。增大此值时，显示性能将下降，渲染时间增加。
- “曲线轮廓索线”：设置一个较小的值（如3）可以优化性能，取值范围从0～2047。增大此值时，显示性能将下降，渲染时间增加。
- “带光栅图像/OLE平移和缩放”：选择此选项可以优化性能。在进行平移和缩放时，AutoCAD仅显示光栅图像的边框，而不显示整个光栅图像。
- “真彩光栅图像和渲染”：清除此选项可以优化性能。AutoCAD按优化质量显示图像时，重生成时间将大大增加。要想在处理图形时提高性能，请修改系统显示设置以减少颜色。
- “应用实体填充”：清除此选项可以优化性能。多线、宽线、实体、所有图案填充（包括实体填充）和宽多线都显示为轮廓，而不是实体填充。因此，图形重生成时间将减少。
- “仅显示文字边框”：选择此选项可以优化性能。只显示文字边框而不显示实际文字，所以，图形重生成时间将减少。
- “以线框形式显示轮廓”：清除此选项可以优化性能。体对象的轮廓曲线不显示出来，因此，图形重生成时间将减少。

（2）“选项”对话框的“打开和保存”选项卡中的下列选项对系统性能的影响。

- “另存为”：设置为“AutoCAD 2007图形”格式可以优化性能。如果图形文件保存为其他dxf文件格式，保存图形时性能将降低。
- “按需加载外部参照文件”：设置为“启用”可以优化性能。启用此选项后，只加载重生成当前图形所需的部分外部参照。处理包含图层或空间索引的被剪裁的外部参照时可使用此选项。

（3）“选项”对话框的“系统”选项卡中的下列选项对系统性能的影响。

- “在图形文件中保存链接索引”：选择此选项可在“链接选择”操作过程中优化性能。如果想减少图形文件的大小或优化包含数据库表的图形的打开性能，则可以清除此选项。

（4）“选项”对话框的“选择”选项卡中的下列选项对系统性能的影响。

- “启用夹点”：清除此选项可以优化性能。夹点是选中对象后显示的小矩形。选择此选项后，图形文件的大小和重生成时间将会增加。

2.3　实例演示

2.3.1　设置模型空间的背景颜色为白色

AutoCAD 2007 系统默认的背景颜色为黑色，在实际绘图过程中，经常要用到把背景颜色设置为白色的操作，可通过如下操作修改。

（1）启动 AutoCAD 2007。

（2）选择【工具】|【选项】命令，如图 2-21 所示。

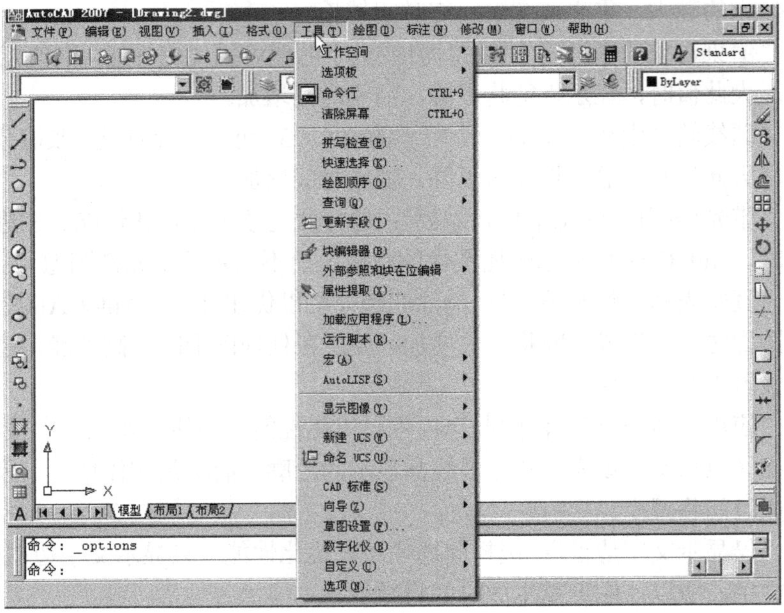

图 2-21　选择【工具】|【选项】命令

（3）打开“选项”对话框，在“显示”选项卡下，单击【颜色】按钮，如图 2-22 所示。

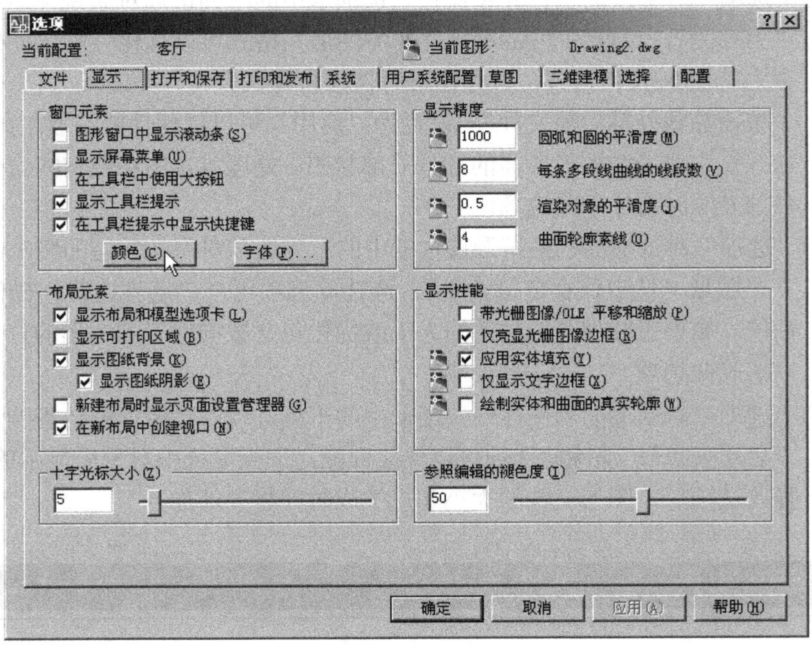

图 2-22　单击【颜色】按钮

（4）打开“图形窗口颜色”对话框，在“背景”选区中选择“二维模型空间”，在“界面元素”选区中选择“统一背景”，在“颜色”下拉列表中选择白色，如图 2-23 所示。

（5）单击【应用并关闭】按钮，完成操作。

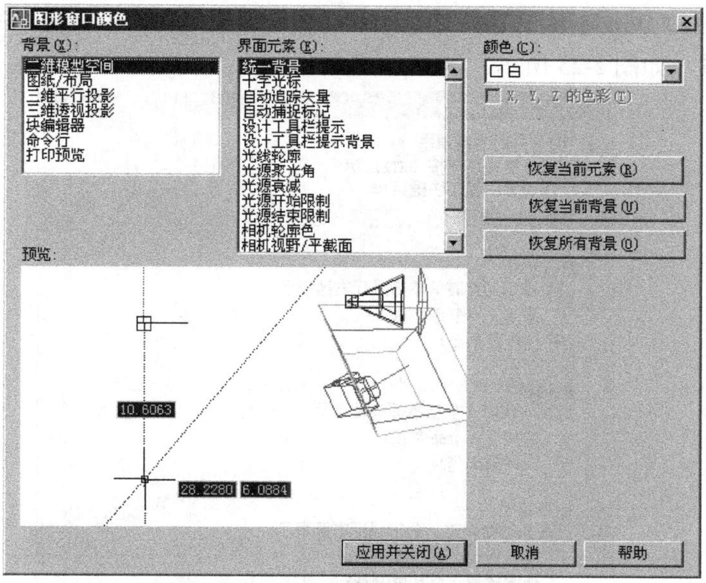

图 2-23 “图形窗口颜色”对话框

2.3.2 设置参数选项

要想提高绘图速度和质量，必须有一个合理的、适合自己绘图习惯的参数设置。可通过如下操作进行参数设置。选择【工具】|【选项】命令，在命令行中输入 Options，按回车键确认；右击绘图区，在弹出的菜单中选择“选项”命令。

在弹出的“选项”对话框中有“文件”、“显示”、“打开和保存”、“打印和发布”、“系统”、“用户系统配置”、“草图”、“三维建模”、“选择”和“配置”10 个选项卡。

在绘图过程中，单击鼠标右键有很大的用途，如一些用户习惯于用右键进行“重复上一次命令”和“确认”的操作，用户可以自己来定义鼠标右键的功能，操作步骤如下。

（1）在“选项”对话框中，切换到“用户系统配置”选项卡，如图 2-24 所示。

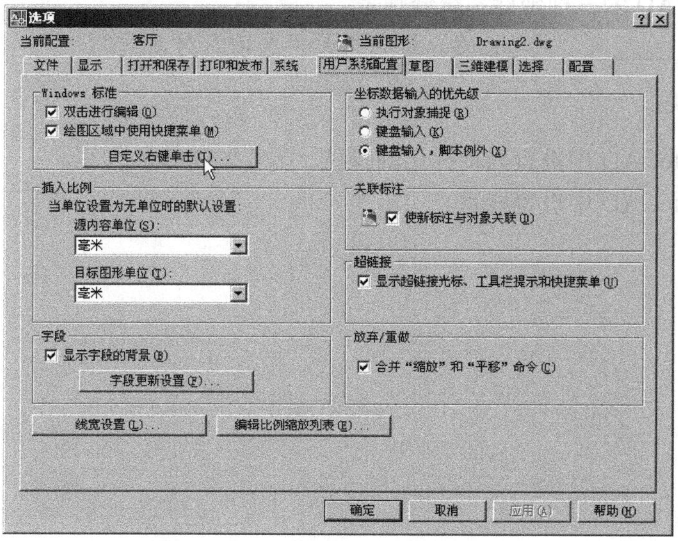

图 2-24 “用户系统配置”选项卡

（2）单击“Windows 标准”选区中的【自定义右键单击】按钮，弹出“自定义右键单击”对话框，如图 2-25 所示。

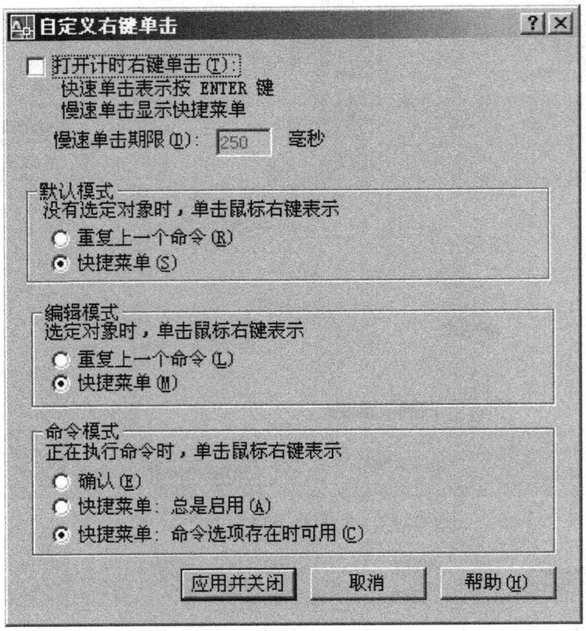

图 2-25 “自定义右键单击”对话框

（3）在“默认模式”中点选【重复上一次命令】单选按钮，表示当前没有选定对象时，在绘图区中单击鼠标右键为重复执行上一个命令，设置完后单击【应用并关闭】按钮。

2.4 习题

一、填空题

1．AutoCAD 的三种坐标系统分别是____________、____________、____________。

2．执行______________命令，即可打开“选项”对话框。

二、操作题

1．在 AutoCAD 中设置捕捉标记的颜色、大小与靶框的大小。

2．在 AutoCAD 中设置线宽。

第 3 章　绘图环境设置

在 AutoCAD 中设计和绘制图形时，不仅可以通过常用的指定点的坐标法来绘制图形，还可以使用系统提供的“捕捉”、“对象捕捉”以及“对象追踪”等功能，在不输入坐标的情况下快速、精确地绘制图形。另外，还可以使用多种方法来观察绘图窗口中的图形效果，如使用“视图”菜单中的子命令、“视图”工具栏中的工具按钮以及视口、鸟瞰视图等。通过这些方式可以灵活地观察图形的整体效果或局部细节。

本章主要技能考核点

- 设置图形范围：设置图形界限，设置图形单位。
- 绘图实用工具：设置捕捉和栅格参数，使用对象捕捉、自动追踪以及正交等功能绘图。
- 视图显示控制：使用视图显示命令，多角度观察视图。

评分细则

本章有 3 个评分点，题目总分为 6 分。

序号	评分点	分值	得分条件	判分要求
1	建立文件	3	各项操作正确	查看各项设置、图形，操作顺序不做要求
2	简单绘图	2	图形正确	操作条件不限
3	保存	1	文件名、扩展名、保存位置	必须全部正确才有得分

本章导读

本章主要介绍了绘图环境，其中包括绘图实用工具和显示控制是 AutoCAD 绘图中必不可少的辅助工具，在实际绘图过程中它们能够起到快速、准确、便捷的作用。绘图环境的设置可谓是绘图的第一步操作，而使用对象捕捉功能可以迅速、准确地捕捉到某些特殊点，从而精确地绘制图形；在 AutoCAD 中，自动追踪可按指定角度绘制对象，或者绘制与其他对象有特定关系的对象；使用“捕捉”和“栅格”功能，可以用来精确定位点，提高绘图效率；正交模式也可以用来精确定位点，它将定点设备的输入限制为水平或垂直；在 AutoCAD 中，当需要选择具有某些共同特性的对象时，可利用“快速选择”对话框，根据对象的图层、线型、颜色和图案填充等特性和类型，创建选择集。可通过“对象特性”工具栏确定是否隐藏选项板、是否在选项板内显示特性的说明部分以及是否将选项板锁定在主窗口中。

3.1　样题示范

【练习目的】

由《试题汇编》中选取样题，观察本章题目类型，了解本章学习内容。

【样题来源】

《试题汇编》第一单元 1.4 题。

【操作要点】

建立新文件，设置绘图界限。

简单绘制图形。

使用绘图辅助工具辅助绘图。

掌握视图的显示控制。

【操作要求】

1. **建立文件夹**：在 C 盘的根目录下新建一个考生文件夹，文件夹的名称为考生准考证后 10 位数字。

2. **环境设置**：

- 运行软件，建立新模板文件，设置绘图区域为 A3（420 mm×297 mm）幅面，打开“栅格”观察绘图区域。
- 建立新图层，并设置图层名称、颜色、线型及线宽如下表所示。

图层名称	颜色	线型	线宽（mm）
中心线	红色	CENTER	0.2
轮廓线	黑/白	BATTING	0.3

- 建立文字样式，样式名为“仿宋体”，字体选用“仿宋_GB2312”，高度为“20”，其余参数均采用默认设置。

3. **简单绘图**：在“轮廓线”图层上绘置一个 200 mm×100 mm 的矩形，矩形的左上角点坐标为（50,250）；打开“中心线”图层，在上一矩形的内部绘制一个 100 mm×50 mm 的矩形，两矩形的中心重合。在里面的矩形框中用“仿宋体”文字样式输入“计算机等级考试”7 个字，使文字位于内部矩形框中心位置。

4. **保存文件**：将完成的图形以“全部缩放”的形式显示，并以 KSCAD1-4.dwt 为文件名保存在考生文件夹中。

3.2 样题分析

本题是关于如何使用绘图辅助功能完成简单图形绘制，并运用视图缩放命令控制图形的完整显示，是 AutoCAD 软件的基础内容。

首先使用矩形命令分别完成两矩形的绘制，再次执行“移动”命令并使用对象捕捉功能捕捉矩形对角线的中点，使两矩形中心重合，然后使用“全部缩放”命令将图形完整的显示出来。

解题过程中将使用到“矩形”和“移动”等基本常用工具。

解答本题需要掌握本章相关操作技能，我们就从学习这些技能要点开始，这样在解题时就能游刃有余。

3.3　对象捕捉

在 AutoCAD 绘图过程中，经常要捕捉到某些对象上已经存在的点，例如直线或圆弧的端点、圆的圆心、两个对象之间的交点或其他集合特征位置的点。这时候我们可以使用对象捕捉快速地选择在已经绘制的对象上确切的几何点，从而快速完成图形的精确绘制。

在 AutoCAD 绘图操作中，当提示指定一点时，用户可以通过下列任一种方法随时使用对象捕捉模式。

- 在“草图设置”对话框中的“对象捕捉”选项卡中，勾选【启用对象捕捉】复选框，然后在“对象捕捉模式”选项组中勾选相应复选。
- 执行“对象捕捉”工具栏或对象捕捉快捷菜单上的【捕捉】命令。

在使用对象捕捉时，AutoCAD 不能捕捉到已经关闭的图层上的对象，或是虚线上的空白处。可以使用几种不同的方法设置对象捕捉模式，这些方法的选用取决于是否设置成启用对象捕捉模式还是仅使用一次对象捕捉模式。

3.3.1　对象捕捉模式

1. 端点

“端点”模式即捕捉另一个对象的端点。可以捕捉到直线、圆弧、椭圆弧、多线、多段线或射线最近的端点，或捕捉宽线、实体及三维面域的最近点。如果是一个有厚度的对象，端点对象捕捉模式可以捕捉到对象边缘的端点以及三维实体和面域边缘的端点。

2. 中点

“中点”模式即捕捉另一个对象的中点。可以捕捉到直线、圆弧、椭圆弧、多线、多段线、射线、样条曲线或参照线的中点。

3. 交点

“交点”模式可以捕捉到由直线、圆弧、椭圆弧、多线、多段线、射线、样条曲线、参照线以及任何由这些对象组成的对象的交点。交点捕捉模式还可以捕捉面域和曲线的交点。

4. 虚交点

“虚交点”模式，也叫外观交点模式，可以捕捉到在三维空间中实际并不相交、但由于视角的原因在屏幕上看起来相交的任意两个对象外观上相交的点；可以捕捉到由直线、圆弧、椭圆弧、多线、多段线、射线、样条曲线或参照线中的任意两个对象所组成的外观交点。

5. 延伸线

“延伸线”模式可以用于搜索沿着直线或圆弧自身路径延伸的点。

6. 圆心

“圆心”模式用于捕捉曲线对象的中心点。可以捕捉到圆、圆弧、椭圆、椭圆弧及多段线圆弧的圆心。

7. 象限点

“象限点”模式用于捕捉曲线对象的象限点。可以捕捉到圆、圆弧、椭圆、椭圆弧及多段线圆弧的最近的象限点（即 0°、90°、180°、270° 点）。

8. 切点

“切点”模式可以捕捉对象上的切点，可以捕捉到圆、圆弧、椭圆、椭圆弧及多段线圆弧上的切点。

9. 垂足

“垂足”模式可以捕捉到与另一个对象相垂直的点。可以捕捉到与直线、圆弧、椭圆弧、多线、多段线、射线、实体、样条曲线或参照线相垂直的点，或捕捉到对象的延伸线上的垂足。

10. 平行

“平行”模式用于创建与已绘制的直线相平行的直线段。

11. 插入点

“插入点”模式用于搜索属性、属性定义、块、形或文本对象的插入点。

12. 节点

“节点”模式用于捕捉点对象。

3.3.2 “对象捕捉”快捷菜单

当要求指定点时，可以按下【Shift】键或者【Ctrl】键，右击打开对象捕捉快捷菜单。选择需要的子命令，再把光标移到要捕捉对象的特征点附近，即可捕捉到相应的对象特征点，如图 3-1 所示。

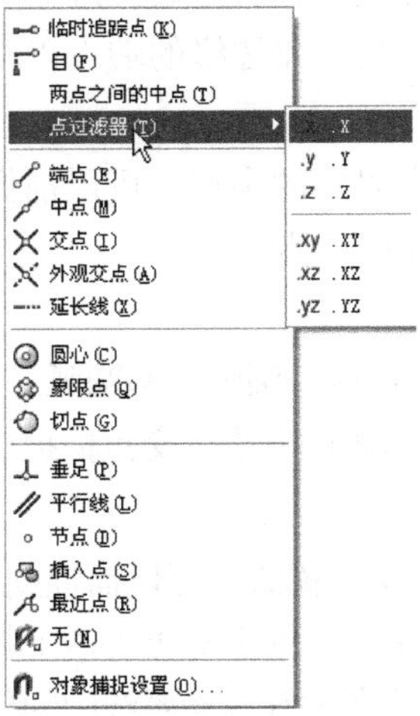

图 3-1 “对象捕捉”快捷菜单

3.3.3 设置连续捕捉模式

AutoCAD 设置连续捕捉模式后，随着鼠标位置的移动，系统将自动寻找捕捉点。可根据自己的需要选择添加或去除其他的捕捉方式。

选择【工具】|【草图设置】命令或在命令行中键入 OSNAP 命令，然后按回车键，如图 3-2 所示。

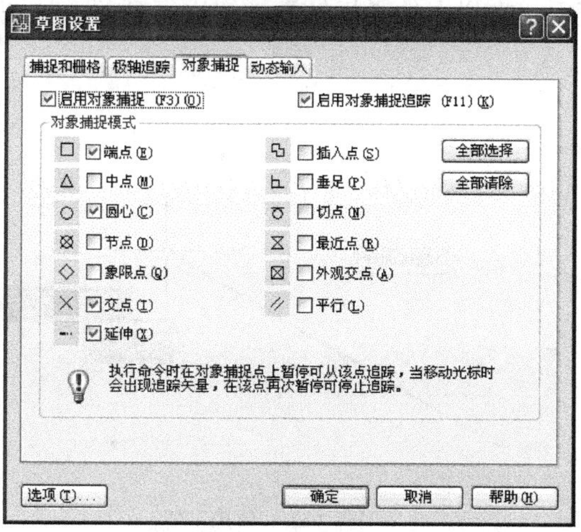

图 3-2　“草图设置”对话框

注：执行“对象捕捉”工具栏和对象捕捉快捷菜单上的捕捉命令时，该捕捉为单点捕捉。如果要执行单点捕捉，除上述两种方式外也可采取快捷键方式，例如：“端点捕捉”的快捷功能键为组合键 Shift+E。

3.4　自动追踪

自动追踪设置可以增强各种对象的捕捉方式，该设置包括角度追踪、全屏追踪和自动追踪工具栏提示显示。

3.4.1　角度追踪

开启角度追踪，可使线沿着所设置的增量角进行拖动。追踪角度的增量可以使用“增量角”中所提供的数值，也可以通过“附加角”自行设置。

选择【工具】|【草图设置】命令或在命令行中键入 Dsettings，然后按回车键即可进入“草图设置”对话框，如图 3-3 所示。

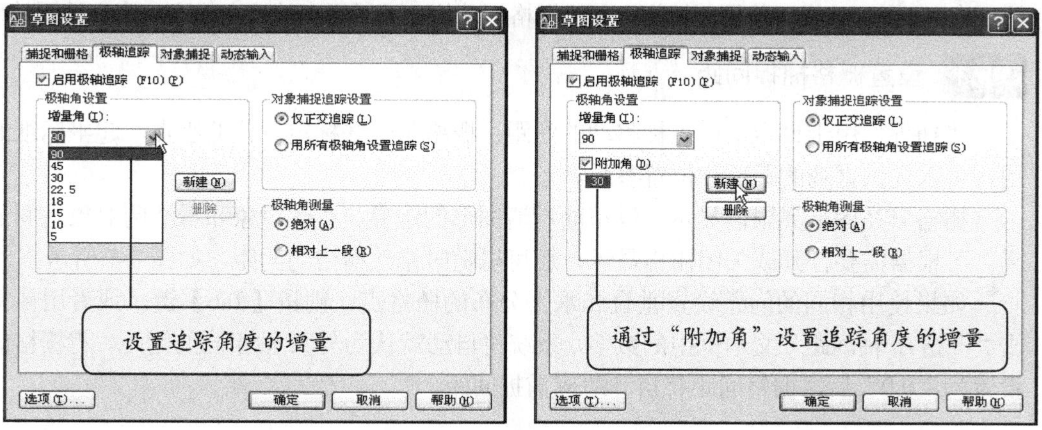

图 3-3　“草图设置”对话框

角度追踪显示可用状态栏上的【极轴】按钮进行开关，如图 3-4 所示。

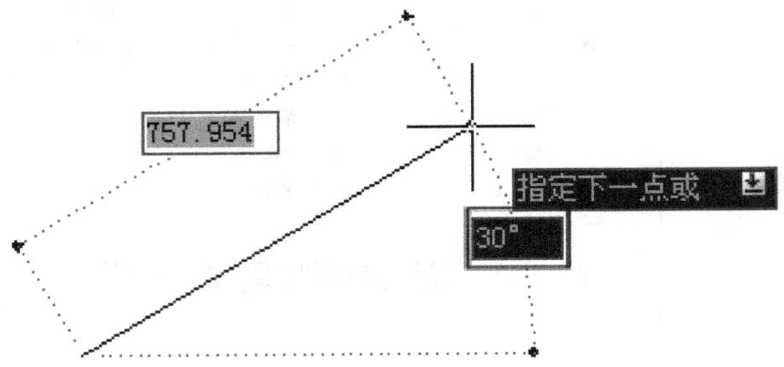

图 3-4　角度追踪

3.4.2 全屏追踪

全屏追踪用来控制追踪矢量的显示方式。追踪矢量是一条构造线，可以作为基准来按照特定角度拖动对象，也可以按照其他对象特定的相对关系来拖动对象。在默认设置下，追踪矢量可延伸到绘图显示区域的边界，但也可缩短或消除。

在“草图设置”对话框中的“极轴追踪”选项卡中单击【用所有极轴角设置追踪】单选按钮可以设置全屏追踪。

3.4.3 自动追踪提示

可在“草图设置”对话框的“极轴追踪”选项卡中进行全屏追踪设置。自动追踪提示与自动捕捉提示相似，此项控制追踪坐标的显示。

3.5 栅格和捕捉

在绘制图形时，尽管可以通过移动光标来指定点的位置，但却很难精确指定点的某一位置。在 AutoCAD 中，使用“捕捉”和“栅格”功能，可以用来精确定位点，提高绘图效率。

3.5.1 设置栅格捕捉间距

“捕捉”用于设定鼠标光标移动的间距；栅格是一些标定位置的小点，起坐标纸的作用，可以提供直观的距离和位置参照。

栅格只在图形界限内显示，以帮助看清图形的边界、对齐对象和看清两对象之间的距离。可根据需要打开或关闭栅格显示，还可以随时修改栅格的间距，如图 3-5 所示。

如果使用相同的间距设置垂直和水平分布的栅格点，则按【Tab】键，或者用鼠标单击“栅格 Y 轴间距”文本框中的数字，系统将自动默认为与 X 轴相同的间距。将栅格间距设置为“0,0”后，栅格间距将自动适应捕捉间距。

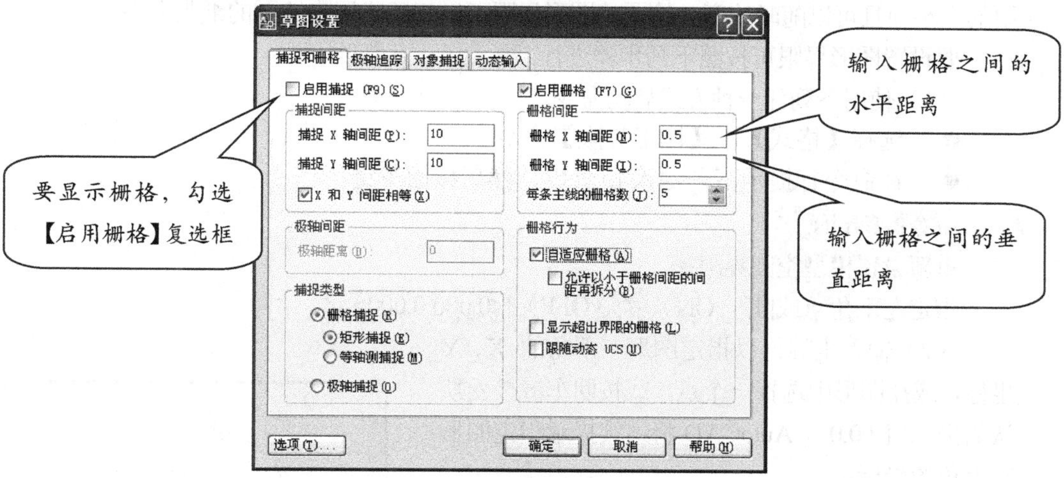

图 3-5　设置捕捉栅格间距

3.5.2 启用栅格和捕捉

通过单击状态栏上的【栅格】按钮来控制栅格显示的开与关，另外还可以按组合键 Ctrl+G 或【F7】键，或键入 GRID 控制栅格的显示。

通过单击状态栏上的【捕捉】按钮控制捕捉的开与关，也可以按组合键 Ctrl+B 或【F9】键，或是键入 SNAP 控制捕捉的开与关。

3.6 正交功能

AutoCAD 提供的正交模式也可以用来精确定位点，它将定点设备的输入限制为水平或垂直。在正交模式下，可以方便地绘出与当前 X 轴或 Y 轴平行的线段。

打开正交功能后，输入的第 1 点是任意的，但当移动光标准备指定第 2 点时，将会被限制在 0°、90°、180°或 270°方向上。在绘制直线时，将沿水平轴向或竖直轴向移动，并根据光标距离轴线的远近决定移动的方向。

要打开或关闭正交模式，可以使用以下任意一种方法。

单击状态栏中的【正交】按钮。

按组合键 Ctrl+L 或【F8】键。

键入 ORTHO 命令。

如果在命令行中键入坐标值或使用对象捕捉模式，AutoCAD 将忽略正交设置。

3.7 设置绘图范围

3.7.1 设置图形界限

在 AutoCAD 中进行图形绘制时，用户可以在一个特定的区域内绘图，那么这个区域的边界可以被定义为界限。这时，用户可以在界限内的任何地方绘图，也可以将图形界限设置为需要的大小而且可以随时改变，绘图的图形界限可以想象成用来绘图的纸张大小。

要设置图形界限可按照下列步骤进行。

（1）使用下列任一种方式启动命令。

- 选择【格式】|【图形界限】命令。
- 在命令行提示下，键入 Limits，然后按回车键。

命令：Limits ↙

重新设置模型空间界限：

指定左下角点或[开（ON）/关（OFF）]<0.000,0.000>:↙

（2）输入坐标值以指定图形左下角的 X、Y 坐标，或在图形中选择一个点，或按回车键接受默认的坐标值（0,0）。AutoCAD 将继续提示指定图形右上角的坐标。

指定右上角点〈4200.000，2970.000〉↙

（3）输入坐标值以指定图形右上角的 X、Y 坐标，或在图形中选择一个点，确定图形的右上角坐标。

（4）最后在命令行中键入 Z 然后回车，键入 A 然后回车，以显示全图即可，如图 3-6 所示。

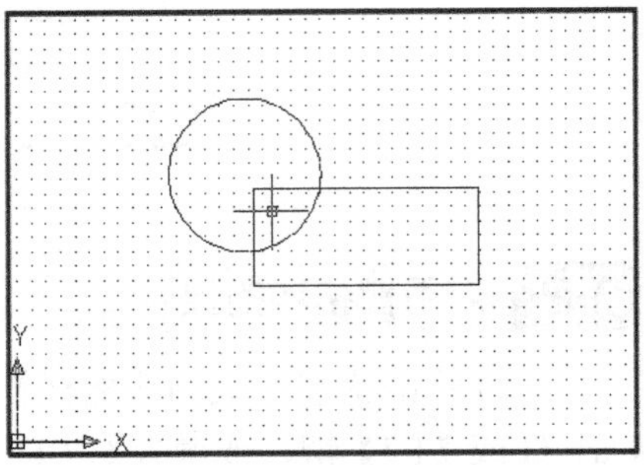

图 3-6　图形界限

3.7.2 设置图形单位

在 AutoCAD 中，用户可以采用 1∶1 的比例因子绘图，因此，在绘图之前需要确定图形单位。一般来说，对于建筑制图，长度以毫米（mm）为单位，角度以度（°）为单位。同时尺寸和角度一般都是整数位，因此对于所有的线性和角度单位，还要设置显示精度等级。

在绘图过程中，即使使用默认单位设置绘制图形，在以后的绘图过程中也可以随时根据需要来修改图形单位。

可使用以下任一种方法设置图形单位。

- 选择【格式】|【单位】命令。
- 在命令行提示下，键入 Units（或 UN），然后按回车键，如图 3-7 所示。

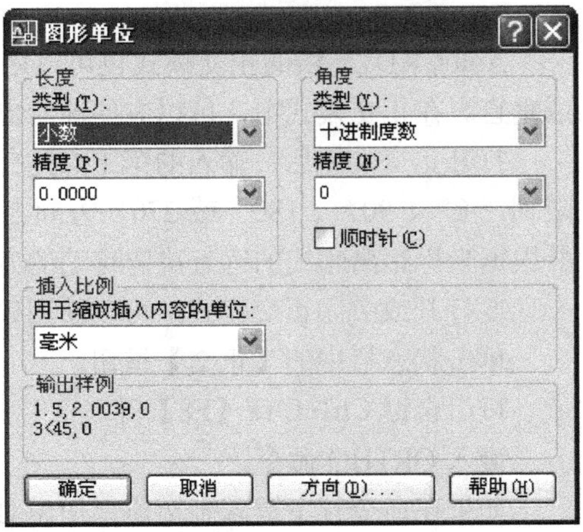

图 3-7　设置图形单位

3.8　快速选择对象

在 AutoCAD 中，当需要选择具有某些共同特性的对象时，可利用“快速选择”对话框，根据对象的图层、线型、颜色、图案填充等特性和类型，创建选择集。

可以使用以下两种方法启用“快速选择”命令。

- 选择【工具】|【快速选择】命令。
- 在绘图区域单击鼠标右键，在弹出的快捷菜单中选择“快速选择”命令 ，可打开“快速选择”对话框，如图 3-8 所示。

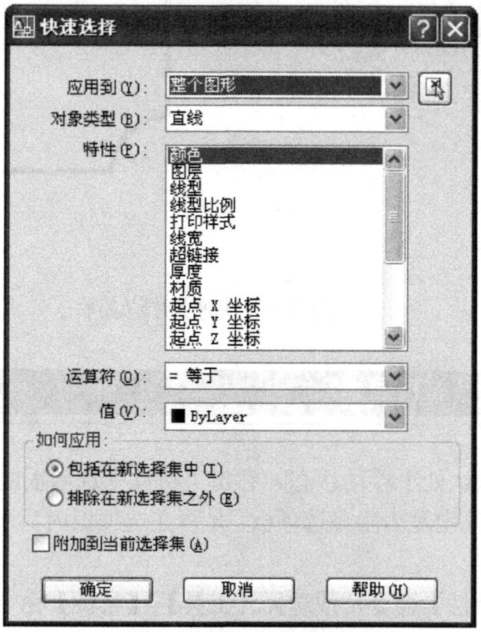

图 3-8 “快速选择”对话框

对于复杂图形来说，执行“快速选择”是最好的选择方法，它能够准确、完整地完成图形的选择，如图 3-9（a、b、c、d）所示，通过快速选择完成对图中圆的选择。

（a）

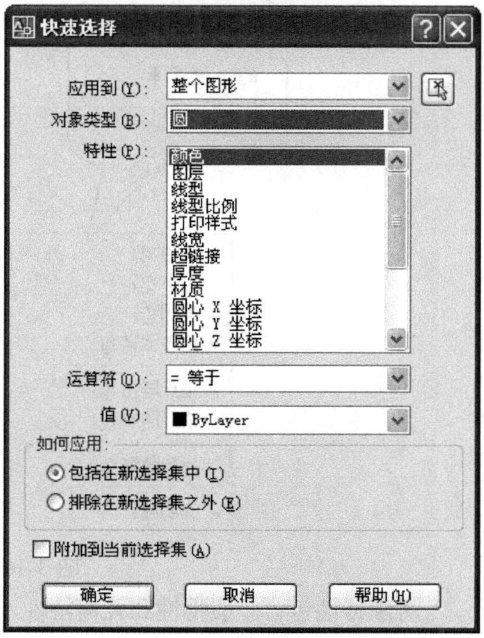

（b）

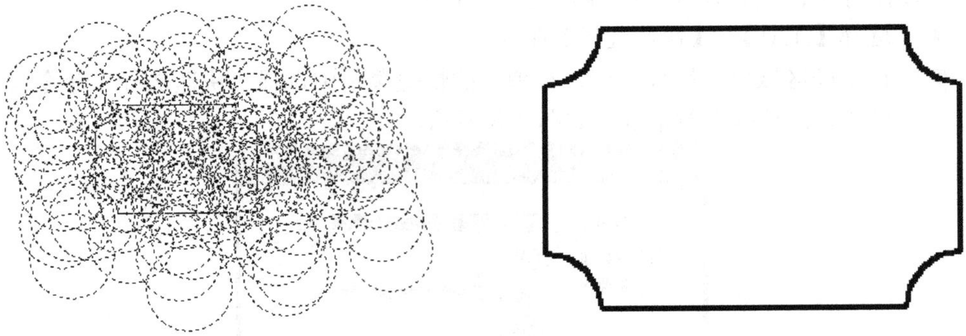

（c）　　　　（d）

图 3-9　快速选择实例

3.9　“对象特性”工具栏

“特性”选项板默认处于浮动状态。右击“特性”选项板的标题栏，将弹出一个快捷菜单。可通过该快捷菜单确定是否隐藏选项板，是否在选项板内显示特性的说明部分以及是否将选项板锁定在主窗口中。

选择【修改】|【特性】命令，或选择【工具】|【特性】命令，也可以在“标准”工具栏中单击【特性】按钮，打开“特性”选项板，如图 3-10 所示。

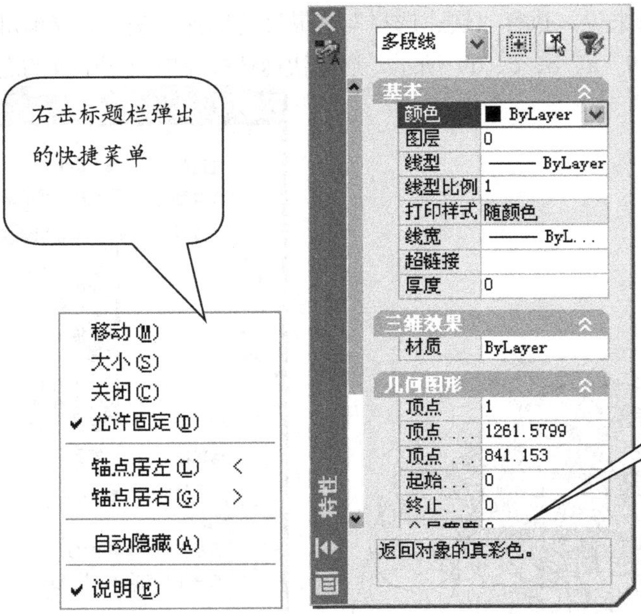

图 3-10　“特性”选项板

对象特性包含一般特性和几何特性，一般特性包括对象的颜色、线型、图层及线宽等，几何特性包括对象的尺寸和位置。可以直接在“特性”选项板中设置和修改对象的特性。

3.10　样题解答

教学资源：本样题的图文解答详见光盘根目录下的“样题解答”目录。

本样题的视频解答请访问高新考试教材服务网站（www.citt.org.cn）教材专区中的“计算机辅助设计模块网络服务”。

操作步骤：

1. 新建一图形文件，并设置图形界限为 420×297

（1）选择【文件】|【新建】命令，新建一图形文件。

（2）选择【格式】|【图形界限】命令，如图 3-11 所示。

指定左下角点：0,0

指定右下角点：420,297

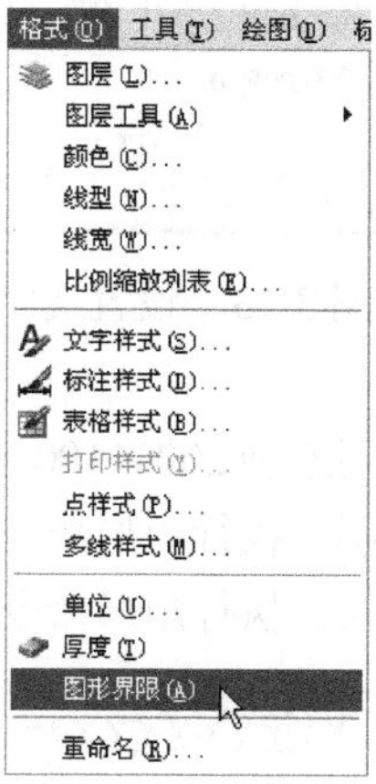

图 3-11　选择“图形界限”命令

2. 新建图层，设置图层属性

（1）打开“图层特性管理器”。

（2）新建一图层，命名为“中心线”，颜色为红色，线型为“CENTER”，线宽为默认。

（3）再新建一图层，命名为“轮廓线”，颜色为默认，线型为“BATTING”，如图 3-12 所示（图层的设置作为参考，目的是作图方便）。

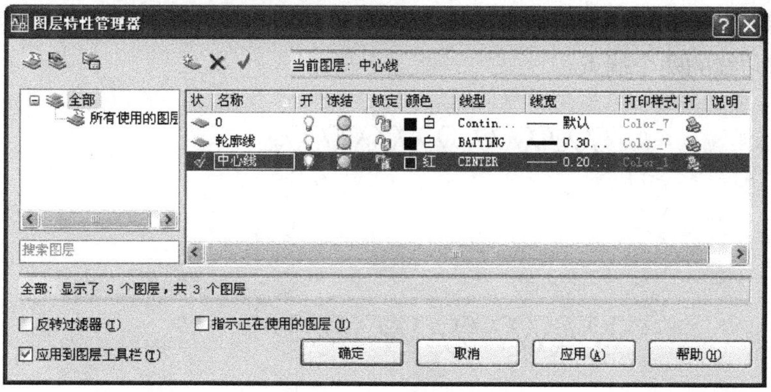

图 3-12　设置图层

3. **设置文字样式**

（1）选择【格式】|【文字样式】命令，进行文字设置。

（2）新建样式名“仿宋体”，字体选用“仿宋 GB_2312”，高度为“20”，其它采用默认设置，如图 3-13 所示。

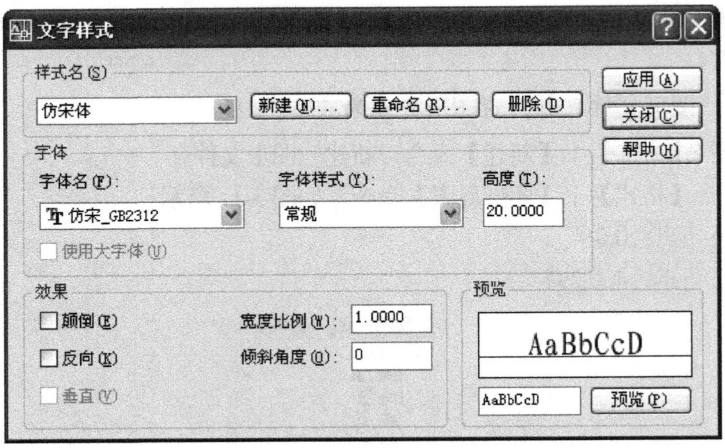

图 3-13 设置文字样式

4. **执行矩形命令**

分别在轮廓线图层和中心线图层绘制 200×100 和 100×50 的矩形，如图 3-14 所示。

把“轮廓线”图层置为当前图层，执行矩形命令，绘制一 200×100 的矩形。

把“中心线”图层置为当前图层，执行矩形命令，绘制一 100×50 的矩形。

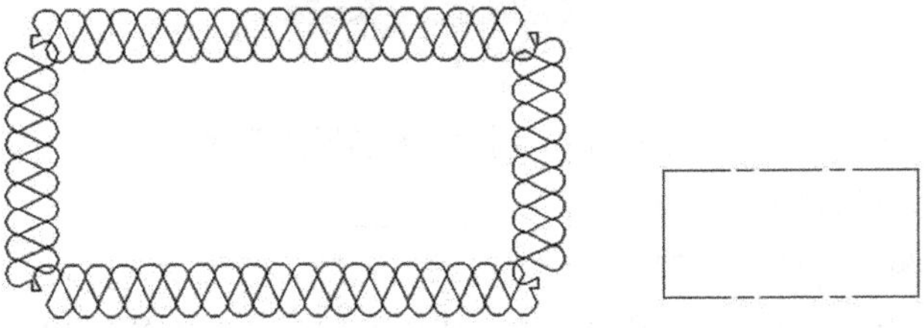

图 3-14 矩形绘制

5. **执行直线命令**

分别绘制两矩形的对角线，如图 3-15 所示。绘制对角线时打开对象捕捉中的端点捕捉，分别捕捉对角线的两个端点。

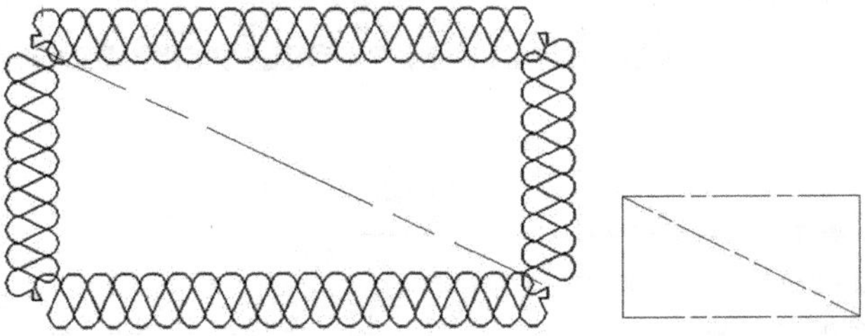

图 3-15 添加对角线

6. **执行移动命令**

选择小矩形，以小矩形的对角线的中点为基点，移动到大矩形对角线的中点即可，如图 3-16 所示。在指定基点时打开对象捕捉中的中点捕捉，捕捉矩形对角线的中点。

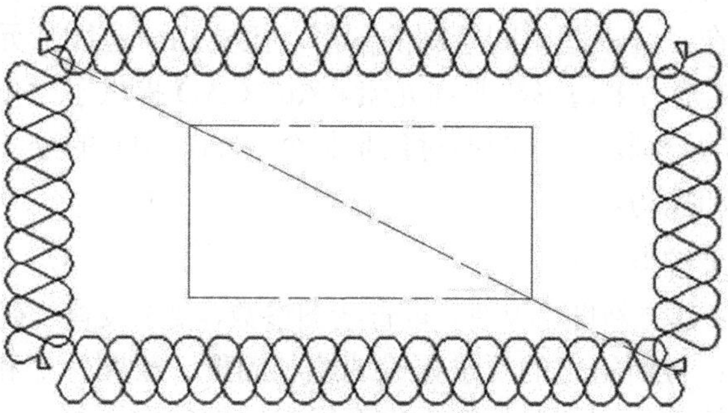

图 3-16　移动图形

7. **输入文字**

如图 3-17 所示，执行文字命令，输入文字内容“计算机等级考试”。

选中文字，打开对象特性面板，将对正方式更改为“正中”。

执行移动命令，将基点定为文字中点，移动到矩形中点处。

执行删除命令，选中两条对角线并删除。完成后如图 3-17 所示。

图 3-17　完成后的图形

3.11　习题

一、选择题

1．在 AutoCAD 2007 中，打开或关闭栅格显示的快捷键是____________。

A．F2 键　　B．F5 键　　C．F7 键　　D．F8 键

2．在 AutoCAD 2007 中，打开或关闭正交显示的快捷键是____________。

A．F2 键　　B．F5 键　　C．F7 键　　D．F8 键

二、操作题

1．列出 5 种可选用的绘图单位。

2．列出捕捉功能切换“开/关”的 3 种方法。

第 4 章　基本图形绘制

二维图形是指在二维平面空间绘制的图形，主要由一些图形元素组成，如点、直线、圆弧、圆、椭圆、矩形、多边形等几何元素。AutoCAD 提供了大量的绘图工具，可以帮助用户完成二维图形的绘制。二维图形对象是整个 AutoCAD 的绘图基础，因此要熟练地掌握它们的绘制方法和技巧。

本章主要技能考核点

- 建立文件：建立新图形文件，设置绘图参数，要求设置正确，对操作顺序不做要求。
- 绘制图形：按所给定的要求正确地绘制图形。绘图命令和绘图顺序不限。
- 保存：以给定的文件名保存文件至指定文件夹中。

评分细则

本章有 4 个评分点，题目总分为 10 分。

序号	评分点	分值	得分条件	判分要求
1	建立文件	2	绘图参数设置正确	没按要求设置要扣分
2	绘图（1）	3	按要求绘制图形主要部分	错一处扣 0.5 分，扣完为止
3	绘图（2）	4	绘制图形第二部分	错一处扣 0.5 分，扣完为止
4	保存	1	文件名、扩展名、保存位置	必须全部正确才有得分

本章导读

本章介绍了在 AutoCAD 2007 中绘制一幅平面图（即：二维图形）需要具备一定的基础知识，还需要掌握各种基本图形的绘制和编辑以及对视图的熟练控制，此外还要熟悉 AutoCAD 2007 的绘图辅助功能。

4.1　样题示范

【练习目的】

由《试题汇编》中选取样题，观察本章题目类型，了解本章学习内容。

【样题来源】

《试题汇编》第二单元 2.3 题。

【操作要点】

熟悉矩形、正多边形以及修剪和填充等绘图命令的使用。

【操作要求】

1. **建立新文件**：新建一个文件，设置绘图区域为 500 mm×400 mm 幅面，参数均采用默认设置。建立新图层，设置图层名称为“中心线”，线型为“CENTER2”，颜色为红色，线宽为“0.3 mm”。

2. **绘制图形：**

- 框架绘制：采用“0”图层，在绘图区域中以坐标（100,200）的点为圆心，作直径为“100 mm”的圆；在水平方向上，相距“200 mm”的位置处画直径为“50 mm”的圆。
- 细节绘制：绘制一条相切于两圆的圆弧，圆弧半径为“150 mm”；绘制两圆的一条外公切线；绘制一个与圆弧和外公切线相切的圆，并过两圆圆心连线的中点。在“中心线”图层上绘出各圆的中心线，中心线超出图形的长度为“10 mm”。完成的效果如图 4-1 所示。图中的尺寸不用标注。

3. **保存文件：**将完成的图形以“全部缩放”的形式显示，并以 KSCAD2-3.dwg 为文件名保存在考生文件夹中。

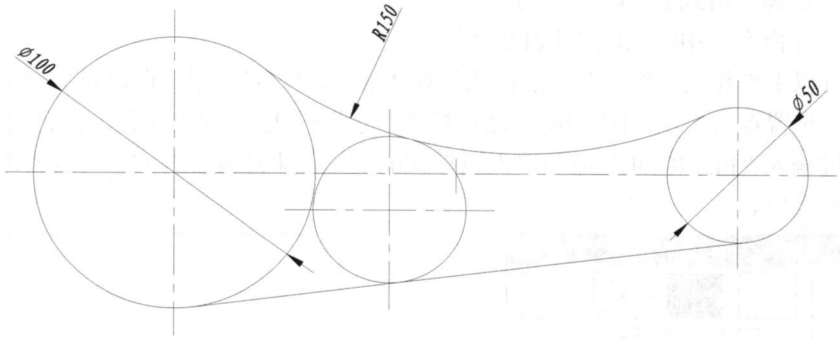

图 4-1　最终效果图

4.2　样题分析

本题是一道基本图形绘制的题目，是 AutoCAD 中最基本的图形绘制。

首先新建文件，设置绘图环境，执行菜单命令【格式】|【图形界限】设置图形界限，大小为 500 mm×400 mm。

选择【格式】|【图层】命令，新建图层。打开【图层特性管理器】，设置图层名称为“中心线”，线型为“CENTER2”，颜色为红色，线宽为“0.3 mm”。

使用绘图工具栏中的“圆”，指定圆点，绘制半径为“50 mm”的圆，以该圆圆心为起点，绘制“200 mm”的水平直线，以该直线的右端点为圆心，绘制半径为“25 mm”的圆。

选择【绘图】|【圆】|【相切相切半径】命令，绘制相切于两圆半径为 150 的外公切圆，利用修改工具栏中的【修剪】工具。

选择“绘图”工具栏中的直线，捕捉切点，绘制两圆的外公切线，选择【绘图】|【圆】|【三点】命令，选择与两圆切点、直线的中点绘制一个与圆弧和外公切线相切的圆，并过两圆圆心连线的中点的圆。

最后绘制中心线即可。

解题过程中将使用到“直线”和“圆”等基本绘图工具。

解答本题需要掌握本章相关操作技能，我们就从学习这些技能要点开始，这样在解题时就能游刃有余。

4.3 绘制点对象

在 AutoCAD 中，点（Point）对象是最简单的图形对象，只需指定其坐标即可。

4.3.1 点的样式

在AutoCAD 2007中，可以设置多种不同形状的点样式，以满足用户绘图时的不同需要。在AutoCAD中，点的属性有两种：点的样式和点的大小。设置点样式可以在“点样式”对话框中进行，启动“点样式”对话框的方法通常有如下两种方式。

- 选择【格式】|【点样式】命令。
- 在命令行中输入DDPTYPE命令。

执行以上操作后，将打开“点样式”对话框，如图4-2所示，在该对话框中可以选择点的样式，设置点的大小。图4-3所示是选择“十字”样式后，在绘图区内绘制的点样式。也可以通过输入“PDMODE”命令输入点样式的变量值来选择点样式，但要熟悉每种样式的变量值的数值。

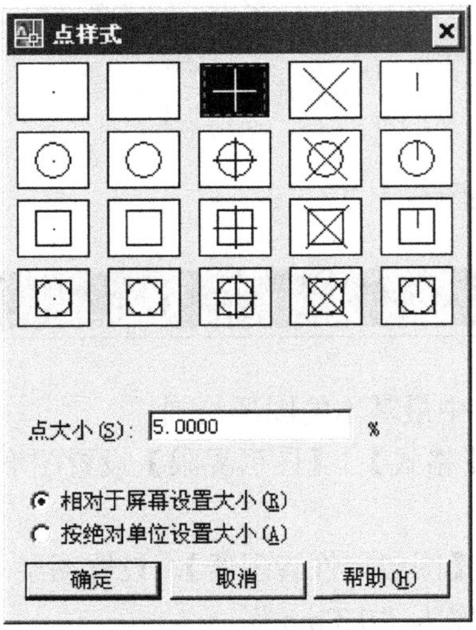

图 4-2 “点样式”对话框

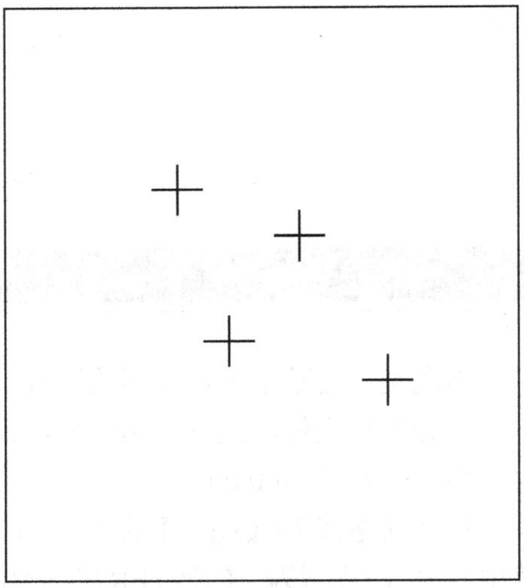

图 4-3 创建点对象

4.3.2 点的绘制

在AutoCAD中，点对象通常作为绘制其他图形时的控制点和参考点。绘制“点”对象通常有如下三种方法。

- 选择【绘图】|【点】|【单点或多点】命令。
- 单击“绘图”工具栏中的【点】按钮。
- 在命令行中输入POINT命令。

4.3.3 绘制定数等分点

在AutoCAD 2007中，使用DIVIDE命令可以在指定的对象上绘制等分点或者是在等分点处插入块。被等分的对象可以是直线、圆、圆弧及多段线等。在操作过程中，用户可以指定等分数目。执行该命令通常有如下两种方法。

- 选择【绘图】|【点】|【定数等分】命令。
- 在命令行中输入DIVIDE命令。

使用DIVIDE命令在直线AB上创建如图4-4所示的等分点，在命令行中出现的提示及操作步骤如下。

图 4-4　创建定数等分点

命令：DIVIDE↙	‖执行定数等分命令
选择要定数等分的对象：	‖拾取要等分的 AB 线段
输入线段数目或[块 B]：6	‖输入要等分的线段数目

4.3.4 绘制定距等分点

在AutoCAD 2007中，使用MEASURE命令可以在指定的长度绘制点或者插入块。使用定距等分点操作提供了一个测量图形的长度。DIVIDE命令用于创建一定数目的等分点，二MEASURE命令则是以指定的距离在所选实体上创建点或块。执行该命令通常有如下两种方法。

- 选择【绘图】|【点】|【定距等分】命令。
- 在命令行中输入MEASURE命令。

使用MEASURE命令在直线AB上绘制如图4-5所示的等距点效果，在命令行中出现的提示及操作步骤如下。

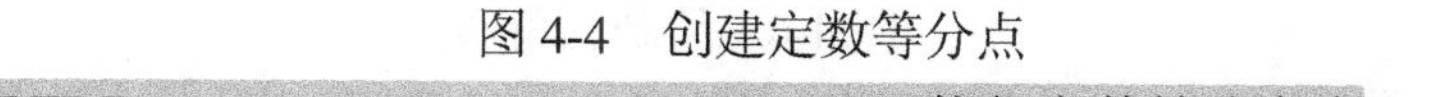

图 4-5　创建定距等分点

命令：MEASURE↙	‖执行定距等分命令
选择要定数等分的对象：	‖拾取要等分的 AB 线段
输入线段数目或[块 B]：指定第二点	‖选定 1 点

4.4　直线对象的绘制

4.4.1 绘制直线

在AutoCAD 2007中，直线命令用于绘制两点之间的线段，只要选择线段的起点和终点即可，用户可以使用鼠标和键盘来确定线段的起点和终点。绘制直线通常有如下三种方法。

- 选择【绘图】|【直线】命令。
- 单击“绘图”工具栏中的【直线】按钮。

- 在命令行中输入L或Line命令。

用直线命令绘制如图4-6所示三角形，命令行显示如下。

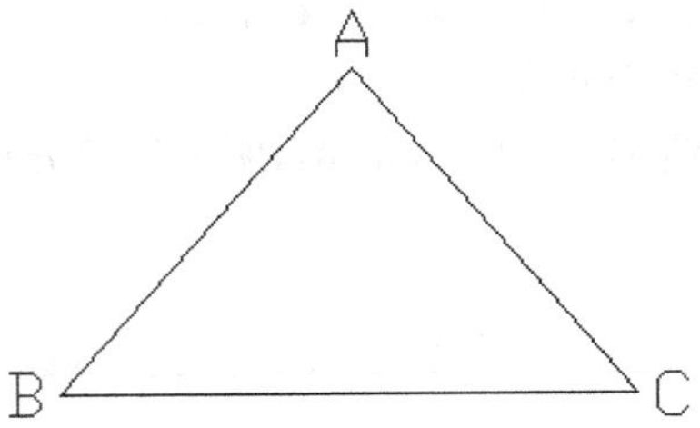

图 4-6　绘制三角形

命令：Line↙
Line 指定第一点：　||点取 A 点（第一点）
指定下一点或[放弃（U）]：　||点取 B 点（第二点）
指定下一点或[放弃（U）]：　||点取 C 点（第三点）
指定下一点或[闭合（C）|放弃（U）]：　||点取 A 点（闭合点）

4.4.2 绘制射线

射线为一端固定，另一端无线延伸的直线。射线主要用于辅助线，指定射线的起点和通过点即可绘制一条射线。绘制射线通常有如下两种方法。

- 选择【绘图】|【射线】命令。
- 命令行中输入ray命令。

绘制射线时命令行显示如下。

命令：ray↙
指定起点：
指定通过点：

当射线的起点指定后，可在“指定通过点：”提示下指定多个通过点，来绘制以起点为端点的多条射线，直到按【Esc】键或【Enter】键退出为止。

4.4.3 绘制构造线

AutoCAD中的构造线类似于数学中的直线，可以向两端无限延伸。该线通常在绘图过程中作为辅助线使用，如基准坐标轴。AutoCAD 2007中绘制构造线通常有三种方法。

- 选择【绘图】|【构造线】命令。
- 单击“绘图”工具栏中的【构造线】按钮。
- 在命令行中输入XLINE命令。

绘制构造线时命令行显示如下。

命令：XLINE↙
指定点或[水平（H）|垂直（V）|角度（A）|二等分（B）|偏移（O）]:||给出根点 1
指定通过点：　||给出通过点 2，画一条双向无限长直线
制定通过点：　||继续给点，继续画线，如图 4-6（a）所示，按 Enter 键结束命令。

执行 XLINE 后，命令行中出现提示“指定点或[水平（H）|垂直（V）|角度（A）|二等分（B）|偏移（O）]:”，其中各选项含义如下。

- 指定点：用于指定构造线通过的一点。
- 水平（H）：用于绘制一条通过选定点的水平参考线。
- 垂直（V）：用于绘制一条通过选定点的垂直参考线。
- 角度（A）：用于以指定的角度创建一条参考线。执行该选项后，在命令行中提示“输入参考线角度（O）或[参照（R）]：”，这是可以指定一个角度或输入R选择参照选项。
- 二等分（B）：用于绘制角度的平分线。执行该选项后，在命令行中提示“指定角的顶点、指定角的起点、指定角的端点”，从而绘制出该角的角平分线。
- 偏移（O）：用于创建平行于另一个对象的参考线。

上面六种方式绘制的构造线分别如图 4-7（a）～（f）所示。

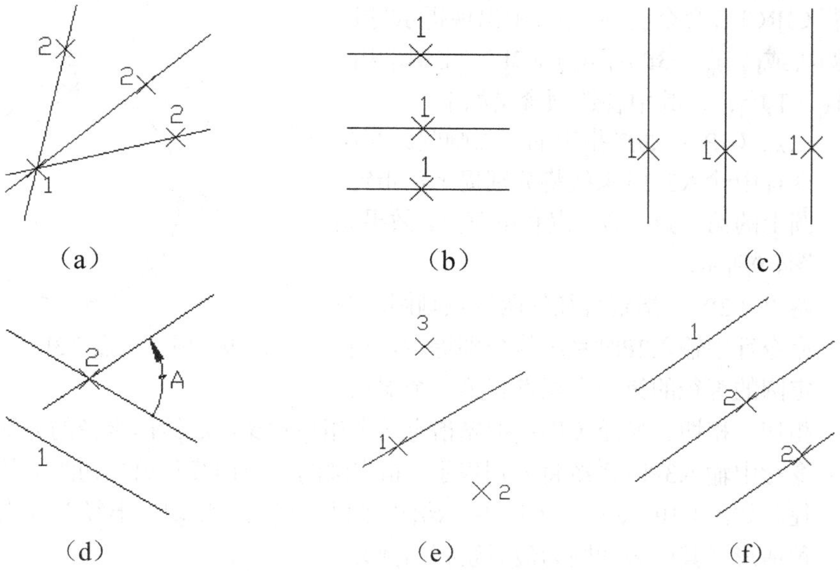

图 4-7　构造线

4.5　绘制基本曲线

4.5.1　绘制圆

在 AutoCAD 2007 中，使用 CIRCLE 命令可以绘制圆形。在默认状态下，圆形的绘制方式是先确定圆心，再确定半径。绘制圆通常有如下三种操作方法。

- 选择【绘图】|【圆】命令。
- 单击“绘图”工具栏中的【圆】按钮。
- 在命令行中输入CIRCLE命令。

在 AutoCAD 2007 中用户可以使用 6 种方式绘制圆，如图 4-8 所示。

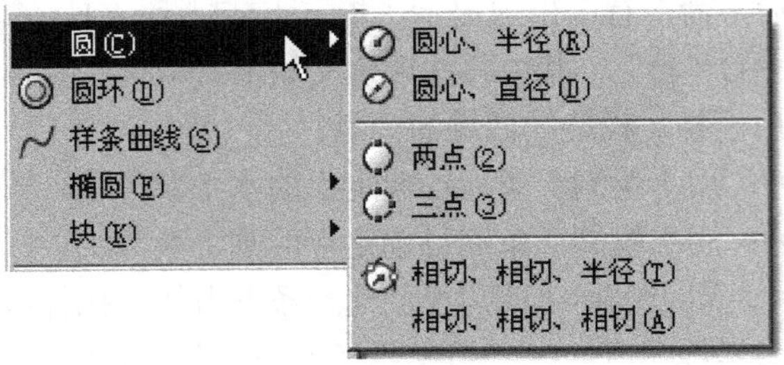

图 4-8　绘制圆的菜单

绘制圆时命令行显示如下。

命令：CIRCLE↙

指定圆的圆心或[三点（3P）|两点（2P）|相切、相切、半径（T）]:

指定圆的半径或[直径（D）]:　　　　　||直接输入半径值或用鼠标指定半径长度

执行 CIRCLE 命令后，命令行中出现提示“指定圆的圆心或[三点（3P）|两点（2P）|相切、相切、半径（T）]:”，其中各选项含义如下。

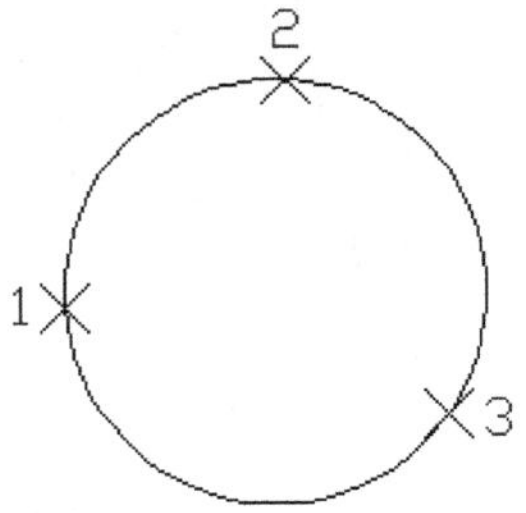

图 4-9　用“三点（3P）”方式画圆

- 三点（3P）：通过指定的三点画圆。在命令行中输入3P时系统将分别提示，指定圆上的第一点、第二点和第三点，效果如图4-9所示。
- 两点（2P）：指定直径的两端点画圆。在命令行中输入2P时系统将分别提示，指定圆的直径的第一个端点和第二个端点。
- 相切、相切、半径（T）：指先指定两个相切对象，后给出半径的方法画圆。在命令行中输入3P时系统将分别提示，指定圆的第一切线和第二切线上的点及圆的半径。如图4-10（a）～（d）所示给出了以“相切、相切、半径”方式绘制圆的各种情形（其中公切圆为最后绘制的圆）。

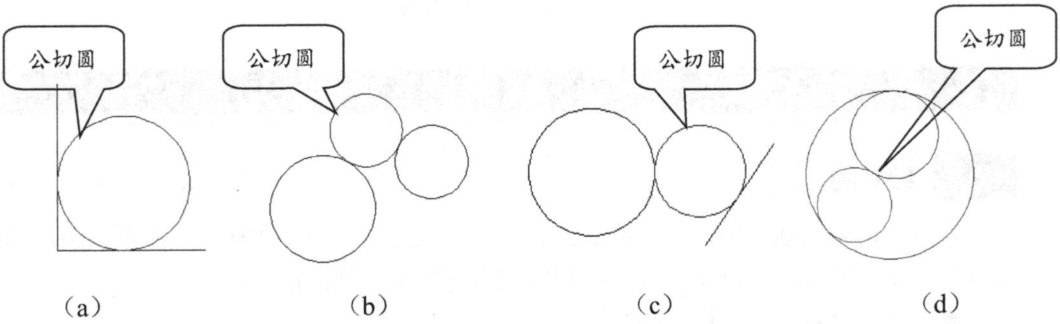

图 4-10　圆与另外两个对象相切的各种情形

4.5.2 绘制圆弧

在 AutoCAD 中，绘制圆弧的方法很多，所有的方法都是通过起点、方向、中点、包角、终点、弦长等参数来进行绘制的。圆弧的绘制方法通常有如下三种方法。

- 选择【绘图】|【圆弧】命令。
- 单击“绘图”工具栏中的【圆弧】按钮。
- 在命令行中输入ARC命令。

在 AutoCAD 2007 中，有 11 种绘制圆弧的方式，如图 4-11 所示，其中各个选项的含义如下。

- “三点”命令：通过给定的3个点绘制圆弧，即指定该圆弧的起点，通过第二点和端点绘制。
- “起点、圆心、端点”命令：指定圆弧的起点、圆心和端点绘制圆弧。
- “起点、圆心、角度”命令：指定圆弧的起点、圆心和角度绘制圆弧。设置逆时针方向为角度方向，并输入正的角度值，则所绘制的圆弧是从起始点绕圆心逆时针方向绘出；如果输入负值，则沿顺时针方向绘出。
- “起点、圆心、长度”命令：指定圆弧的起点、圆心和弧长绘制圆弧。
- “起点、端点、角度”命令：指定圆弧的起点、端点和角度绘制圆弧。
- “起点、端点、方向”命令：指定圆弧的起点、端点和方向绘制圆弧。

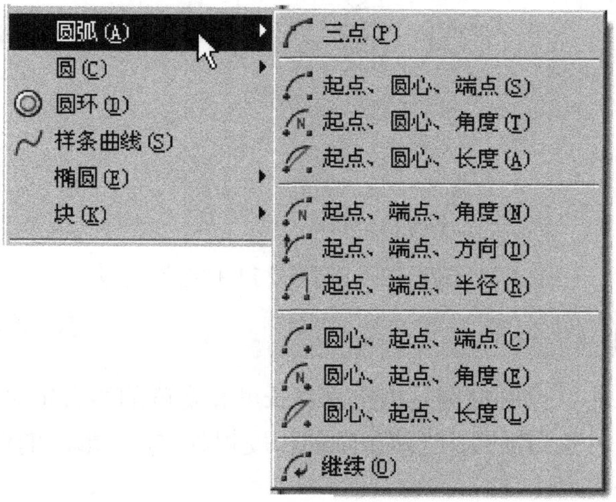

图 4-11　圆弧的绘制菜单

- “起点、端点、半径”命令：指定圆弧的起点、端点和半径绘制圆弧。
- “圆心、起点、端点”命令：指定圆弧的圆心、起点和端点绘制圆弧。
- “圆心、起点、角度”命令：指定圆弧的圆心、起点和角度绘制圆弧。
- “圆心、起点、长度”命令：指定圆弧的圆心、起点和长度绘制圆弧。
- “继续”命令：此命令可以从上一次圆弧终点处开始绘制新的圆弧。如果使用LINE命令，在“指定第一点：”提示下按【Enter】键，将接着上一个圆弧的终点开始画直线，而且无论鼠标如何移动，直线将沿着圆弧终点的切线方向移动，给定长度就在终点处绘制出一条切线。

在实际应用中，应该根据具体情况灵活应用以上方法，如图 4-12（a）～（k）所示，为 11 种画弧的方法。

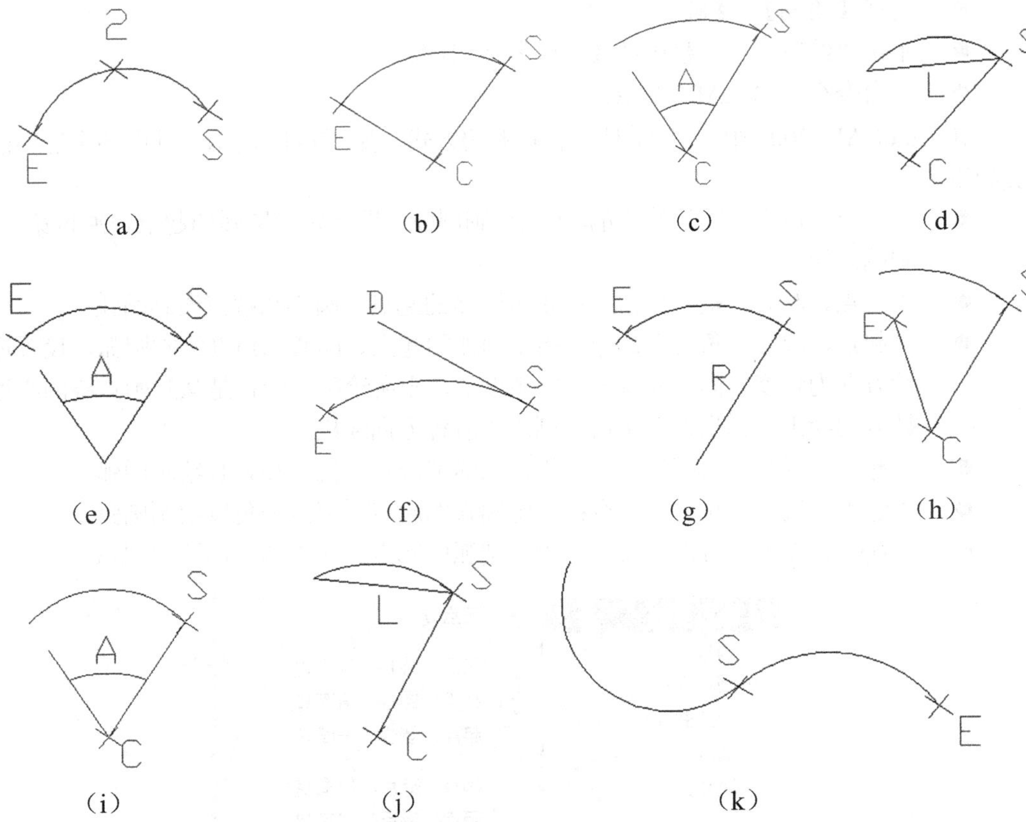

图 4-12　圆弧的 11 种绘制方法

4.5.3 绘制椭圆

在 AutoCAD 中，绘制椭圆是由定义其长度和宽度的两条轴决定的。当两条轴的长度不相等时，形成的对象为椭圆；当两条轴的长度相等时，则形成的对象为前面所介绍的圆。椭圆的绘制有如下三种方法。

- 执行【绘图】|【椭圆】命令。
- 单击“绘图”工具栏中的【椭圆】按钮。
- 在命令行中输入ELLIPSE命令。

在 AutoCAD 2007 中，有两种绘制椭圆的方式，如图 4-13 所示。其中各个选项的含义如下。

- “中心点”命令：指定椭圆中心，一个轴的端点（主轴）以及另一个轴的半径长绘制椭圆。
- “轴、端点”命令：指定一个轴的两个端点（主轴）和另一个轴的半轴长度绘制椭圆。

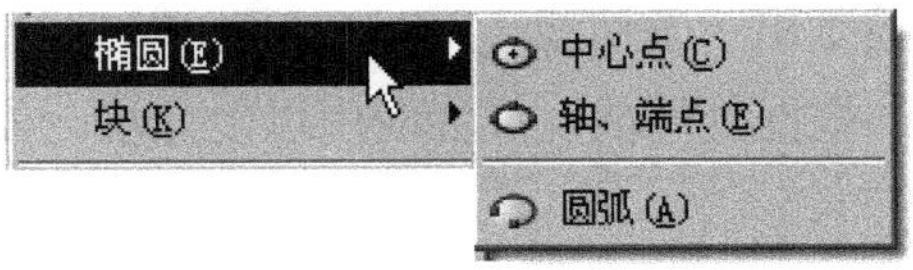

图 4-13　椭圆的绘制菜单

用椭圆命令绘制如图 4-14 所示图形时，命令行显示如下。

命令：ELLIPSE↙
指定椭圆的轴端点或[圆弧（A）|中心点（C）]：C↙　　||选择以椭圆中心方式画椭圆
指定椭圆的中心点：　　||指定中心点坐标
指定轴的端点：@200，0↙　　||指定椭圆轴端点坐标
指定另一条半轴长度或[旋转（R）]：100↙　　||指定椭圆另一轴长度

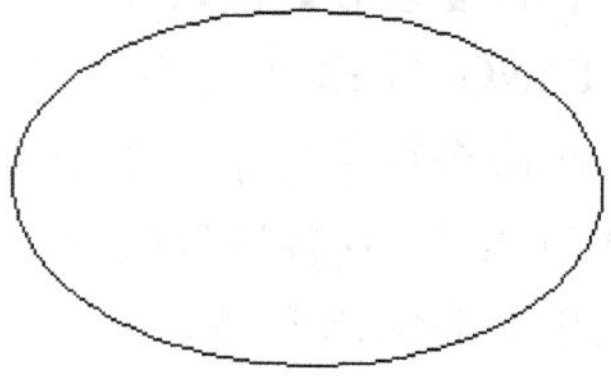

图 4-14　创建椭圆

4.5.4 绘制椭圆弧

在AutoCAD 2007 中，椭圆弧的绘图命令和椭圆的绘图命令都是ELLIPSE，但命令行的提示不同。绘制椭圆弧通常有如下两种方法。

- 选择【绘图】|【椭圆】|【圆弧】命令。
- 单击“绘图”工具栏中的【椭圆弧】按钮。

用 ELLIPSE 命令行绘制如图 4-15 所示图形，命令行的显示如下。

命令：ELLIPSE
指定椭圆的轴端点或[圆弧（A）|中心点（C）]：a↙
指定椭圆弧的轴端点或[中心点（C）]：点取 A 点
指定轴的另一端点：点取 B 点
指定另一条半轴长度或[旋转 R]点取 C 点
指定起始角度或[参数（P）]：30↙
指定终止角度或[参数（P）|包含角（I）]：200↙

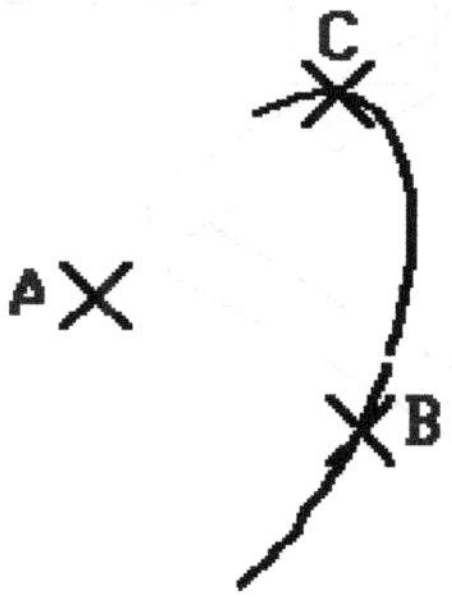

图 4-15　绘制椭圆弧

各选项的含义如下。

- 指定起始角度或[参数（P）]：通过指定参数来确定椭圆弧的起始点。
- 包含角（I）：指定椭圆弧包含角来确定椭圆弧。

4.6 绘制矩形和正多边形

4.6.1 绘制矩形

在 AutoCAD 2007 中，绘制矩形通常有如下三种方法。

- 选择【绘图】|【矩形】命令。
- 单击“绘图”工具栏中的【矩形】按钮。
- 在命令行中输入RECTANG（REC）命令。

执行 RECTANG 命令后，在命令行中提示“指定第一个角点或[倒角（C）|标高（E）|圆角（F）|厚度（T）|宽度（W）]:”，其各选项的含义如下。

- 倒角（C）：用于设置矩形的倒角距离。
- 标高（E）：用于设置矩形在三维空间中的基面高度。
- 圆角（F）：用于设置矩形的圆角半径。
- 厚度（T）：用于设置矩形的厚度，即三维空间Z轴方向的高度。
- 宽度（W）：用于设置举行的线条粗细。

用这几种方法分别绘制出如图 4-16（a）～（e）所示矩形。

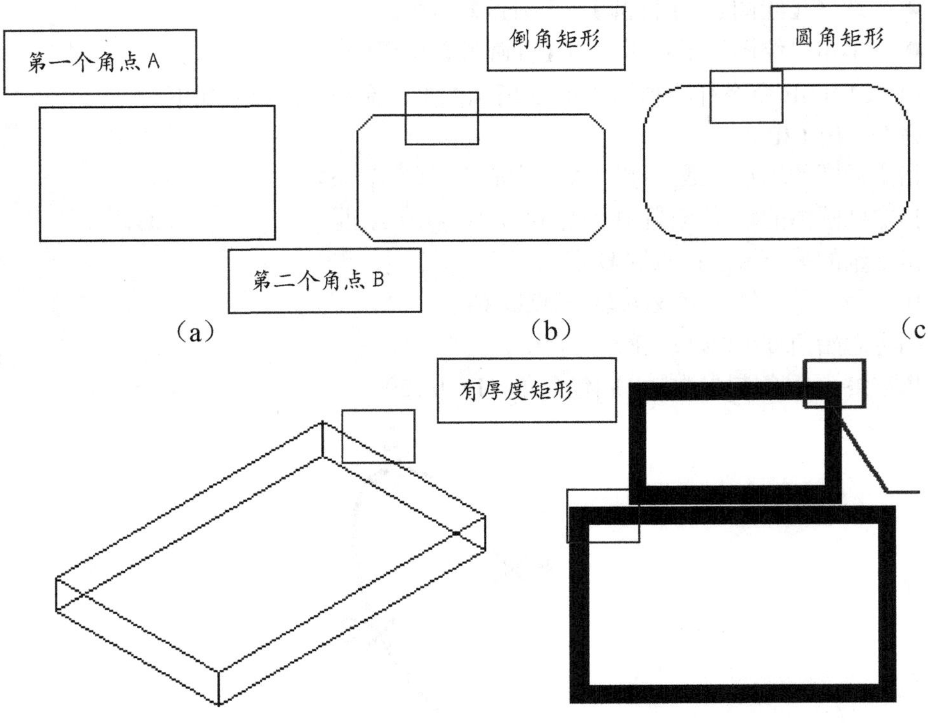

（a）　（b）　（c）
（d）　（e）

图 4-16　绘制矩形

4.6.2 绘制正多边形

在 AutoCAD 2007 中，绘制正多边形通常有如下三种方法。

- 选择【绘图】|【正多边形】命令。
- 单击“绘图”工具栏中的【正多边形】按钮。
- 在命令行中输入POLYGON命令。

利用 POLYGON 命令绘制如图 4-17 所示的正六边形（半径的大小不做要求）。

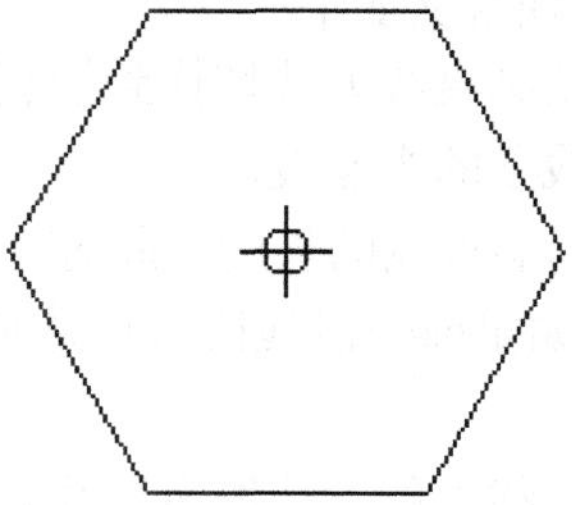

图 4-17　绘制正六边形

命令：POLYGON
输入边的数目<4>：6 ↙　　||输入正多边形的数目 6
指定正多边形的中心点或[边（E）]：点取 O 点　　||指定正六边形的中心点
输入选项[内接于圆（I）|外切于圆（C）]<I>：↙
指定圆的半径：　　||可以输入数值，也可以用鼠标拖动

其中[边（E）]，[内接于圆（I）|外切于圆（C）]的含义分别如下。

- 边（E）：设定正多边形的边数。
- 内接于圆（I）：表示绘制的多边形内接于设想的圆。
- 外切于圆（C）：表示绘制的多边形外且于设想的圆。

4.7　绘制与编辑多段线

4.7.1　绘制多段线

多段线是由几段线段和圆弧构成的连续线条，提供单个直线所不具备的编辑功能，是一个单独的图形对象。在绘制直线时，虽然可以连续绘制多个相连的线段，但是这些线段都是单个的对象。多段线可以连续绘制多个相连的线段，不同的是，多段线绘制的这些线段是一个整体，是一个对象。二维多段线具有以下特点。

- 能够在线段中设定线段及圆弧的宽度。
- 可以利用有宽度的多段线形成实心圆、圆环、带锥形的粗线等。
- 能在指定的线段交点进行倒角、倒圆角或倒斜角处理。
- 可以使直线、圆弧构成闭合的多线段。

在 AutoCAD 中，绘制多段线通常有如下三种绘制方法。

- 选择【绘图】|【多段线】命令。
- 单击“绘图”工具栏中的【多段线】按钮。
- 在命令行中输入PLINE命令。

绘制多段线时命令行显示如下。

命令：PLINE↙

制定起点：

指定下一个点或[圆弧（A）|半宽（H）|长度（L）|放弃（U）|宽度（W）]：

执行命令中出现提示“指定下一个点或[圆弧（A）|半宽（H）|长度（L）|放弃（U）宽度（W）]：”，其中各个选项含义如下：

- 圆弧（A）：可以从绘制直线方式切换到绘制圆弧方式。
- 半宽（H）：设置多线段的半宽度。
- 长度（L）：指定绘制的直线的长度。此时，AutoCAD将以长度沿着上一段直线的方向绘制直线段。如果前一段线段对象是圆弧，则该直线的方向为上一个圆弧断点的切线方向。
- 放弃（U）：删除多段线上的上一段多段线。
- 宽度（W）：用于设置多段线的宽度，其默认值为0，且多段线初始宽度和结束宽度可以不同。

如果在“指定下一个点或[圆弧（A）|半宽（H）|长度（L）|放弃（U）宽度（W）]：”命令提示下输入“A”，可以切换到圆弧的绘制方式，此时命令行显示的信息如下。

指定圆弧的端点或[角度（A）|圆心（CE）|闭合（CL）|方向（D）|半宽（H）|直线（L）|半径（R）|第二点（S）|放弃（U）|宽度（W）]，其中各个选项的含义如下。

- 角度（A）：提示用户给定夹角（顺时针为负值）。
- 圆心（CE）：指定圆弧的圆心。
- 闭合（CL）：根据最后点和多段线的起点为圆弧的两个端点，绘制一个圆弧，以封闭多段线。闭合后，将结束多段线绘制命令。
- 方向（D）：根据起始点处的切线方向来绘制圆弧。
- 半宽（H）：设置圆弧的起点的半宽度和终点的半宽度。
- 直线（L）：由绘制圆弧方式切换到绘制直线方式。
- 半径（R）：根据半径来绘制圆弧。
- 第二点（S）：可根据第3点来绘制一个圆弧。
- 放弃（U）：取消上一次选项的操作。

用 PLINE 绘制如图 4-18 所示图形，要求圆的直径为 120，其中：线宽在 A、D 两点处宽度为 1；B、C 两点处宽度为 7。命令行显示如下。

命令：CIRCLE↙

指定圆的圆心或[三点（3P）|两点（2P）|相切、相切、半径（T）]：　||点取一点作为圆心

指定圆的半径或[直径（D）]：60↙

命令：PLINE↙

指定起点：点击 A 点

指定下一个点或[圆弧（A）|半宽（H）|长度（L）|放弃（U）|宽度（W）]：W↙

指定起点宽度<0.0000>：1↙

指定端点宽度<1.0000>：7↙

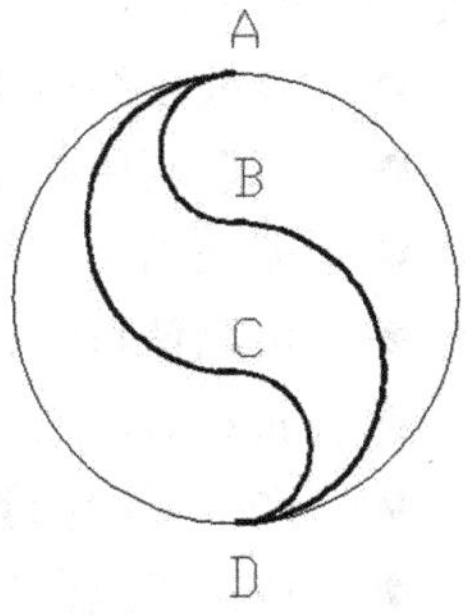

图 4-18　绘制多段线

指定下一个点或[圆弧（A）|半宽（H）|长度（L）|放弃（U）|宽度（W）]：A

指定圆弧的端点或[角度（A）|圆心（CE）|闭合（CL）|方向（D）|半宽（H）|直线（L）|半径（R）|第二点（S）|放弃（U）|宽度（W）]：R

指定圆弧的半径：20↙

指定圆弧的端点或[角度（A）]：A↙

指定包含角：180↙

指定圆弧的弦方向<0>：　　　　||用鼠标指向 B 点方向，按↙

指定圆弧的端点或[角度（A）|圆心（CE）|闭合（CL）|方向（D）|半宽（H）|直线（L）|半径（R）|第二点（S）|放弃（U）|宽度（W）]：W

指定起点宽度<7.0000>：7↙

指定端点宽度<7.0000>：1↙

指定圆弧的端点或[角度（A）|圆心（CE）|闭合（CL）|方向（D）|半宽（H）|直线（L）|半径（R）|第二点（S）|放弃（U）|宽度（W）]：||直接拖动鼠标连接 D，按↙

上面所示命令可绘制多段线 ABD，同理可绘制多段线 ACD。

4.7.2 多段线的编辑

编辑多段线通常有如下三种方法。

- 执行【修改】|【对象】|【多段线】命令。
- 在“修改Ⅱ”工具栏中单击【多段线】按钮。
- 在命令行中输入PEDIT命令。如图4-19所示。

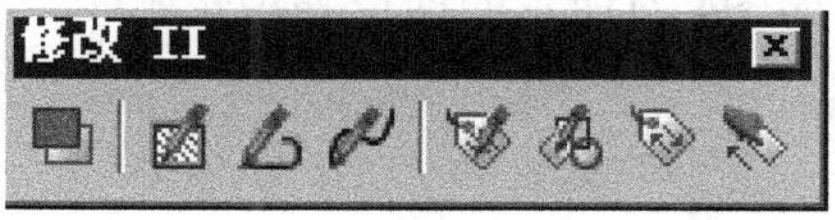

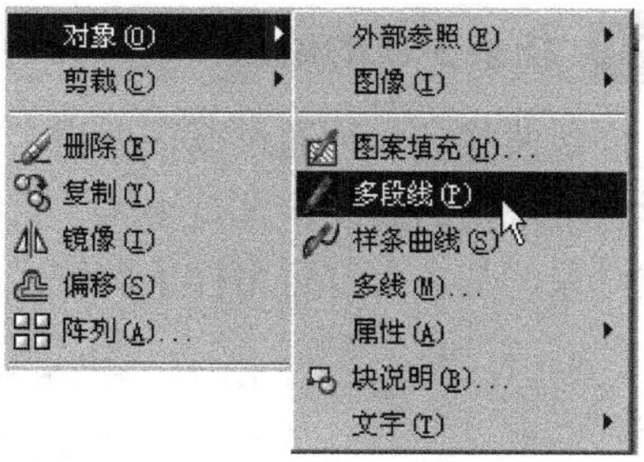

图 4-19　编辑多段线命令的调用

用 PEDIT 命令编辑多段线时，命令行的提示如下。

命令：PEDIT↙

选择多段线或[多条（M）]：　　　　||选择多段线

[闭合（C）|合并（J）|宽度（W）|编辑顶点（E）|拟合（F）|样条曲线（S）|非曲线化（D）|线型生成（L）|放弃（U）]：

如果选择了多个多段线，命令行显示如下。

[闭合（C）|打开（O）|合并（J）|宽度（W）|拟合（F）|样条曲线（S）|非曲线化（D）|线型生成（L）|放弃（U）]：

各个选项含义如下。

- 闭合（C）：封闭所编辑的多段线，即自动以最后一段的绘制模式（直线或圆弧）连接原多段线的起点和终点，如图4-20（a）和（b）所示。

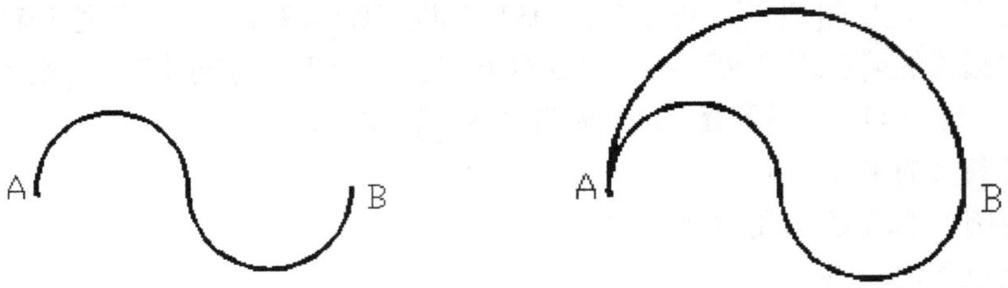

（a）闭合前　　（b）闭合后

图 4-20　剪辑多段线

- 合并（J）：将与多段线连接的直线段、圆弧段或多段线连接到指定的非闭合多短线上，使之成为一个对象。
- 拟合（F）：将多段线转换为拟合曲线，且拟合时多段线的各项顶点作为样条曲线的控制点。
- 非曲线化（D）：删除在执行“拟合”或者“样条曲线”选项操作时插入额外顶点，并拉直多段线中的所有线段。
- 线型生成（L）：设置非连续线型多段线在各顶点处的绘制方式。
- 放弃（U）：取消上一次选项的操作。
- 编辑顶点（E）：编辑多段线的顶点，该选项只能对单个的多段线操作。

4.8　绘制与编辑样条曲线

4.8.1　样条曲线的绘制

样条曲线是一种通过或接近指定点的拟合曲线。在AutoCAD 中，样条曲线适用于创建形状不规则的曲线。凡是不属于直线、圆、圆弧、椭圆、椭圆弧、矩形或正多边形的线条类对象，基本上都可用样条曲线来处理，比如图4-21所示的地形外貌轮廓线。

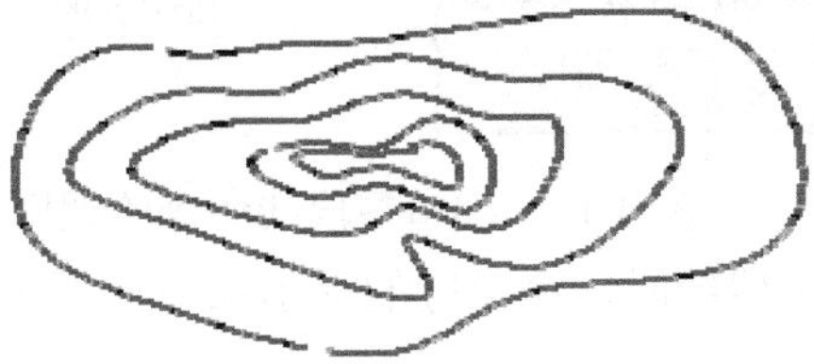

图 4-21　绘制样条曲线

在AutoCAD中，绘制样条曲线通常有三种方法。

- 选择【绘图】|【样条曲线】 命令。
- 在“绘图”工具栏中单击【样条曲线】按钮。
- 在命令行中输入SPLINE命令。

执行“样条曲线”（SPLINE）命令后，在命令行提示如下。

命令：SPLINE↙

指定第一个点或[对象（O）]:　　　　||点取一点

指定下一点：

指定下一点或[闭合（C）|拟合公差（F）]<起点切向>：
指定下一点或[闭合（C）|拟合公差（F）]<起点切向>：
指定下一点或[闭合（C）|拟合公差（F）]<起点切向>：
指定起点切向：
指定端点切向：

其中各个选项的含义如下。

- 对象（O）：将一条多段线拟合生成样条曲线。
- 闭合（C）：生成一条闭合的样条曲线。
- 拟合公差（F）：输入曲线的偏差值。值越大，曲线越远离指定的点；值越小，曲线离指定的点越近。
- 起点切向：指定样条曲线起始点出的切线位置。

4.8.2 样条曲线的编辑

编辑多段线通常有如下三种方法。

- 选择【修改】|【对象】|【样条曲线】命令。
- 在“修改Ⅱ”工具栏中单击【样条曲线】按钮。
- 在命令行中输入SPLINEDIT命令。

样条曲线编辑命令是一个主干编辑命令，用户一次只能编辑一个样条曲线对象。执行该命令并选择样条曲线后，在曲线周围将显示控制点，如图 4-22 所示。

用 SPLINEDIT 命令编辑样条曲线时，命令行显示如下。

输入选项[拟合数据（F）|闭合（C）|移动顶点（M）|精度（R）|反转（E）|放弃（U）]：

各选项的含义如下。

（1）拟合数据（F）：编辑样条曲线所通过的某些拟合点。选择该选项后，样条曲线上各拟合点的位置均会出现一小方格，如图 4-23 所示。同时命令行提示如下：

输入拟合数据[添加（A）|闭合（C）|删除（D）|移动（M）|清理（P）|相切（T）|公差（L）|退出（X）]<退出>：

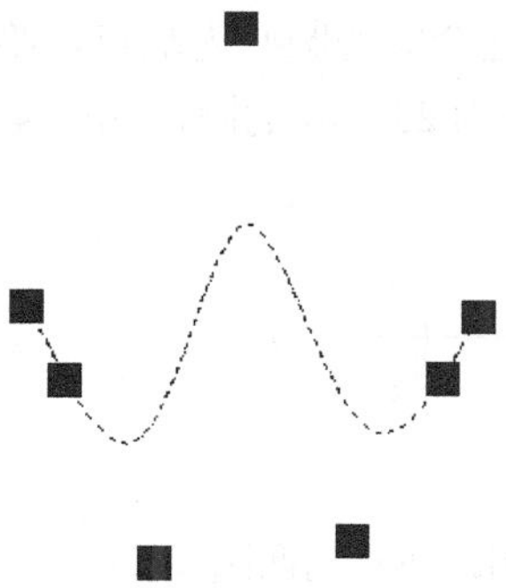

图 4-22　样条曲线的控制点

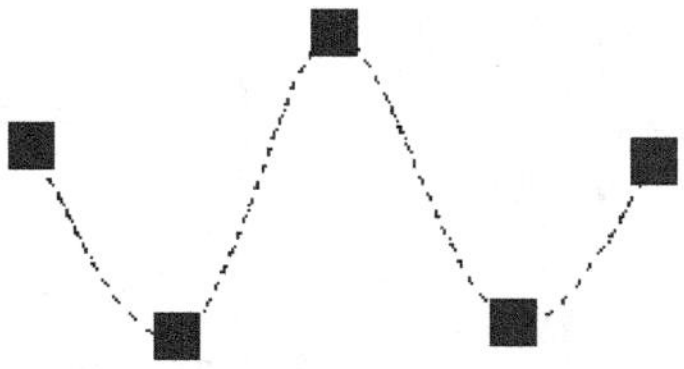

图 4-23　样条曲线的拟合点

各选项的含义如下。

- 添加（A）：增加拟合点，此时将改变样条曲线的形状，且增加拟合点符合当前公差。

- 删除（D）：删除样条曲线拟合点集中的一些拟合点。
- 移动（M）：移动拟合点。
- 清理（P）：从图形数据库中清除样条曲线的拟合数据信息。
- 相切（T）：修改样条曲线在起始点和端点的切线方向。
- 公差（L）：重新设置拟合公差的值。
- 退出（X）：退出当前的拟合数据操作，返回到上一级提示。

（2）精度：对样条曲线的控制点进行细化操作。此时，命令行的显示如下。

输入精度选项[添加控制点（A）|提高阶数（E）|权值（W）|退出（X）]<退出>：

各选项的含义如下。

- 添加控制点（A）：增加样条曲线的控制点，但此时并不改变样条曲线的形状。
- 提高阶数（E）：控制样条曲线的阶数，阶数越高控制点越多，这时样条曲线越光滑，AutoCAD 2007允许的最大阶数是26。
- 权值（W）：控制样条曲线接近或远离控制点，它将修改样条曲线形状。
- 退出（X）：退出当前的Refine操作，返回到上一级提示项。

（3）反转（E）：改变样条曲线的方向，始末点交换。

（4）放弃（U）：用于取消上一次的修改操作。

4.9 样题解答

教学资源：本样题的图文解答详见光盘根目录下的“样题解答”目录。

本样题的视频解答请访问高新考试教材服务网站（www.citt.org.cn）教材专区中的“计算机辅助设计模块网络服务”。

操作步骤：

（1）建立新文件，设置绘图区域为 500 mm×400 mm。

（2）打开“图层特性管理器”，新建图层，设置线型为“CENTER2”，图层颜色为红色，线宽为“0.3 mm”。

（3）在“0”层绘制一半径为 50 mm 的圆，以这个圆的圆心为端点，绘制一条长为 200 mm 的线段，以线段的另一端点为圆心，绘制半径为 25 mm 的圆，如图 4-24 所示。

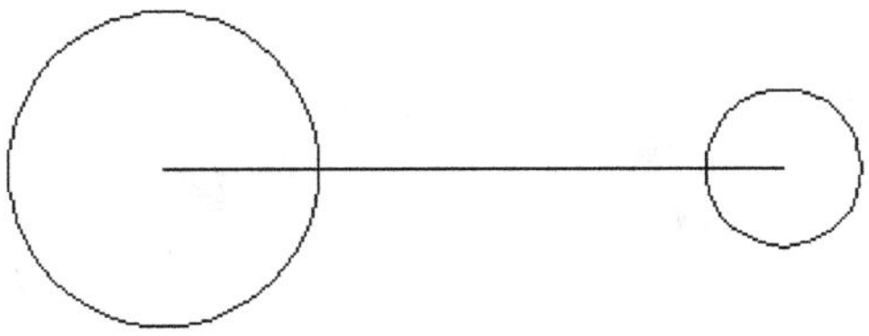

图 4-24　半径为 50 和 25 且圆心相距 200 的两圆

（4）选择【绘图】|【圆】|【相切相切半径】命令，绘制如图 4-26 中两圆的外公切圆，利用“修剪”工具，修剪多余的弧线段；捕捉两圆的切点，绘制两圆的外公切线；选择【绘图】|【圆】|【三点】命令，捕捉半径为 150 的圆弧的切点、外公切线的切点、两圆圆心连线的中点，绘制圆，删除长为 200 的线段，如图 4-25 所示。

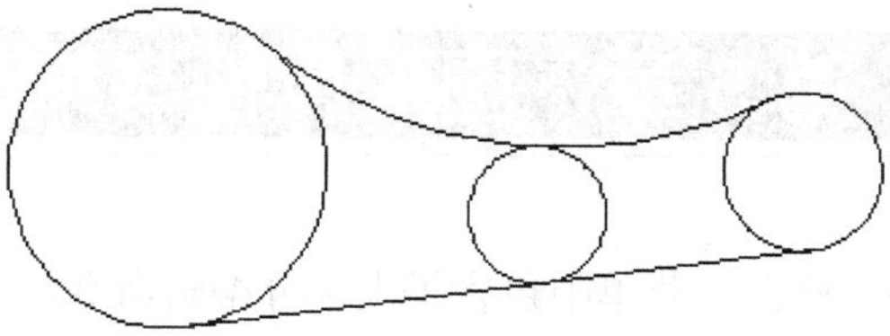

图 4-25　相切于两圆的圆弧、外公切线
及通过两圆连线中心点且相切与圆弧与外公切线的圆

（5）选择名称为“中心线”的层，绘制中心线，如图 4-26 所示。

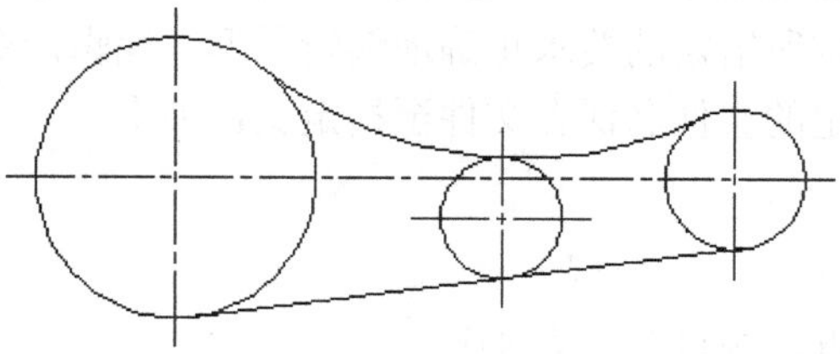

图 4-26　完成图

（6）保存所完成的图形。

4.10　习题

一、填空题

1．执行____________命令可以设置点样式。

2．____________命令用于创建一定数目的等分点，____________命令则是以指定的距离在所选实体上创建点或块。

3．在命令行中输入____________命令，可以绘制圆。

4．执行____________命令，可以编辑多段线。

5．在命令行中输入____________命令，可以绘制样条曲线。

二、判断题

1．在命令行中输入 DDPTYPE 命令，可以设置点样式。（　）

2．构造线是有端点，没有起点的直线。（　）

3．两点不能确定一个圆。（　）

4．AutoCAD 中不能绘制圆角矩形。（　）

5．多段线只能绘制弧线。（　）

三、操作题

1．在 AutoCAD 中绘一长轴为 120，短轴为 80 的椭圆，长轴为水平方向，椭圆中心坐标为（100,150）。

2．在 AutoCAD 中试用圆的六种绘制方式分别绘制圆。

第 5 章　图形属性与编辑

AutoCAD 2007 的“修改”菜单中包含了大部分编辑命令，通过选择该菜单中的命令或子命令，可以帮助用户合理地构造和组织图形，保证绘图的准确性，简化绘图操作。本章将详细介绍移动、旋转、对齐、复制、偏移、镜像、倒角、圆角和打断对象等命令的使用方法。

本章主要技能考核点

- 新建文件：建立新图形文件，设置绘图参数，要求设置正确，对操作顺序不做要求。
- 编辑图形：按所给定的要求正确地编辑图形。编辑命令、绘图顺序不限。
- 保存：按给定的文件名保存文件至指定文件夹中。

评分细则

本章有 4 个评分点，题目总分为 8 分。

序号	评分点	分值	得分条件	判分要求
1	打开图形文件	1	正确打开文件	有错扣分
2	属性操作	3	属性设置操作基础部分	有错扣分
3	图形编辑	3	图形编辑要正确	错一处扣 0.5 分，扣完为止
4	保存文件	1	文件名、扩展名、保存位置	未按要求完成，不得分

本章导读

图形属性与编辑主要讲的是 AutoCAD 2007 中编辑工具的使用，通过选择“编辑”菜单中的命令或子命令，可以帮助用户合理地构造和组织图形，保证绘图的准确性，简化绘图操作。本章在介绍各工具的使用后，通过实例进一步讲解了编辑工具的具体应用。

5.1　样题示范

【练习目的】

由《试题汇编》中选取样题，观察本章题目类型，了解本章学习内容。

【样题来源】

《试题汇编》第三单元 3.4 题。

【操作要点】

（1）建立新图层，设置图层属性。

（2）编辑工具的运用。

（3）绘制多义线，修改对象特征。

（4）填充图案。

【操作要求】

1. 打开文件：将素材文件 CADST3-4.dwg（“光盘：\素材文件\CAD2007\”目录下）

复制到考生文件夹中，并在考生文件夹中打开该文件，原图如图 5-1 左图所示。

2. **图形编辑**：

将打开的图形中的外切小圆环阵列 16 个，内切小圆环阵列 8 个，并以各圆相交的内交点作一圆。

采用“延伸”、“修剪”、“阵列”和“删除”等命令编辑图形。

填充图形，采用“渐变色”，颜色为“黑色”，由里向外渐变填充两圆之间的环形区域。

调整图形大小。

3. **属性设置**：

将外轮廓线和内轮廓线均设置为“1.5 mm”的多段线，并分别将其合并为一条线。

建立新图层，图层名称为“外轮廓线”，颜色为红色，线型为“Continuous”，线宽默认。将外轮廓线编辑在此图层上。

建立新图层，图层名称为“内轮廓线”，颜色为蓝色，线型为“Continuous”，线宽默认。将内轮廓线编辑在此图层上。

完成的效果如图 5-1 右图所示。

4. **保存文件**：将完成的图形以“全部缩放”的形式显示，并以 KSCAD3-4.dwg 为文件名保存在考生文件夹中。

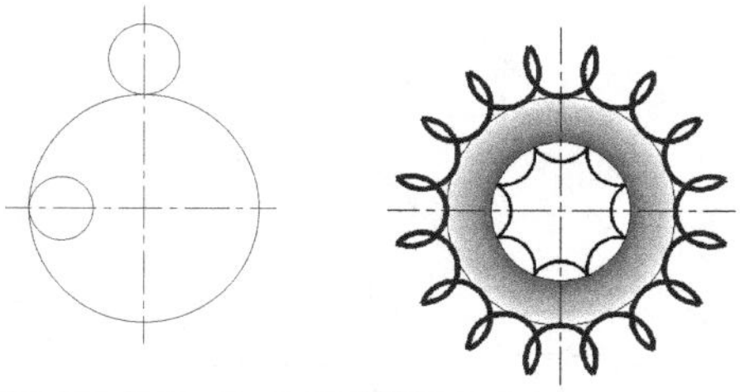

图 5-1　最终效果图

5.2　样题分析

本题是一道关于如何进行图形对象属性更改和图形编辑的题目，是 AutoCAD 软件的重点。

首先使用阵列、修剪和删除等命令完成图形的编辑，并对编辑后的图形完成渐变色填充；然后进行属性设置，包括图层的设置与图形对象属性的更改，最终完成该图形的编辑。

解题过程中将使用到“环形阵列”、“修剪”和“修改—对象—多段线”等基本常用工具。

解答本题需要掌握本章相关操作技能，我们就从学习这些技能要点开始，这样在解题时就能游刃有余。

5.3　删除对象

在 AutoCAD 绘图中，可以使用“删除”命令来删除选中的对象。执行删除命令有以下两种方法。

选择【修改】|【删除】命令（ERASE），或在“修改”工具栏中单击【删除】按钮。当执行“删除”命令后，需要选择要删除的对象，然后按【Enter】键或【Space】键结束对象选择，同时删除已选择的对象。

使用鼠标拾取或框选的方式选择对象，然后单击【删除】按钮删除，完成已选择对象的删除。

如果需要删除多个对象时，可以采用快速选择命令选择所要删除对象。但有些对象是不能删除的，如锁定图层中的对象和引用对象是不能删除的。

5.4 移动对象

移动对象是指对对象的重定位，移动对象而不改变其方向和大小。通过使用坐标和对象捕捉可以精确地移动对象，还可以在“特性”选项板中更改坐标值来重新计算对象。

选择【修改】|【移动】命令（MOVE），或在“修改”工具栏中单击【移动】按钮，可以在指定方向上按指定距离移动对象。

执行移动命令后，选择所要移动的对象，通过指定位移的基点和位移矢量来完成对象的移动，如图 5-2 所示。

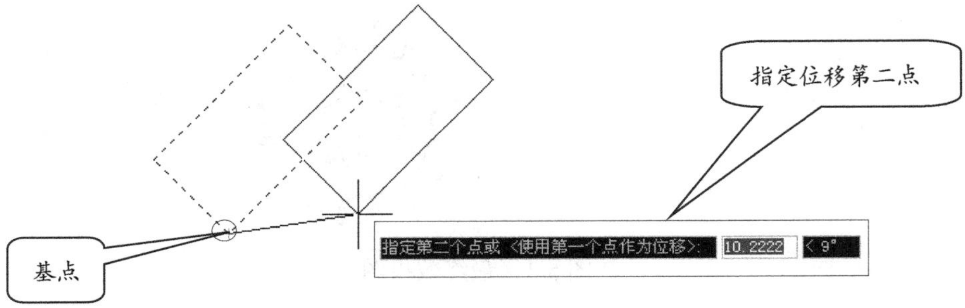

图 5-2　移动对象

5.5 旋转对象

绕指定点旋转对象。

执行旋转命令后，选择要旋转的对象（可以依次选择多个对象），并指定旋转的基点，命令行将显示“指定旋转角度或 ［复制（C）参照（R）］<O>”提示信息。

- 如果直接输入角度值，则可以将对象绕基点转动该角度，角度为正时逆时针旋转，角度为负时顺时针旋转。
- 如果选择“参照（R）”选项，将以参照方式旋转对象，需要依次指定参照方向的角度值和相对于参照方向的角度值。
- 如果选择复制（C）选项，在旋转的同时进行对象的复制。

选择【修改】|【旋转】命令（ROTATE），或在“修改”工具栏中单击【修改】按钮，可以将对象绕基点旋转指定的角度，如图 5-3 所示。

注意：在指定旋转角度时可通过键盘输入或鼠标指定的方式完成操作。

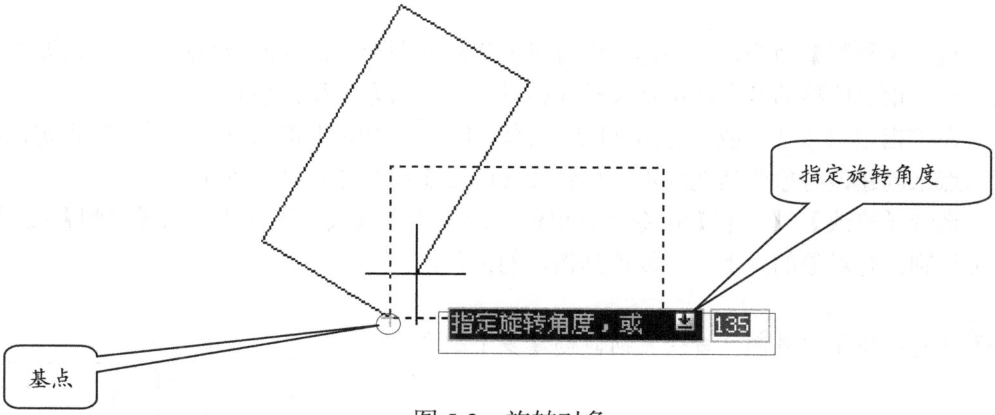

图 5-3　旋转对象

5.6　缩放对象

缩放对象指按比例增大或缩小对象。执行命令后，先选择对象，然后指定基点，命令行将显示“指定比例因子或［复制（C）/参照（R）］<1.0000>:”提示信息。

- 如果直接指定缩放的比例因子，对象将根据该比例因子相对于基点缩放，当比例因子大于 0 而小于 1 时缩小对象，当比例因子大于 1 时放大对象。
- 如果选择“参照（R）”选项，对象将按参照的方式缩放，需要依次输入参照长度的值和新的长度值，AutoCAD 根据参照长度与新长度的值自动计算比例因子（比例因子=新长度值/参照长度值），然后进行缩放。

选择【修改】|【缩放】命令（SCALE），或在“修改”工具栏中单击【缩放】按钮，可以将对象按指定的比例因子相对于基点进行尺寸缩放，如图 5-4 所示。

注意：在比例因子/复制/参照的选择上，根据要求灵活运用。

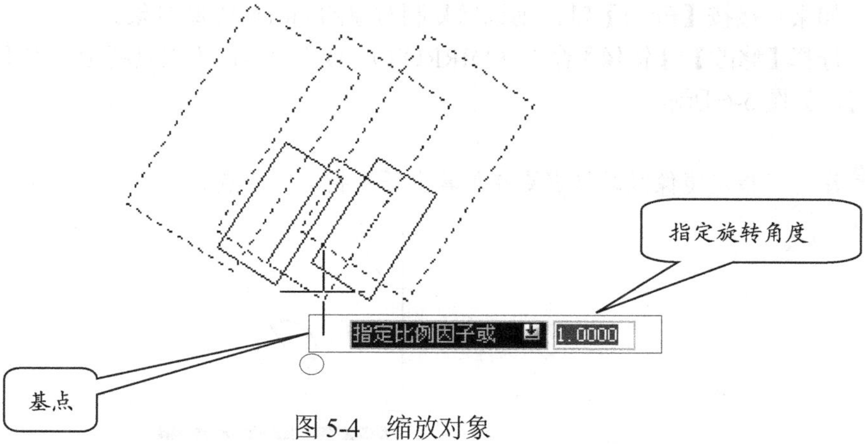

图 5-4　缩放对象

5.7 复制对象

执行【复制】命令，可创建与原有对象相同的图形。执行该命令时，首先需要选择对象，然后指定位移的基点和位移矢量（相对于基点的方向和大小）。

在“指定第二个点或［退出（E）/放弃（U）<退出>:”提示下，通过连续指定位移的第二点来创建该对象的其他副本，直到按【Enter】键结束，如图 5-5 所示。

选择【修改】|【复制】命令（COPY），或单击“修改”工具栏中的【复制】按钮，即可复制已有对象的副本，并放置到指定的位置。

注意：使用“复制”命令可同时创建多个副本。

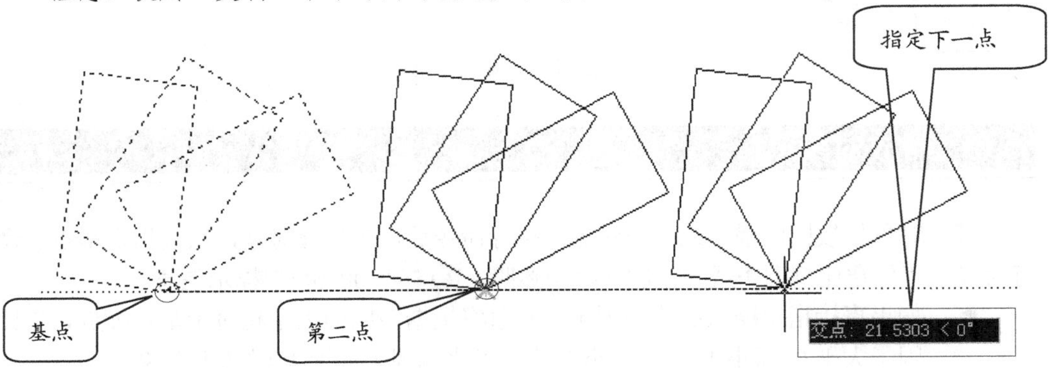

图 5-5 复制对象

5.8 镜像对象

该命令可以创建对象的镜像图像。这对创建对称的对象非常有用。

执行该命令时，选择要镜像的对象，指定临时镜像线，命令行将显示：“删除源对象吗？［是（Y）/否（N）］ <N>:”提示信息。

如果直接按【Enter】键，则镜像复制对象的同时删除原对象。

选择【修改】|【镜像】命令（MIRROR），或在“修改”工具栏中单击【镜像】按钮即可，如图 5-6 所示。

注意：指定镜像线时只需要在屏幕上任意指定两个点。

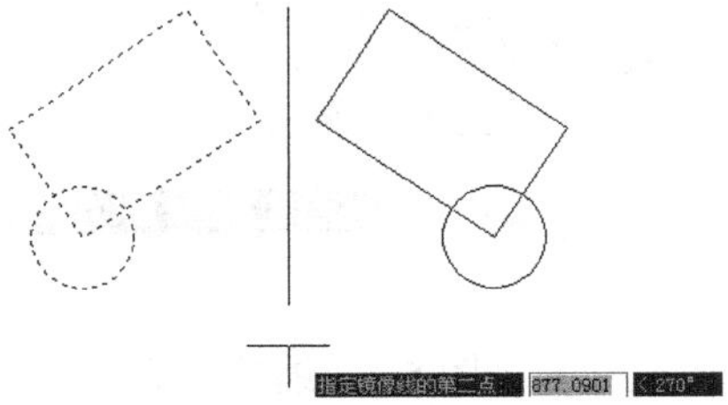

图 5-6 镜像对象

5.9　偏移对象

该命令用于在现有对象指定的距离处或通过指定点创建新对象。

执行“偏移”命令，其命令行显示提示：“指定偏移距离或 ［通过（T）/删除（E）/图层（L）］ <通过>:”。

默认情况下，需要指定偏移距离，再选择要偏移复制的对象，然后指定偏移方向，以复制出对象。可执行的偏移方向有上、下、左、右，如果对象在闭合的情况下，偏移方向可根据需要在对象的内或外选择。如图 5-7 所示，偏移对象的方向指向正六边形的外侧。

选择【修改】|【偏移】命令（OFFSET），或在“修改”工具栏中单击【偏移】按钮，如图 5-7 所示。

注意：偏移命令可连续执行，再次重复时，偏移距离默认为上一步所设置的数值。在实际应用中，常利用“偏移”命令的特性创建平行线或等距离分布图形。

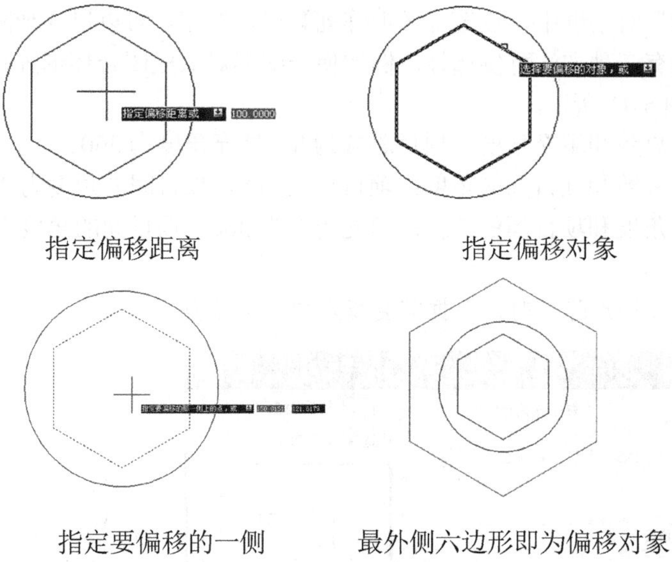

图 5-7　偏移对象

5.10　阵列对象

5.10.1　矩形阵列复制

在“阵列”对话框中，点选【矩形阵列】单选按钮，可以以矩形阵列方式复制对象。

选择【修改】|【阵列】命令（ARRAY），或在“修改”工具栏中单击【阵列】按钮，都可以打开“阵列”对话框，如图 5-8 所示，可以在该对话框中设置以矩形阵列或者环形阵列方式多重复制对象。矩形阵列效果如图 5-9 所示。

注意：执行矩形阵列时，根据需要指定行、列偏移距离和方向。

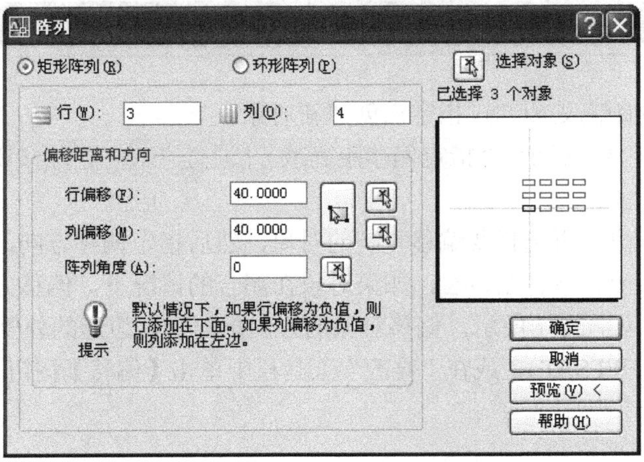

图 5-8 “阵列”对话框

图 5-9 矩形阵列效果

5.10.2 环形阵列复制

在“阵列”对话框中，点选【环形阵列】单选按钮，可以以环形阵列方式复制图形。

环形阵列有三种方法可供选择，例如使一图形对象成闭合环形阵列，阵列总数为 8，如图 5-10 和图 5-11 所示。

- 项目总数和填充角度：项目总数为 8，填充角度为 360。
- 项目总数和项目间的角度：项目总数为 8，项目间的角度为 45。
- 填充角度和项目间的角度：填充角度为 360，项目间的角度为 45。

注意：执行环形阵列时，根据需要指定中心点位置。

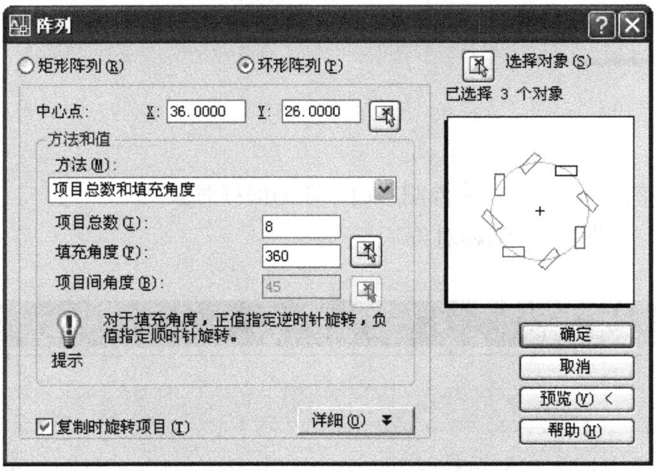

图 5-10 “阵列”对话框

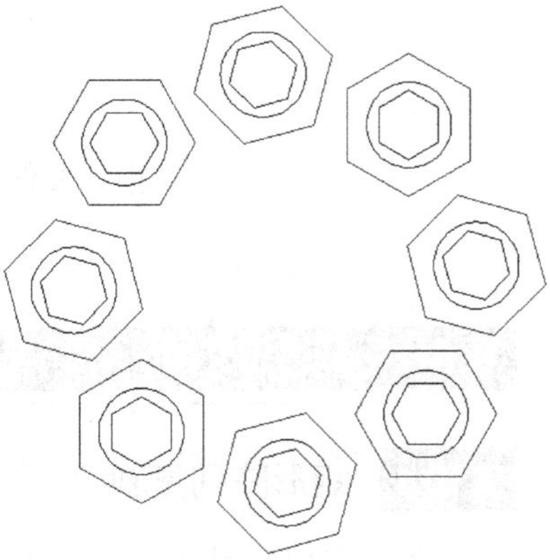

图 5-11 环形阵列效果

5.11 拉伸对象

执行拉伸命令时，需要指定一个基点，然后指定位移点，由于拉伸移动位于交叉选择窗口内部的端点，因此可以使用“交叉窗口”方式或者“交叉多边形”方式选择对象，应从右至左选择。

选择【修改】|【拉伸】命令（STRETCH），或在“修改”工具栏中单击【拉伸】按钮，就可以移动或拉伸对象，操作方式根据图形对象在选择框中的位置决定。

5.12　拉长对象

通过拉长对象可以修改线段或者圆弧的长度。

选择【修改】|【拉长】命令（LENGTHEN），或在“修改”工具栏中单击【拉长】按钮，即可启用拉长命令。

5.13　修剪对象

通过使用“修剪”命令使对象精确地终止于由其他对象定义的边界处。

默认情况下，选择要修剪的对象（即选择被剪边），系统将以剪切边为界，将被剪切对象上位于拾取点一侧的部分剪切掉。如果按下【Shift】键，同时选择与修剪边不相交的对象，修剪边将变为延伸边界，将选择的对象延伸至与修剪边界相交。

选择【修改】|【修剪】命令（TRIM），或在“修改”工具栏中单击【修剪】按钮，即可启用修剪命令，如图 5-12 所示。

剪切边可以是直线、圆弧、圆、多段线、椭圆、样条曲线、参照线、块和射线，也可以是图纸空间的布局视口对象。

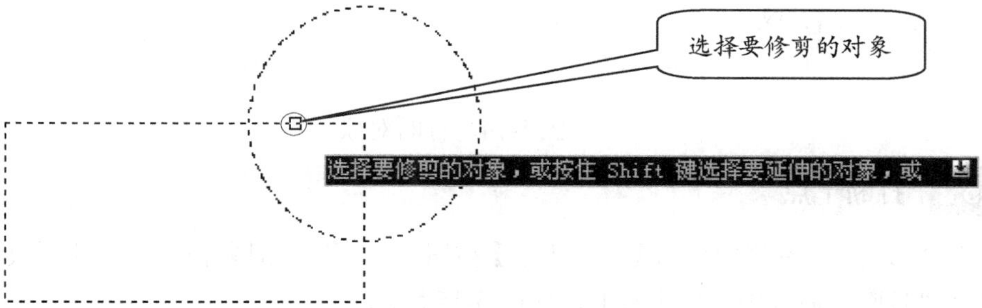

图 5-12　修剪对象

5.14　延伸对象

该命令可将对象延长到精确的边界点。要求指明延伸边界，然后选择延伸到此边界的对象。

选择【修改】|【延伸】命令（EXTEND），或在“修改”工具栏中单击【延伸】按钮，

即可启用延伸命令，如图 5-13 所示。

延伸边界可以是线、弧、圆或多段线。

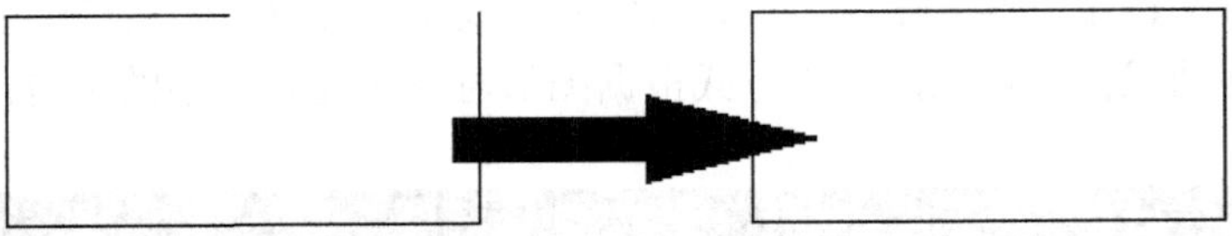

图 5-13　延伸对象

5.15　打断对象

该命令可部分删除对象或把对象分解成两部分，还可以使用【打断于点】命令将对象在一点处断开成两个对象。

5.15.1　打断对象

执行该命令并选择需要打断的对象。

选择【修改】|【打断】命令（BREAK），或在“修改”工具栏中单击【打断】按钮，即可部分删除对象或把对象分解成两部分，如图 5-14 所示。

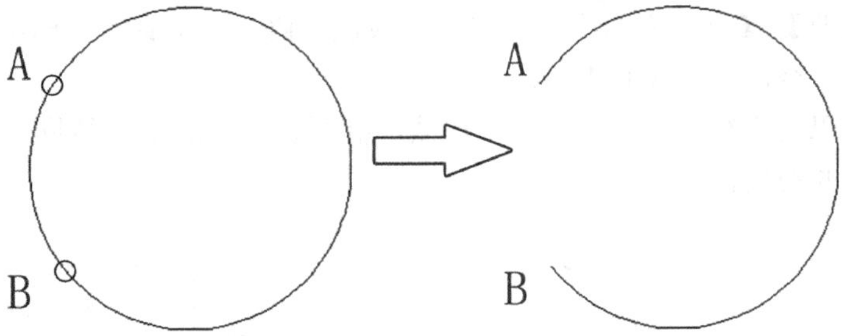

图 5-14　打断对象

5.15.2　打断于点

在“修改”工具栏中单击【打断于点】按钮，可以将对象在一点处断开成两个对象，它是从“打断”命令中派生出来的，如图 5-15 所示。

注意：在选择被打断的对象后，指定打断点，即可从该点打断对象。

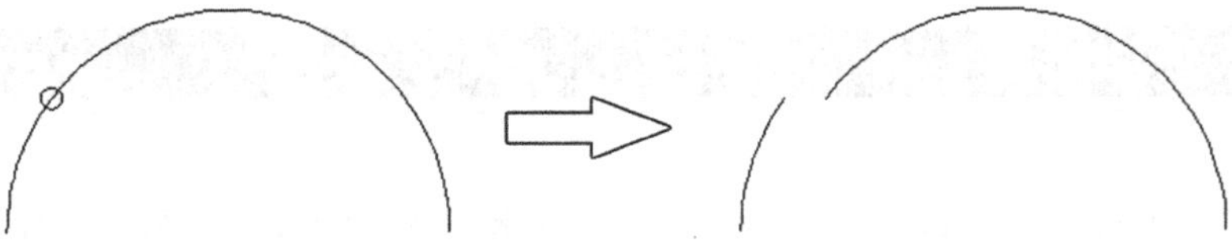

图 5-15　打断于点

5.16　分解对象

该命令可以对矩形和块等由多个对象组成的整体进行分解。

选择【修改】|【分解】命令（EXPLODE），或在“修改”工具栏中单击【分解】按钮，选择需要分解的对象后按【Enter】键，即可分解图形并结束该命令。

如图 5-16 所示，对正六边行进行分解，如我们执行选择命令可以清楚看到分解前可以选中整体，分解后只能选中一个边。

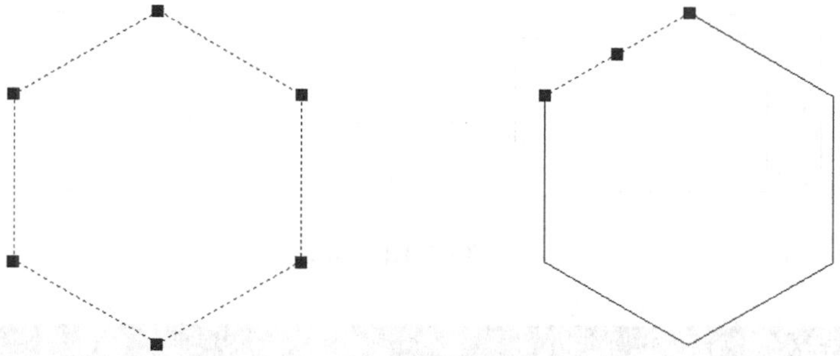

图 5-16　分解对象

5.17　合并对象

该命令可以把某一连续图形上的两个部分合并为一个整体，也可以将某段圆弧闭合为整圆。

可以选择【修改】|【合并】命令或在命令行输入 JOIN 命令，也可以单击“修改”工具栏上的【合并】按钮，即可完成对图形的合并，如图 5-17 所示。

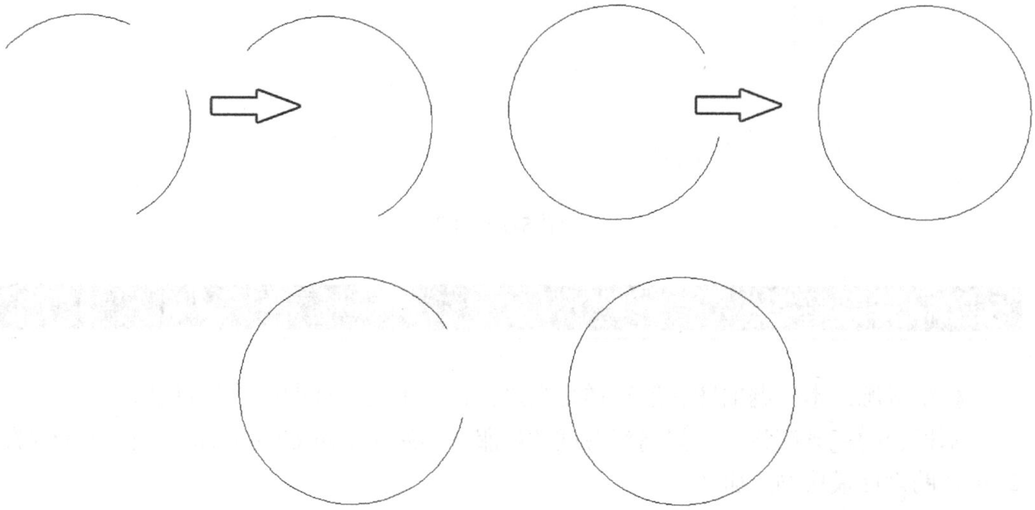

图 5-17　合并对象

5.18 倒角

使用“倒角”命令可在两条非平行线之间快捷地创建直线。它通常用于表示角点的倒角边。

选择【修改】|【倒角】命令（CHAMFER），或在“修改”工具栏中单击【倒角】按钮，即可为对象绘制倒角，如图 5-18 所示。

可为多段线、直线、参照线和射线加倒角。

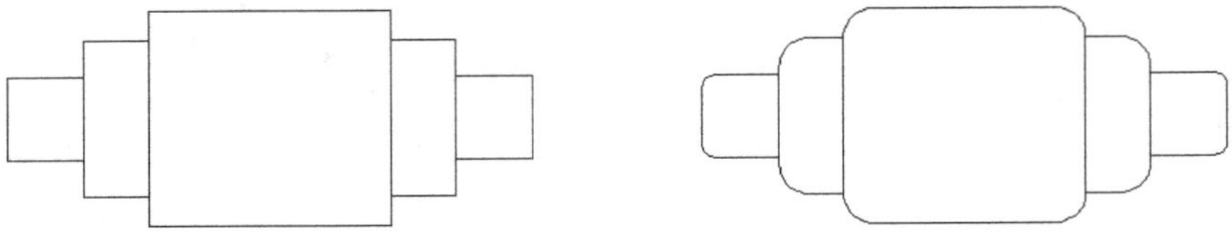

图 5-18 倒角

5.19 圆角

可以使用【圆角】命令修改对象使其以圆角相接。修圆角的方法与修倒角的方法相似。执行【圆角】命令后，先选择对象，然后指定半径长度，即可完成倒圆角操作。

选择【修改】|【圆角】命令（FILLET），或在“修改”工具栏中单击【圆角】按钮，即可对对象用圆弧修圆角，如图 5-19 所示。

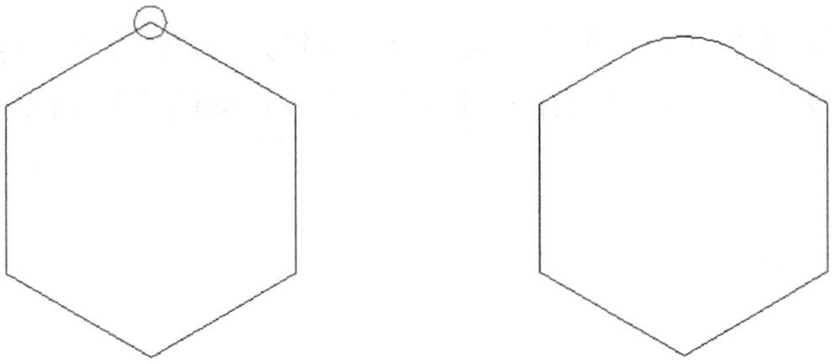

图 5-19 圆角

5.20 样题解答

教学资源：本样题的图文解答详见光盘根目录下的“样题解答”目录。

本样题的视频解答请访问高新考试教材服务网站（www.citt.org.cn）教材专区中的“计算机辅助设计模块网络服务”。

操作步骤：

（1）将打开的图形外切小圆环形阵列 16 个，内切圆环 8 个，具体操作如图 5-20 所示。

执行环形阵列命令，选择外切小圆，项目总数设为 16，填充角度设为 360，中心点为大圆圆心。

再次执行环形阵列命令，选择内切小圆，项目总数设为 8，填充角度设为 360，中心点为大圆圆心。

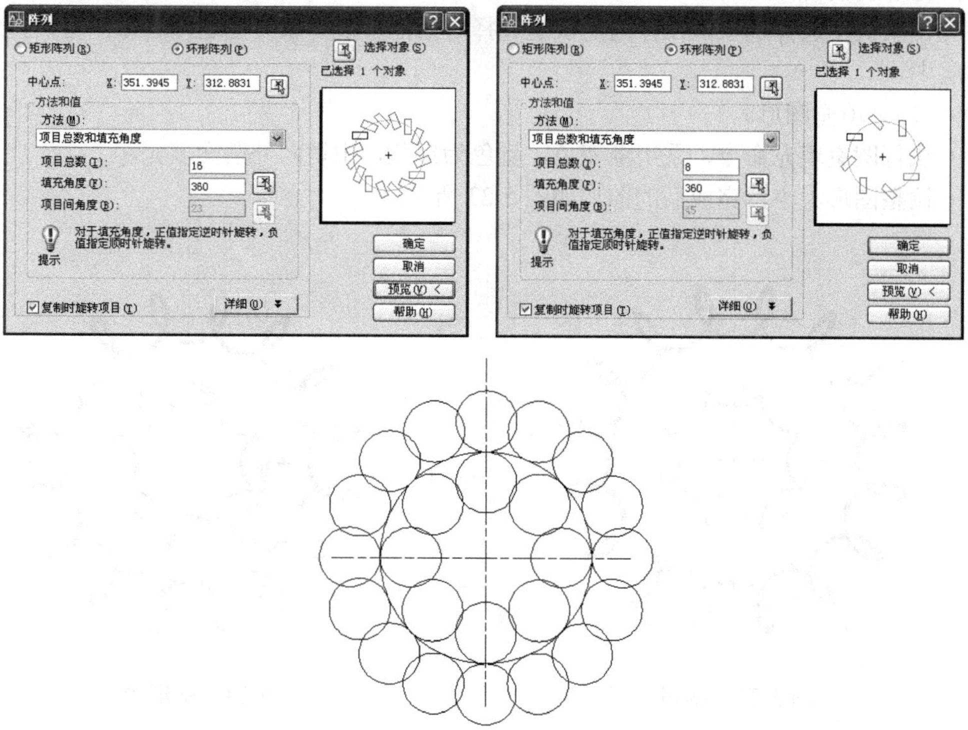

图 5-20　相切圆的绘制

（2）运用延伸、修剪、阵列、删除和移动等命令编辑图形，结果如图 5-21 所示。

执行修剪命令，把多余的对象修剪掉。

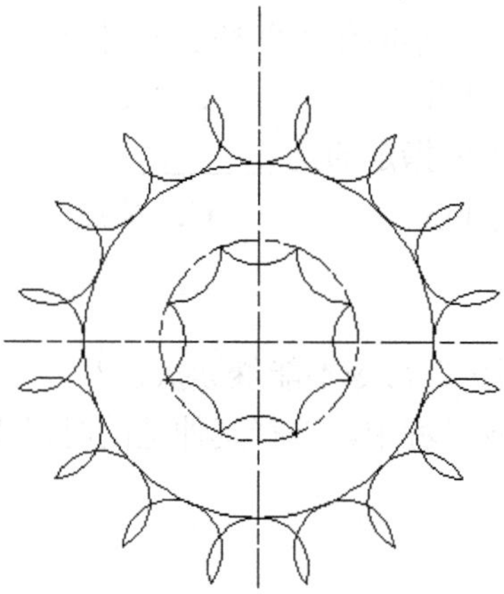

图 5-21　修剪图形

采用多义线编辑，将轮廓线和内圈线条改为宽度为“1.5 mm”的多义线，并将其合并为一条线。

建立新图层，图层名为“外轮廓线”，颜色为红色，线型为“Continuous”，线宽默认。

将外轮廓线编辑在此图层上。

建立新图层，图层名为“内轮廓线”，颜色为蓝色，线型为“Continuous”，线宽默认。将内轮廓线编辑在此图层上。完成效果如图 5-22 所示。

使用快速选择选项，在弹出的快速选择对话框里，对象类型选择圆弧，将其置入新建图层中。

（3）填充图形。

执行图案填充命令，采用渐变色，颜色为黑色，由里向外渐变填充，

调整图形大小，完成后的图形如图 5-23 所示。

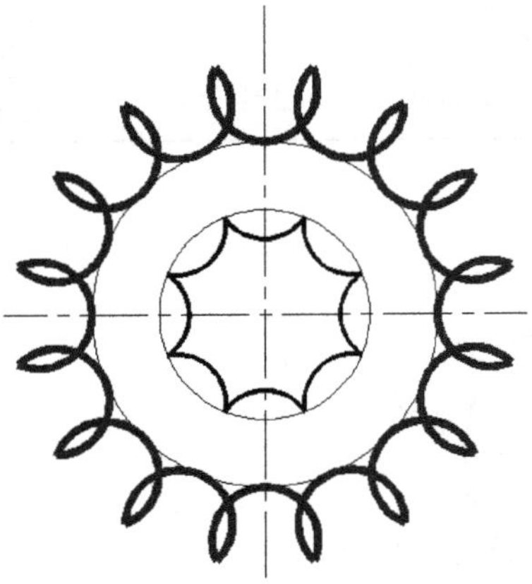

图 5-22　编辑图形

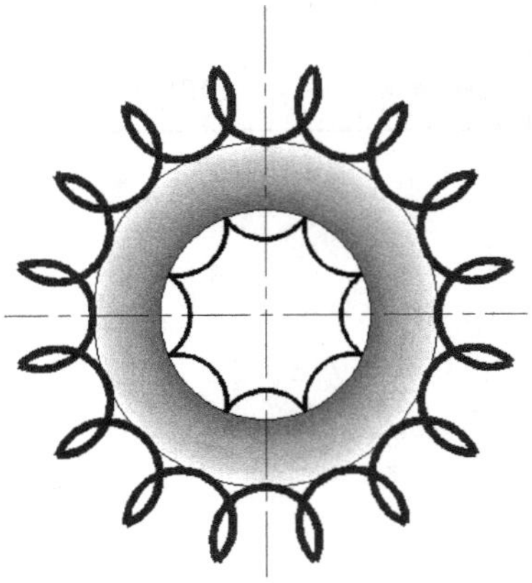

图 5-23　图形填充

5.21　习题

一、选择题

1．执行修剪命令时，下列不能作为剪切边的对象是____________。

A．直线　　B．圆弧　　C．文字　　D．块

2．执行移动命令时，需要指定的是____________。

A．角度　　B．圆心　　C．基点　　D．数目

二、简答题

1．在什么情况下，“圆角”命令不能继续执行？

2．在执行“延伸”命令过程中，选择延伸边的时候需要注意什么？

第 6 章　精确绘图

图层是用户组织和管理图形的强有力工具。在中文版 AutoCAD 2007 中，所有图形对象都具有图层、颜色、线型和线宽这 4 个基本属性。用户可以使用不同的图层、不同的颜色、不同的线型和线宽绘制不同的对象和元素，方便地控制了对象的显示和编辑，从而提高绘制复杂图形的效率和准确性。

本章主要技能考核点

- 创建图层：创建新图层，设置图层线型、线宽和颜色。
- 管理图层：使用图层工具管理图层。

评分细则

本章有 4 个评分点，题目总分为 12 分。

序号	评分点	分值	得分条件	判分要求
1	建立图形文件	1	绘图参数设置正确	没按要求扣分
2	绘图设置	3	按考题要求设置图形属性	错一处扣 0.5 分
3	绘制图形	7	正确绘制图形	错一处扣 1 分
4	保存文件	1	文件名、扩展名、保存位置	必须全部正确才有得分

本章导读

本章主要介绍图层的相关操作，图层是 AutoCAD 为设计者提供的一个功能强大的图形管理工具，通过图层的管理可以节省很多不必要的重复工作，大大提高工作效率。学好本章知识，可为下一步的绘图工作做准备。

6.1　样题示范

【练习目的】

通过实践操作，掌握图层创建和管理的方法，提高绘图技能，养成良好的绘图习惯。

【样题来源】

机械类：《试题汇编》第四单元 4.4 题。

建筑类：《试题汇编》第四单元 4.21 题。

土木工程类：《试题汇编》第四单元 4.33 题。

【操作要点】

机械类：

1. 设置合理的图层。
2. 绘制弧度、倾斜角度时需借助辅助线准确绘制。

建筑类：

1. 绘制墙线时设置多线对齐方式为无，即中间对齐。
2. 门窗、墙线分图层放置
3. 门、窗绘制完成后制作成内部图块，方便插入和修改。

土木工程类：

1. 部分材质需要直接绘制时关闭对象捕捉功能。
2. 图案填充部分，如：草地、混凝土等不同材质应对应不同的图层，方便后期修改编辑。

【操作要求】

机械类：

1. **图层设置**：建立绘图区域，根据图 6-1 所示的图形大小，设置绘图区域为 300 mm×400 mm 幅面，图形必须绘制在设置的绘图区域内。建立名称为“轮廓线”的图层，线型为“Continuous”，线宽为“0.5 mm”，其余参数均为默认值。

2. **图形绘制**：根据如图 6-1 所示的尺寸绘制图形，使用剖面线对图中的部分区域进行填充，“剖面线”线宽为“0.2 mm”，图案为“ANSI31”，填充比例为“1∶1”。设置“中心线”线宽为“0.2 mm”。

3. **图形属性**：将轮廓线编辑在“轮廓线”图层上，显示所绘制图形的“线宽”。

4. **绘图比例**：绘图比例设置为“1∶1”（不标注尺寸和图中文字）。绘图和编辑方法不限，使用的辅助线在完成绘图后要删除。

5. **保存文件**：将完成的图形以“全部缩放”的形式显示，并以 KSCAD4-4.dwg 为文件名保存在考生文件夹中。

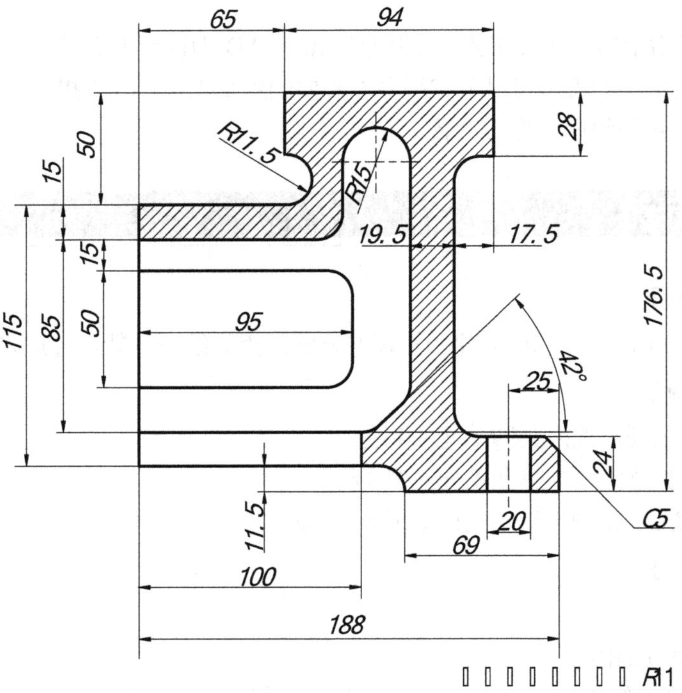

图 6-1　机械类题目最终效果图

建筑类：

1. **图层设置**：建立绘图区域，根据如图 6-2 所示的图形大小，设置绘图区域为 200 mm×300 mm 幅面。

分别以“门窗”和“墙线”为名称建立两个图层，其中“门窗”图层的颜色为蓝色，“墙线”图层的颜色为“黑色”，两图层的线型均为“Continuous”，线宽均为“0.5 mm”，其余参数均为默认值。

设置“0”图层的颜色为白色，线型为“Continuous”，线宽为“0.5 mm”，其余参数为默认值。

2. **图形绘制**：根据图 6-2 所示的尺寸绘制图形，在“墙线”图层绘制墙体，墙宽为“240 mm”；在“门窗”图层上绘制门窗；在“0”图层上绘制其他实体。

3. **图形属性**：显示所绘制图形的“线宽”。

4. **绘图比例**：绘图比例设置为“1∶100”（不标注尺寸）。绘图和编辑方法不限，使用的辅助线在完成绘图后要删除。

5. **保存文件**：将完成的图形以“全部缩放”的形式显示，并以 KSCAD4-21.dwg 为文件名保存在考生文件夹中。

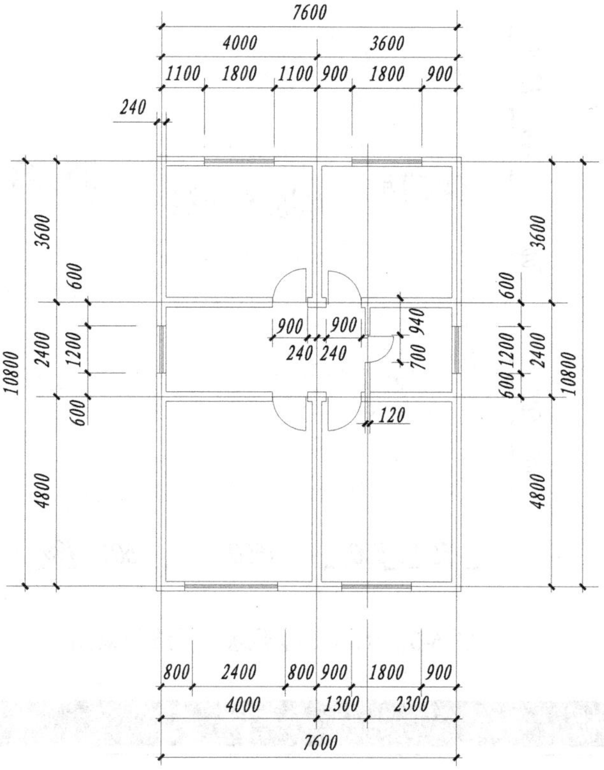

图 6-2 建筑类题目最终效果图

土木工程类：

1. **图层设置**：建立绘图区域，根据如图 6-3 所示的图形大小，设置绘图区域为 1000 mm×1000 mm 幅面，图形必须在设置的绘图区域内。建立一个名称为“DOTE”

的图层，颜色为红色，线型为“Continuous”，线宽为“0.3 mm”；再建立一个名称为“混凝土”的图层，颜色为黑色，线型为“Continuous”、线宽为“0.5 mm”；然后再建立一个名称为“草地”的图层，颜色为绿色，其余参数均为默认值。

2. **图形绘制**：根据图 6-3 所示的尺寸绘制图形，在“DOTE”图层上绘制图中的填充物，采用“AR-B816C”图案，其余进行近似绘制即可，并标出相应的文字，字体选用“仿宋_GB2312”，字高为“25”，宽度比例为“0.8”。在“混凝土”图层上绘制图形各轮廓线。在“草地”图层上绘制图示中的草，采用“EARTH”图案填充底部，角度为“45°”，其余为默认值，区域自由设置。

3. **图形属性**：显示所绘制图形的“线宽”。

4. **绘图比例**：绘图比例设置为“1∶100”（不标注尺寸）。绘图和编辑方法不限，使用的辅助线在完成绘图后要删除。

5. **保存文件**：将完成的图形以“全部缩放”的形式显示，并以 KSCAD4-33.dwg 为文件名保存在考生文件夹中。

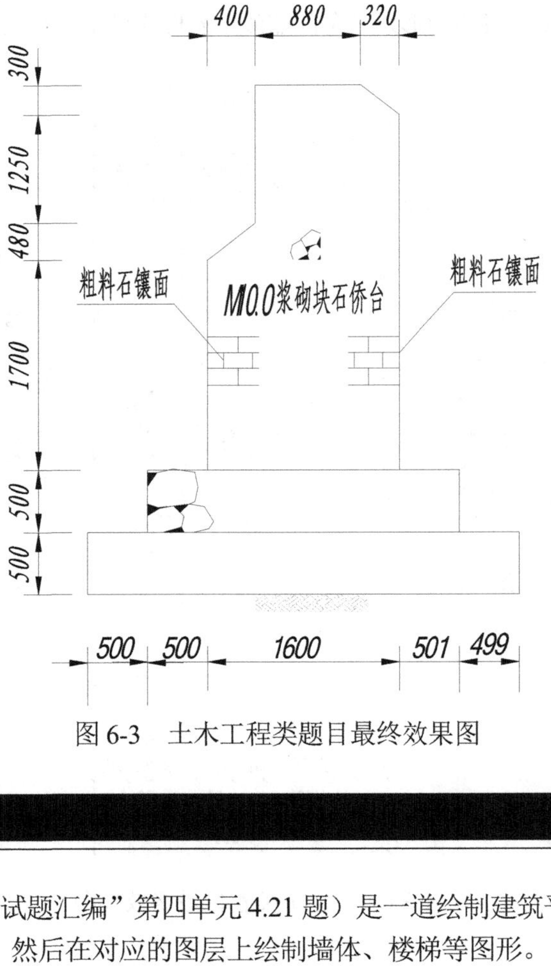

图 6-3　土木工程类题目最终效果图

6.2　样题分析

试题（建筑类：“试题汇编”第四单元 4.21 题）是一道绘制建筑平面图的题目，首先根据绘图需要建立图层，然后在对应的图层上绘制墙体、楼梯等图形。

解题过程中需要使用“图层特性管理器”对话框进行相关操作。

解答本题所需要的操作技能将在本章为大家详细讲解。

6.3　创建图层

图层是用来组织图形的最有效的工具之一。

6.3.1　新建和命名图层

单击“图层”工具栏中的【图层特性管理器】按钮，打开“图层特性管理器”对话框，单击对话框中的【新建】按钮，建立一个新图层，其默认图层名为“图层 1”。默认情况下，新建图层与 0 图层的状态、颜色、线性和线宽等设置相同。

如图 6-4 所示，新建的图层亮显，此时用户可根据需要为该图层重新命名。

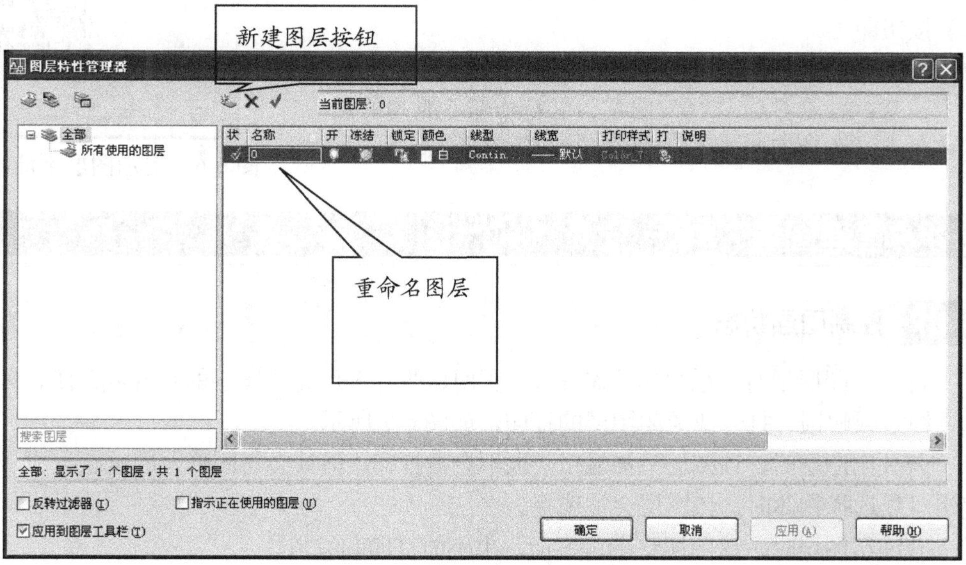

图 6-4　新建图层

用户可以通过图层对图形几何对象、文字、标注等进行归类处理，使用图层来管理它们，不仅能使图形的各种信息清晰、有序，便于观察，而且也会给图形的编辑、修改和输出带来很大的方便。

6.3.2　使图层成为当前图层

在 AutoCAD 中，绘制图形只能在一个图层上进行。如果想在某个图层上绘制图形，必须先将其置为当前图层。

在“图层特性管理器”对话框中选择要用的图层，单击【置为当前】按钮即可；或者在“图层”工具栏的下拉列表框中选择想要的图层，如图 6-5 所示。

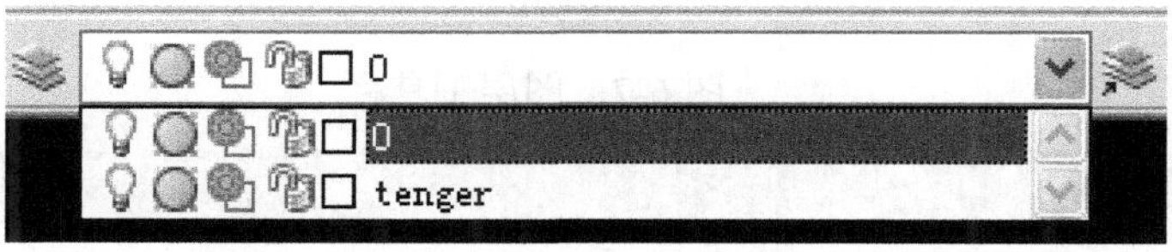

图 6-5　设置当前图层

6.3.3 重命名图层

在绘图过程中随时都能对图层重命名，但是“0”图层或依赖外部参照的图层不可以重命名。

操作步骤：打开“图层特性管理器”对话框，选择需要重命名的图层，然后单击图层名，图层名呈现可修改状态，这时输入新名称即可。

6.3.4 删除图层

在绘图过程中随时都可以对一些不需要或多余的图层进行删除。如果要删除某个图层，可打开“图层特性管理器”对话框，选择需要删除的图层，然后单击【删除】按钮即可。

注意：当前图层、“0”图层、依赖外部参照物的图层或包含对象的图层不能被删除，如图 6-6 所示。

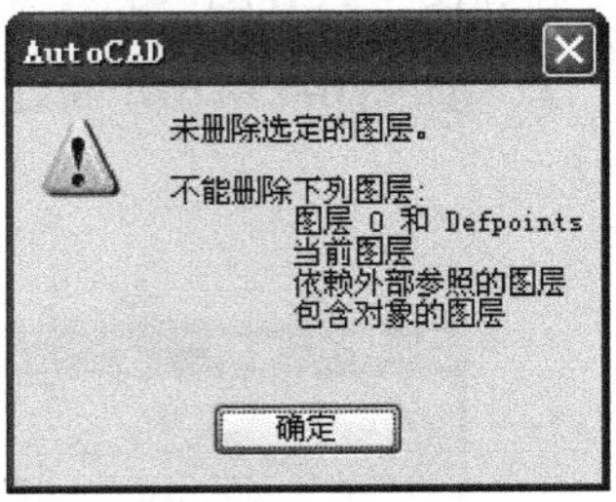

图 6-6 提示图层不能删的信息

6.4 管理图层

6.4.1 控制图层状态

每一个图层都有一系列的状态开关，利用这些开关可完成图层的打开或关闭、冻结或解冻、锁定或解锁、打开或关闭图层的打印，如图 6-7 所示。

若关闭图层时，该图层不被显示，也不会被打印，但其会与图形一起重新生成，同时在编辑对象选择物体时，该图层会被选择。

若冻结图层时，该图层将不再显示，也不能打印和编辑。

若锁定图层时，该图层可显示和打印，也可在该图层创建新的对象，但是不能被选择和编辑。

若关闭打印图层时，该图层将不被打印出来。

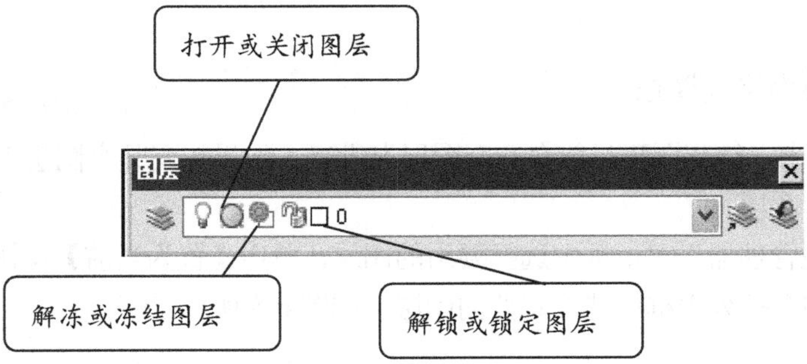

图 6-7 图层工具栏

6.4.2 过滤图层

当图形中包含大量图层时，而我们只需要显示其中某些特定图层时，这时可以使用“图层特性管理器”中的“新特性过滤器”按照特定属性对图层进行过滤。

可根据下列条件过滤图层：图层名称、颜色、线型、线宽和打印样式、可见性、图层冻结或解冻状态、图层锁定或解锁状态，图层打印或不打印状态。

单击【新特性过滤器】按钮，弹出如图 6-8 所示的对话框。

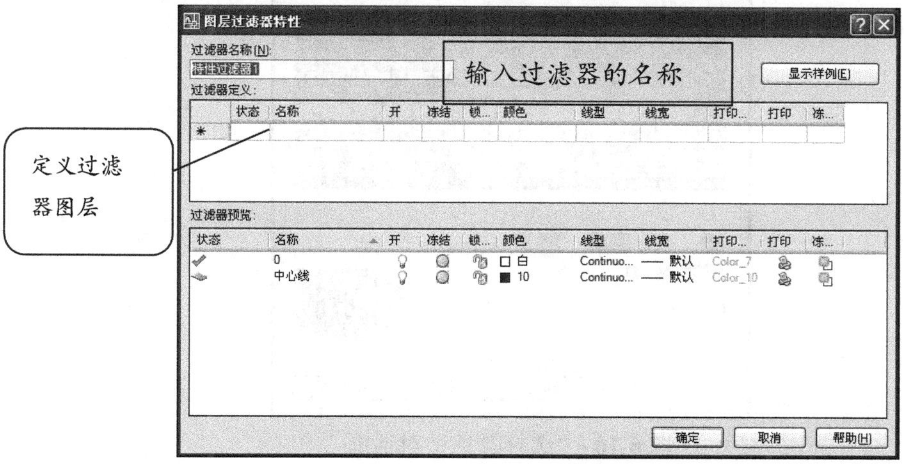

图 6-8 “图层过滤器特性”对话框

6.4.3 转换图层

“图层转换器”能够转换当前图形中的图层，使之与其他图形的图层结构或 CAD 标准文件相匹配。

选择【工具】|【CAD 标准】|【图层转换器】命令，弹出如图 6-9 所示的对话框。

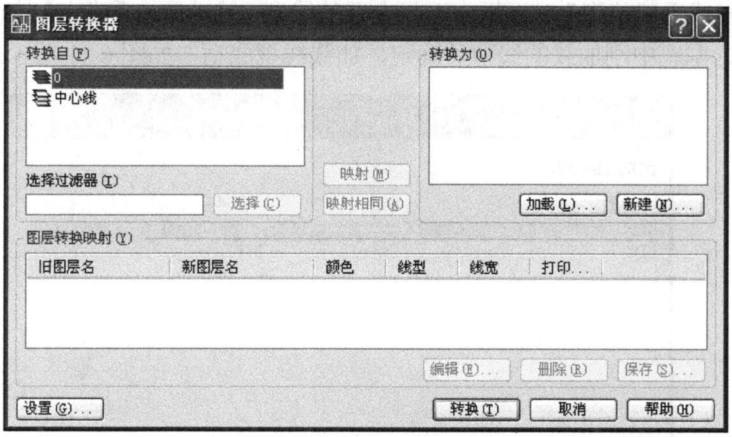

图 6-9 “图层转换器”对话框

6.5 设置图层

6.5.1 设置图层颜色

为了区分不同的图层，往往需要对颜色进行设置。单击“图层特性管理器”对话框中任

一图层的颜色小方框，将弹出如图 6-10 所示的“选择颜色”对话框，

如果绘图区域的背景色为白色，在显示了 7 号颜色时，打印时为黑色。

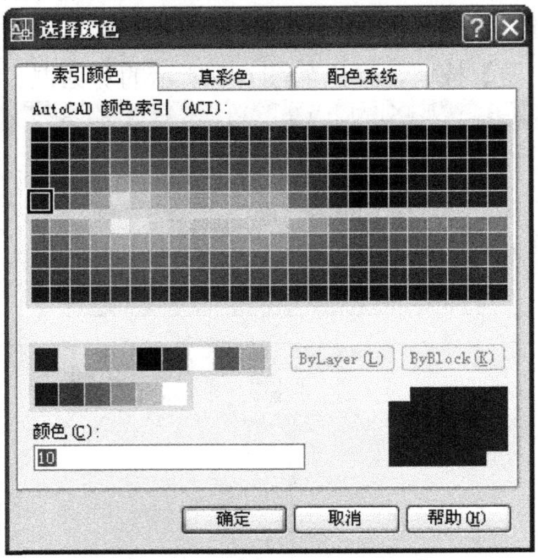

图 6-10 “选择颜色”对话框

6.5.2 设置图层线型

图形中不同的线型可以表达不同的信息。可用不同的线型区分一条线与其他线的用途。

默认情况下，图层的线型为 Continuous。要改变线型，可在图层列表中单击“线型”列的 Continuous，打开“选择线型”对话框，在“已加载的线型”列表框中选择一种线型，然后单击【确定】按钮。

在“加载或重载线型”对话框中选择合适的线型，然后单击【确定】按钮。再次返回“选择线型”对话框选中刚加载的线型后确定，加载线型成功，如图 6-11 所示。

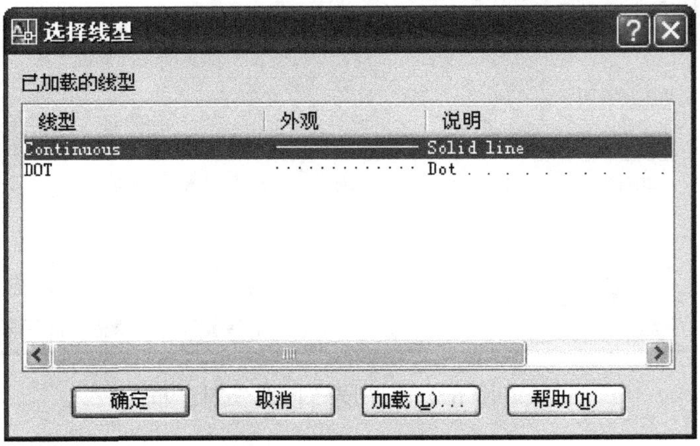

图 6-11 “选择线型”对话框

在绘图过程中，在使用不同的线型时，如果比例设置不当，将看不到想要的线型效果，因此需要对线型进行比例设置。

选择【格式】|【线型】命令，会弹出“线型管理器”对话框，单击【显示细节】按钮，即可在右下角设置线型比例，如图 6-12 所示。

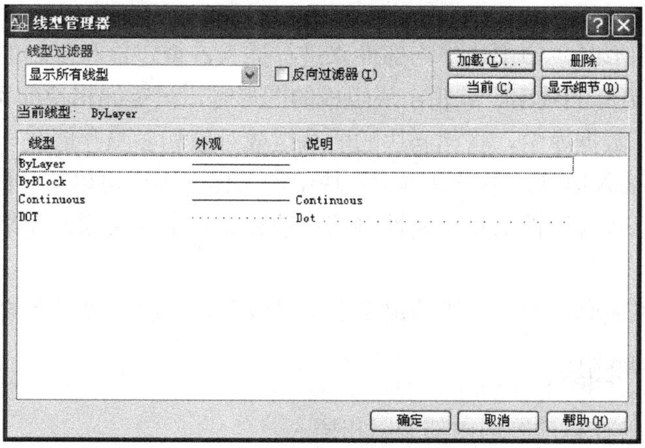

图 6-12　“线型管理器”对话框

如果一条线段太短以至于不能保持虚线线型，AutoCAD 将绘制成连续线。反之，如果线型比例设置太大，AutoCAD 也可以绘制成连续线。

6.5.3　设置图层线宽

在绘制图形过程，不同的图层对象往往需要设置不同的线宽，比如说绘制建筑图形时，轮廓线的线宽较其他对象的线宽就要宽些。

要设置图层的线宽，可以在“图层特性管理器”对话框的“线宽”列中单击该图层对应的线宽“——默认”，打开“线宽”对话框，有 20 多种线宽可供选择。也可以选择【格式】|【线宽】命令，打开“线宽设置”对话框，通过调整线宽比例，使图形中的线宽显示合适，如图 6-13 所示。

如果将状态栏中线宽显示设置为“开”，则可看到所绘制对象的实际线宽。

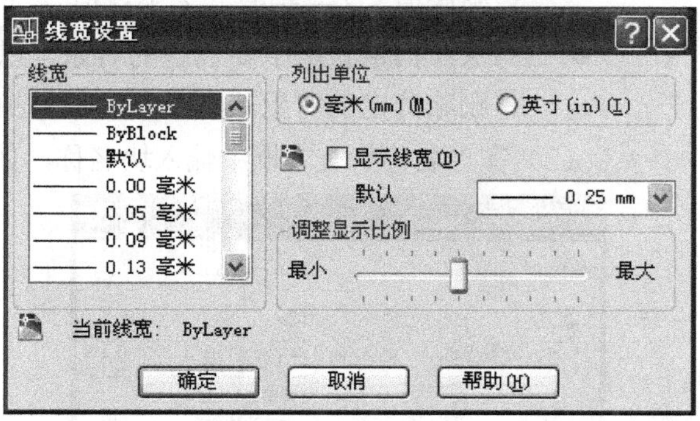

图 6-13　设置线宽

6.6　创建块

块可以是绘制在几个图层上的不同颜色、线型和线宽特性的对象的组合。用户将一组图形定义为图块，然后可将图块插入到当前图形的指定位置，并且还可根据需要调整大小比例及旋转角度。

图块分为内部图块和外部图块。内部图块是指在图形中定义的图块，此图块可以在图形中根据需要多次插入；外部图块是指存储在磁盘上，可以在其他图形文件中调用。

块简化了绘图过程，具有如下特点。

（1）建立常用符号、部件、标准件的图形库。可以将同一块多次插入到图形中，而不必每次都重新创建图形元素。建立常用符号、部件、标准件的图形库对经常从事某类工程图设计的人员很有帮助。

（2）修改图形时，使用块作为部件来进行插入，重定位和复制的操作比使用许多单个的几何对象具有更高的效率。编辑由块组成的图形时，只需编辑块即可。

（3）在图形数据库中，将相同块的所有组成对象和参照存储在一个块定义中，插入块实体只记录了块插入信息，不必具体记录块中的实体，因而可以节省磁盘空间。

（4）块可以包含属性信息。属性将信息项和图形中的块联系起来，例如：零件的数量和价格。

（5）块可以嵌套，即一个块的定义中可以包含其他块，块嵌套的层数不受限。

6.6.1 创建内部图块

内部图块只能在当前图形内部调用和插入。

创建内部图块的步骤如下。

（1）单击“绘图”工具栏的【创建块】按钮或选择【绘图】|【块】|【创建】命令，打开“块定义”对话框，如图 6-14 所示。每个图块的属性定义都包括块名、一个或多个对象、用于插入块的基点坐标值和所有相关的属性数据。

对话框中主要参数的含义如下。

- 名称：指定块的名称。
- 基点：指定块的插入基点。默认值是（0,0,0）。X——指定 X 坐标值，Y——指定 Y 坐标值，Z——指定 Z 坐标值。
- 对象：指定新块中要包含的对象，以及创建块之后如何处理这些对象，是保留还是删除选定的对象或者是将它们转换成块实例。

（2）在“名称”文本框中输入块名称，如图 6-15 所示。

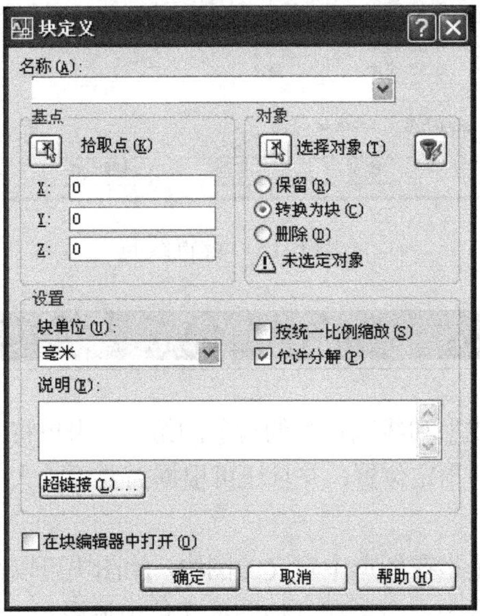

图 6-14 “块定义”对话框

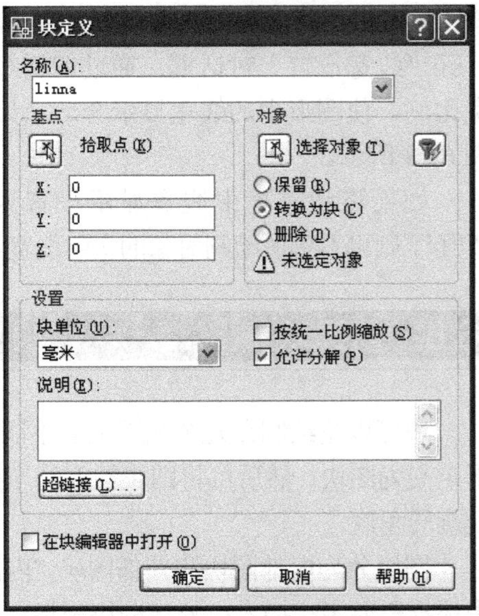

图 6-15 输入块名称

（3）单击【选择对象】按钮，切换到图形界面，如图 6-16 所示，选择用于组成块的对象。

选择对象：暂时关闭“块定义”对话框，允许用户选择块对象。完成对象选择后，按

【ENTER】键重新显示“块定义”对话框。对话框中主要参数的含义如下。

- 保留为块：创建块以后，将选定对象保留在图形中作为区别对象。
- 转换为块：创建块以后，将选定对象转换成图形中的块实例。
- 删除：建块以后，从图形中删除选定的对象。
- 被选择对象：显示选定对象的数目。

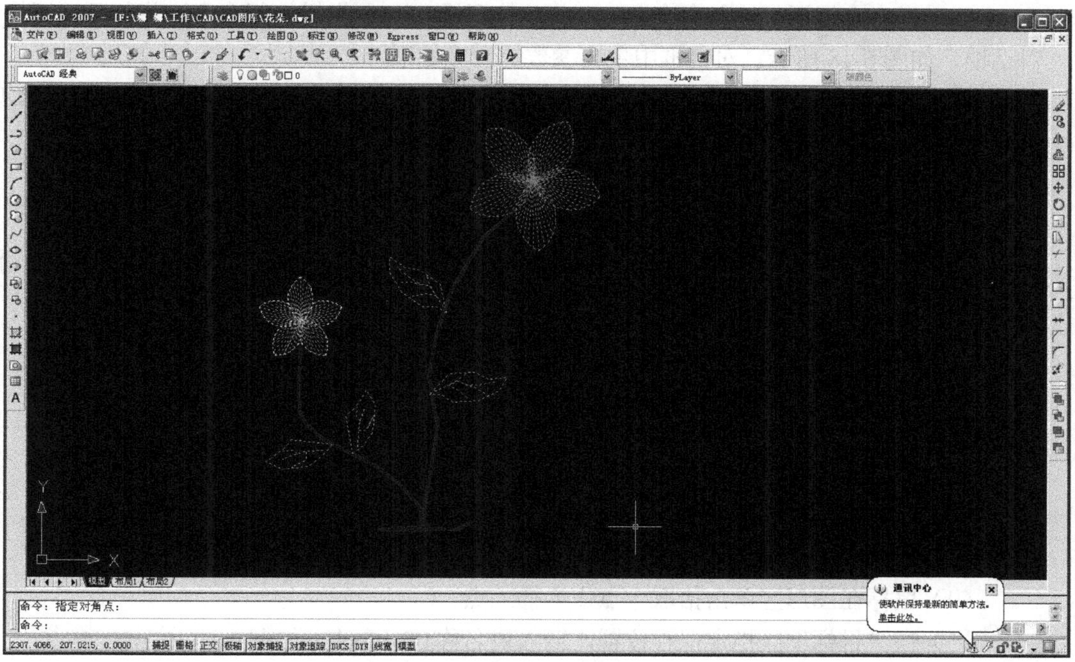

图 6-16　图形界面

（4）鼠标右键单击确认选择，返回到“块定义”对话框。单击【拾取点】按钮，选择插入基点。鼠标在图形区单击拾取一点作为插入点，如图 6-17 所示。

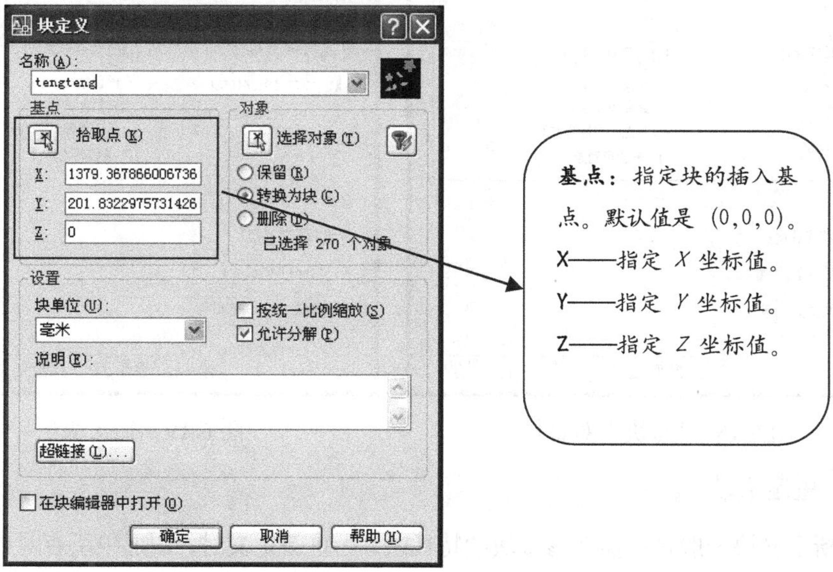

图 6-17　拾取点

（5）单击【确定】按钮，关闭对话框，完成一个块的创建，并存在于当前图形中。

6.6.2 创建外部图块

在图形中除了可以定义内部图块外，还可以使用 wblock 命令定义外部图块。具体操作步骤如下。

（1）在命令提示行输入命令：wblock，按下【ENTER】键执行命令，将打开“写块”对话框，如图 6-18 所示。对话框中主要参数的含义如下。

- 源：选项用于指定块和对象，将其保存为文件并指定插入点。选择“对象”选项。
- 块：指定要保存为文件的现有块。从列表中选择名称。
- 整个图形：将当前图形文件作为一个块保存到新的图形文件中。
- 对象：选取要保存为文件的对象。
- 基点：指定块的插入基点。默认值是（0,0,0）。X——指定 X 坐标值，Y——指定 Y 坐标值，Z——指定 Z 坐标值。
- 对象：设置用于创建块的对象上的块创建的效果。
- 目标：指定文件的新名称和新位置以及插入块时所用的测量单位。
- 文件名和路径：指定文件名和保存块或对象的路径。

（2）单击【选择对象】按钮，切换到图形界面，选择用于组成块的对象。

（3）右击【确认】按钮确认选择，返回到“写块”对话框。单击【拾取点】按钮，选择插入基点。

（4）鼠标在图形区单击拾取一点作为插入点。

（5）在“目标”区指定保存位置，输入块名称 001block，如图 6-19 所示。

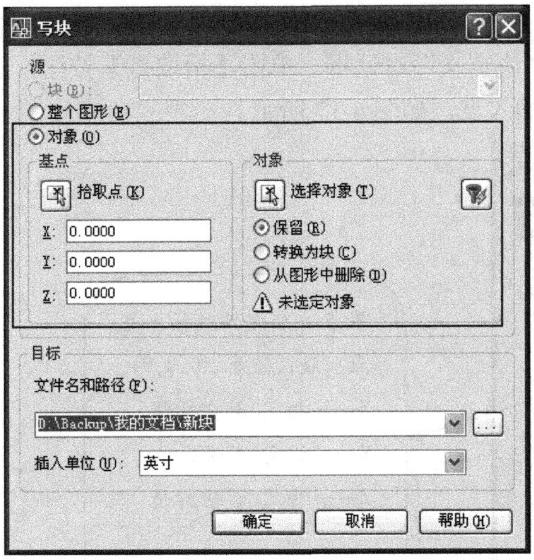

图 6-18 “写块”对话框

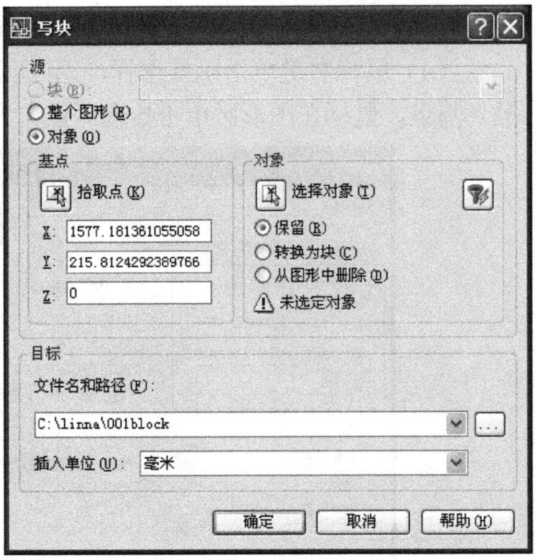

图 6-19 输入块名

6.6.3 重定义块

重新定义块一般是在需要修改块的特性时。当重新定义时，图形中所有对该块的引用会立刻更新以反映新的定义，该操作在编辑块的大量引用时可极大地提高效率。

重定义块的操作方法如下。

（1）选择【绘图】|【块】|【创建】命令，打开“块定义”对话框，如图 6-20 所示。

（2）修改对话框中的参数：重新拾取对象，指定基点。

（3）在“名称”下拉列表框中选择已存在的块名称：linna-01，如图 6-21 所示。

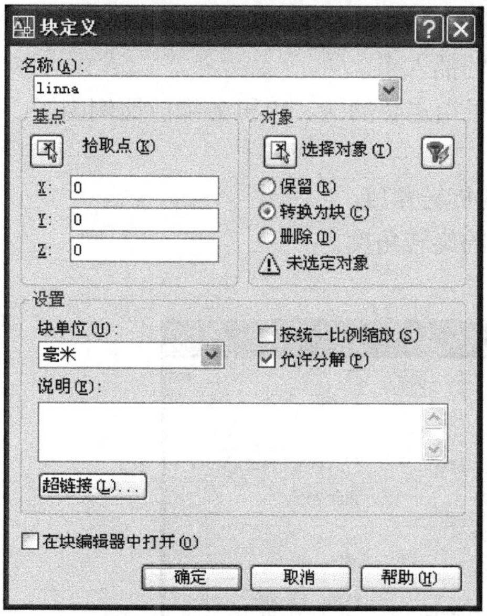

图 6-20　“块定义”对话框

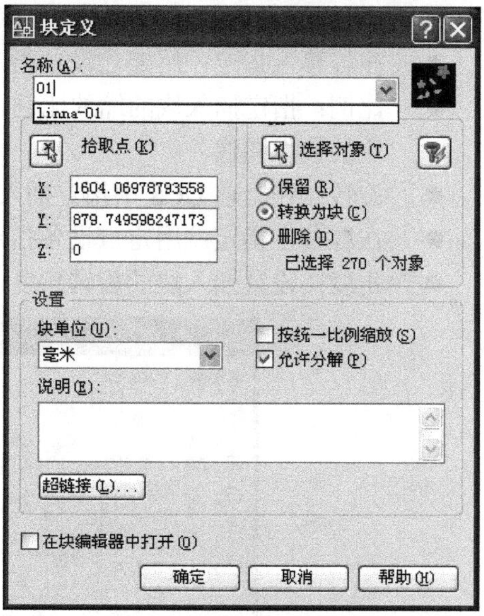

图 6-21　输入块名

（4）单击【确定】按钮，弹出对话框询问是否重定义，单击【是（Y)】按钮即可，如图 6-22 所示。

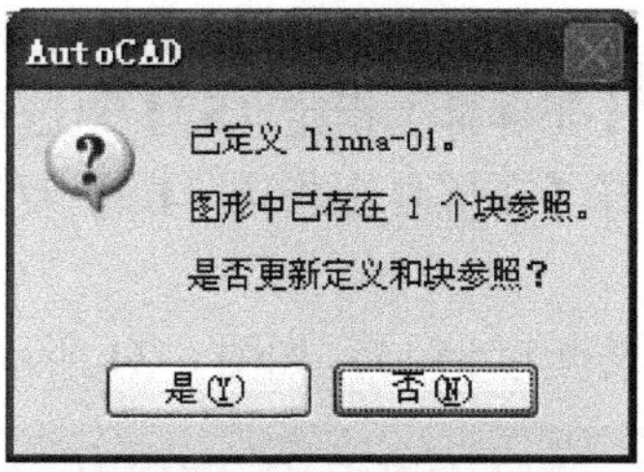

图 6-22　确定块重定义

6.7　插入图块

图块创建完成以后，可以在需要的地方插入并使用这些图块。

6.7.1　插入单个图块

插入单个图块是最简单的插入方式，但是一次只能插入一个图块，当需要插入多个图块时只能重复操作。操作方法如下。

（1）选择【插入】|【块】命令，打开“插入”对话框，如图 6-23 所示。

对话框中主要参数的含义如下。

- 名称：指定要插入的图块名称。
- 浏览：开启“插入块”对话框，从中选择要插入的文件名。
- 路径：显示要插入的文件所在的路径。
- 插入点：指定块的插入点。
- 在屏幕上指定：用定点设备指定块的插入点。
- 比例：指定插入块的缩放比例。如果指定负的 X、Y 和 Z 缩放比例因子，则插入块的镜像图像。
- 旋转：在当前 UCS 中指定插入块的旋转角度。
- 在屏幕上指定：用定点设备指定块的旋转角度。
- 角度：设置插入块的旋转角度。

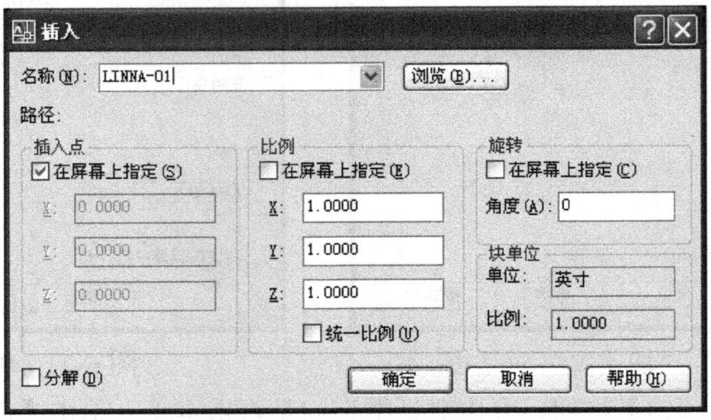

图 6-23 “插入”对话框

（2）插入选项：从“名称”下拉列表中选择图块名称。

（3）插入点选项：勾选【在屏幕上指定（S）】复选框。

（4）比例选项：取消选择【在屏幕上指定（E）】复选框，勾选下方的【统一比例】复选框，设置比例为 2。

（5）旋转选项：设置旋转角度为 15，如图 6-24 所示。

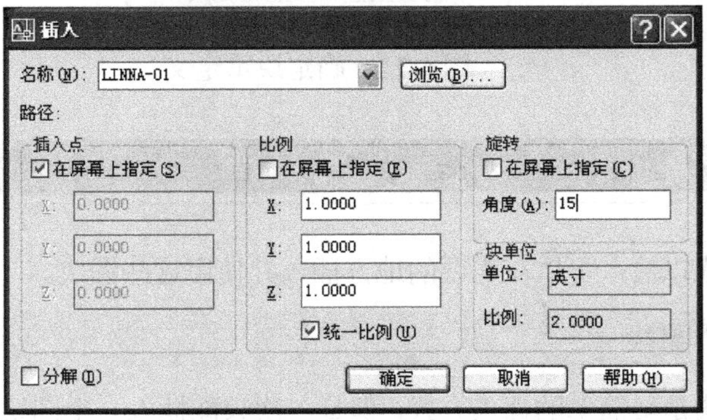

图 6-24 对插入的图块进行设置

（6）单击【插入】按钮，返回图形编辑区，此时光标为图块形状，在屏幕上单击即可插入一个图块，如图 6-25 所示。

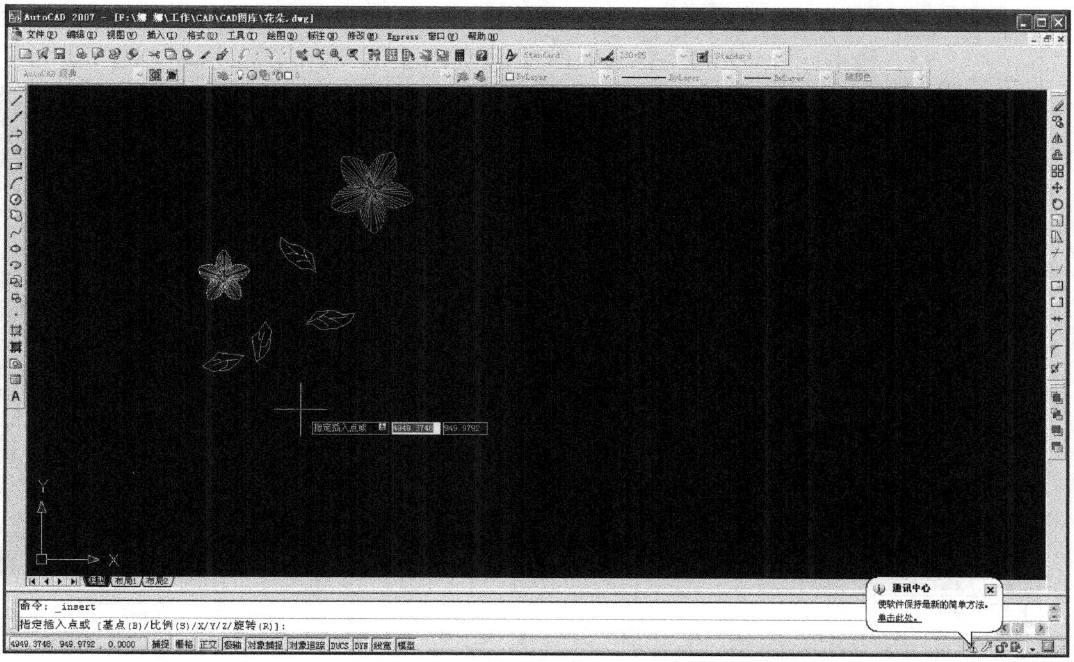

图 6-25　插入图块

6.7.2 插入多个图块

当需要插入多个图块时，可采用 MINSERT 命令以阵列方式插入多个图块。

操作方法如下。

（1）在命令提示行输入：MINSERT 命令，按下【ENTER】键。

（2）命令行显示信息为输入块名，或输入选项，本例按【ENTER】键即可。

? 列出块表/打开(B)/<插入图块><当前>:

（3）命令行显示信息为输入指定一个点或输入 M，本例选择输入 M，表示要插入多个块。

多个块(M)/<块的插入点>:

（4）鼠标单击屏幕捕捉一点作为“插入点”。

（5）X、Y 及比例因子均使用默认值，无需输入，直接按下【ENTER】键。

（6）输入阵列的行数为 5，按下【ENTER】键。

阵列的行数<1>:

（7）输入阵列的列数为 3，按下【ENTER】键。

列数<1>:

（8）指定距离并按下【ENTER】键。

行的竖向距离，或矩形间隔:

（9）此时光标变为阵列图块的形状，鼠标每单击一次就可以插入一个阵列图块，可重复多次。

（10）完成图块插入后，单击右键结束命名。完成后如图 6-26 所示。

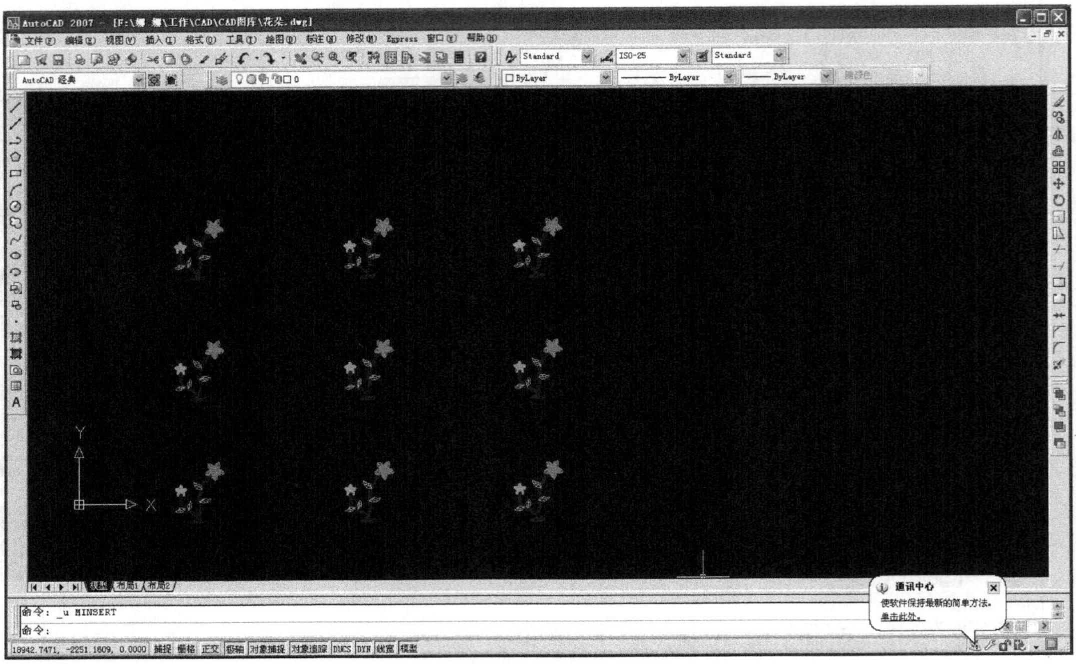

图 6-26　插入多个图块后

6.8　属性

创建属性，可以为属性指定不同的值。要同时使用几个属性，请先定义这些属性，然后将它们包括在同一块中。例如，可以定义带有“零件”、“材质”和“厚度”标记的属性，然后将它们包括在某个块中。

6.8.1　创建属性

属性实际上是一些附着在块上的文字说明，属性特征包括标记（标识属性的名称）、插入块时显示的提示、值的信息、文字格式、位置和任何可选模式（不可见、固定、验证和预置）。

要创建属性，首先创建描述属性特征的属性定义。

创建属性定义的步骤如下。

（1）选择【绘图】|【块】|【定义属性】命令，打开“属性定义”对话框，如图 6-27 所示。对话框中主要参数的含义如下。

- 标记：标识图形中每次出现的属性。使用任何字符组合（空格除外）输入属性标记。小写字母会自动转换为大写字母。
- 提示：指定在插入包含该属性定义的块时显示的提示。如果不输入提示，属性标记将用作提示。
- 缺省文本：指定默认属性值。
- 属性标志位：在图形中插入块时，设置与块关联的属性值选项。
- 不可见：指定插入块时不显示或打印属性值。
- 固定：在插入块时赋予属性固定值。

- 验证：插入块时提示验证属性值是否正确。
- 预置：插入包含预置属性值的块时，将属性设置为默认值。
- 文本：设置属性文字的字体、对齐方式、高度和旋转。

（2）在“属性定义”对话框中，设置属性名称为“代码”。

（3）在“提示”文本框中设置提示文字：请输入代码。缺省文本为 0.6。

（4）单击【选择】按钮，在屏幕上捕捉一个插入点。

（5）设置文本对齐方式为中心，文本高度为 6.35，单击【定义并退出按钮】。

（6）选择【绘图】|【块】|【创建】命令，打开“块定义” 对话框。输入块名“代码”，如图 6-28 所示。单击选择对象，在屏幕上选择带有属性的对象。

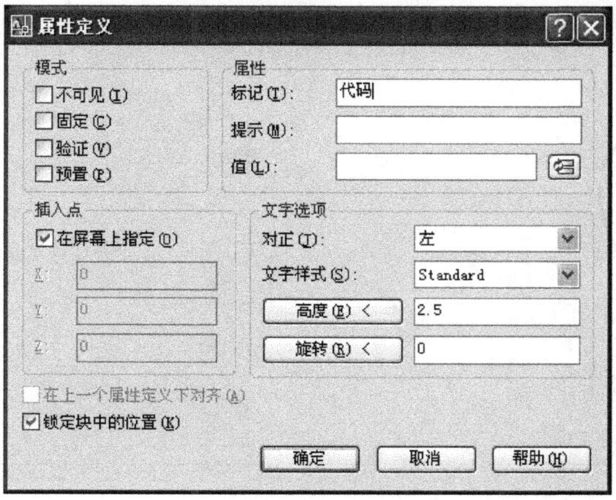

图 6-27 “属性定义”对话框

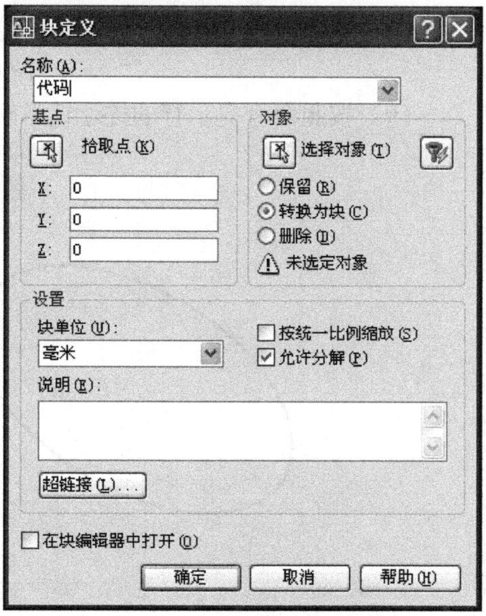

图 6-28 定义块属性

（7）命令提示行提示输入代码“12”，按下【ENTER】键，如图 6-29 所示。

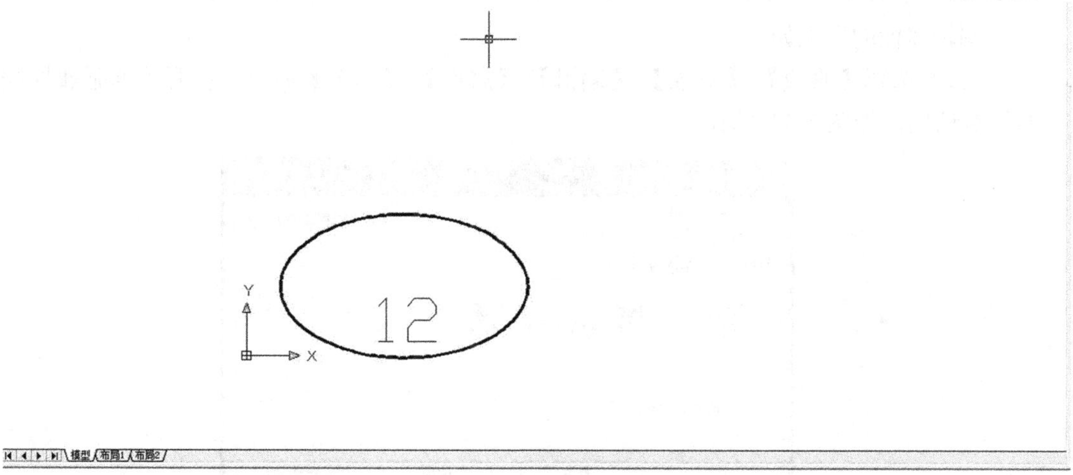

图 6-29 输入代码

（8）调用属性可在命令提示行输入“INSERT”命令，打开“插入”对话框。输入图块名“代码”，单击【插入】按钮，如图 6-30 所示。

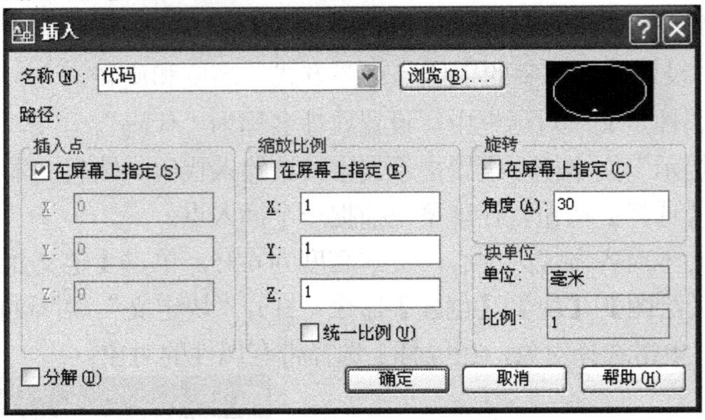

图 6-30　插入图块

（9）按照命令提示行的提示信息输入代码“60”，如图 6-31 所示。

图 6-31　输入代码

6.8.2 编辑属性

编辑属性的方法如下。

（1）选择【修改】|【对象】|【编辑】|【属性】|【单个】命令，打开“增强属性编辑器”对话框，如图 6-32 所示。

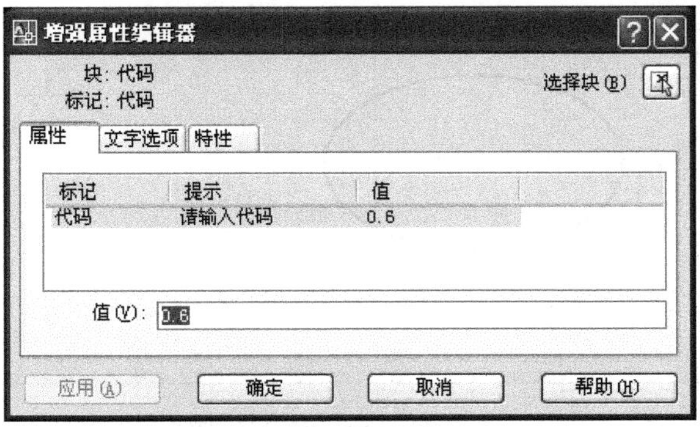

图 6-32 “增强属性编辑器”对话框

（2）“属性”选项卡中修改值为 10。

（3）“文字选项”选项卡中修改文字高度为 150，如图 6-33 所示。

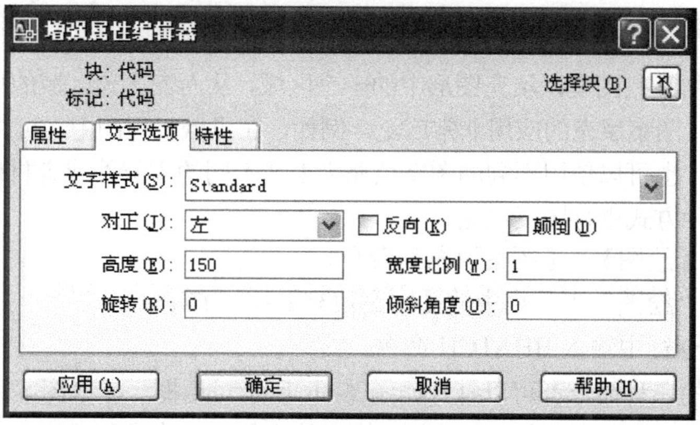

图 6-33　修改高度

（4）在“特性”选项卡中修改颜色为红色，如图 6-34 所示。

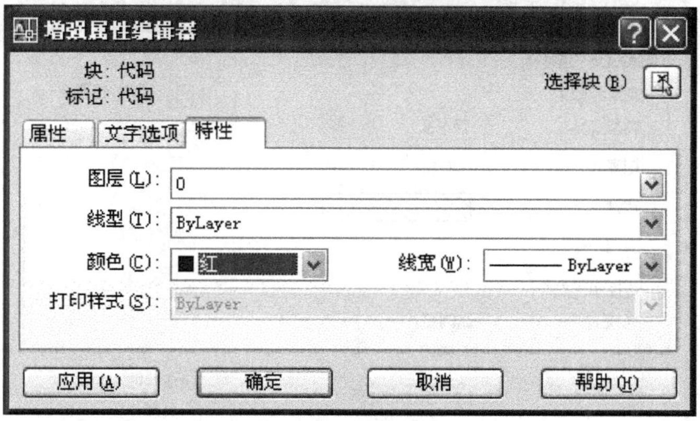

图 6-34　修改颜色

（5）单击【确定】按钮，如图 6-35 所示。

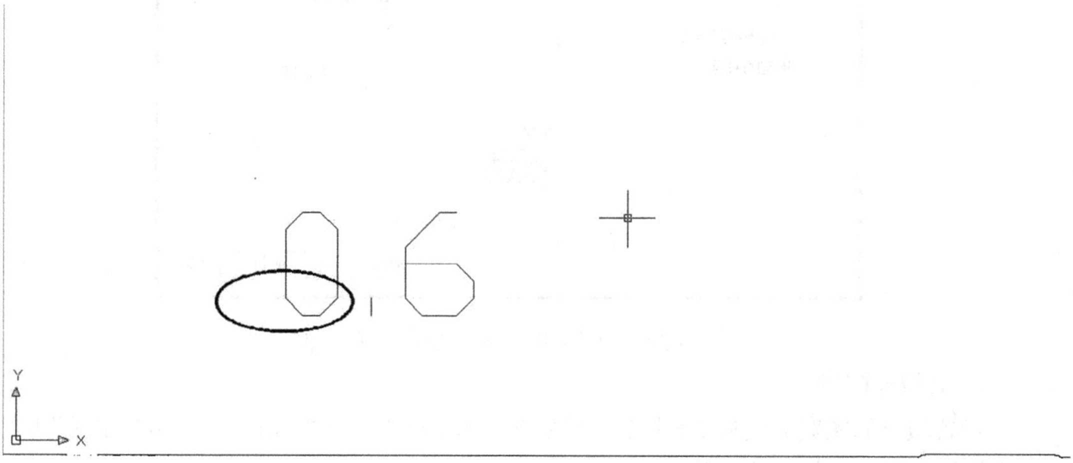

图 6-35　完成图形

6.9 图案填充

6.9.1 使用图案填充

要重复绘制某些图案以填充图形中的一个区域，从而表达该区域的特征，这种填充操作称为图案填充。图案填充的应用非常广泛，例如，在机械工程图中，可以用图案填充表达一个剖切的区域，也可以使用不同的图案填充来表达不同的零部件或者材料。在 AutoCAD 中通常有如下三种方式进行图案填充。

- 选择【绘图】|【图案填充】命令。
- 单击“绘图”工具栏中的【图案填充】按钮。
- 在命令行中输入 BHATCH 命令。

执行上面的三种命令都可以打开如图 6-36 所示对话框。在“图案填充和渐变色”对话框中可以设置类型和图案、角度和比例、图案填充原点、边界和其他选项功能。其中各个含义分别如下。

图 6-36 “图案填充和渐变色”对话框

1. 类型和图案

设置填充的图案类型和填充图案，类型下拉列表框中包括“预定义”、“用户定义”和“自定义”3 个选项，其含义如下。

（1）预定义：预定义填充图案是由 AutoCAD 系统提供的，选择“预定义”项后，系统将在“图案”和“样例”下拉列表中，分别给出预定义填充图案的名称和相应的图案，用户也可以单击“图案”下拉列表框右侧的…按钮，弹出如图 6-37 所示的“填充图案选项卡”对话框，来查看所有预定义的预览图案。

对于“预定义”选项用户可以通过“角度”和“比例”项来改变填充图案的角度和比例大小，从而得到更多样式的图案。

图 6-37 “填充图案选项卡”对话框

（2）用户定义：该类型是基于图形的当前线型创建的直线和填充图案。选择“用户定义”项后，可以通过“角度”和“间距”项来控制用户定义图案中的角度和直线间距。

（3）自定义：可以使用当前线型来定义自己的填充图案，或创建更复杂的填充图案。

2. 角度和比例

在“角度和比例”选项组中，可以设置用户定义类型的图案填充的角度和比例等参数，主要选项的含义如下。

（1）角度：设置填充图案的旋转角度，每种图案在定义时的旋转角度都为零。

（2）比例：设置图案填充时的比例值。每种图案在定义时的初始比例为 1，可以根据需要放大或缩小。在“类型”下拉列表框中选择“用户自定义”时，该选项不可用。

（3）双向：当在“图案填充”选项卡中的“类型”下拉列表框中选择“用户定义”选项时，勾选该复选框，可以使用相互垂直的两组平行线填充图形，否则为一组平行线。

（4）相对图纸空间：设置比例因子是否为相对于图纸空间的比例。

（5）间距：设置填充平行线之间的距离，当在“类型”下拉列表框中选择“用户自定义”时，该选项才可用。

（6）ISO 笔宽：设置笔的宽度，当填充图案采用 ISO 图案时，该选项才可用。

3. 图案填充原点

在“图案填充原点”选项组中，可以设置图案填充原点的位置，因为许多图案填充需要对齐填充边界上的某一个点。主要选项的含义如下。

（1）使用当前原点：可以使用当前 UCS 的原点（0,0）作为图案填充原点。

（2）指定的原点：可以通过指定点作为图案填充原点。其中，单击【单击以设置新原点】按钮，可以从绘图窗口中选择某一点作为图案填充原点；勾选【默认为边界范围】复选框，可以以填充边界的左下角、右下角、右上角、左上角或圆心作为图案填充原点；勾选【存储为默认原点】复选框，可以将指定的点存储为默认的图案填充原点。

4. **边界**

在“边界”选项组中，包括【拾取点】和【选择对象】等按钮，其含义如下。

（1）拾取点：以拾取点的形式来指定填充区域的边界。单击该按钮切换到绘图窗口，可在需要填充的区域内任意指定一点，系统会自动计算出包围该点的封闭填充边界，同时亮显该边界。如果在拾取点后系统不能形成封闭的填充边界，则会显示错误提示信息。

（2）选择对象：单击该按钮将切换到绘图窗口，可以通过选择对象的方式来定义填充区域的边界。

（3）删除边界：单击该按钮可以取消系统自动计算或用户指定的边界。

（4）重新创建边界：重新创建图案填充边界。

（5）查看选择集：查看已定义的填充边界。单击该按钮，切换到绘图窗口，已定义的填充边界将亮显。

5. **其他选项含义**

在“选项”选项组中，【关联】复选框用于创建其边界时随之更新的图案和填充；【创建独立的图案填充】复选框用于创建独立的图案填充；“绘图次序”下拉列表框用于指定图案填充的绘图顺序，图案填充可以放在图案填充边界及所有其他对象之后或之前。

此外，单击【继承特性】按钮，可以将现有图案填充或填充对象的特性应用到其他图案填充或填充对象；单击【预览】按钮，可以使用当前图案填充设置显示当前定义的边界，单击图形或按【Esc】键返回对话框，单击、右击或按【Enter】键接受图案填充。

使用“图案填充”命令填充如图 6-38 所示（a）图形中的五角星为红色，如图 6-38（b）所示图形。

（a）　　　　（b）

图 6-38　填充图案

操作方法如下。

（1）选择【绘图】|【图案填充】命令，弹出如图 6-39 所示对话框，单击“图案”下拉列表框右侧的…按钮，选择“其他预定义”下的 SOLID。

（2）选择“样例”下拉列表中的红色，如图 6-40 所示。

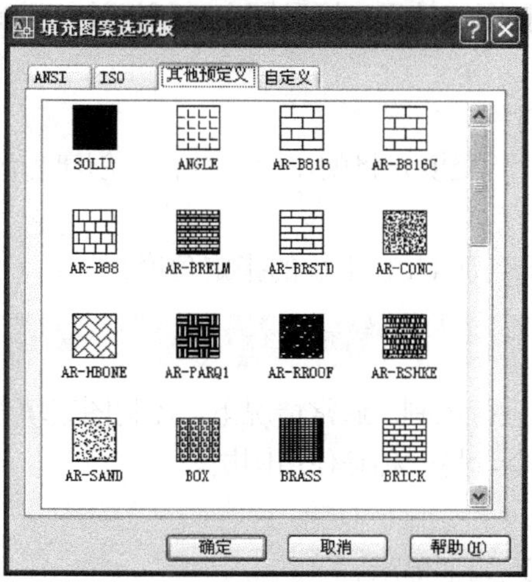

图 6-39　“填充图案选项卡”对话框

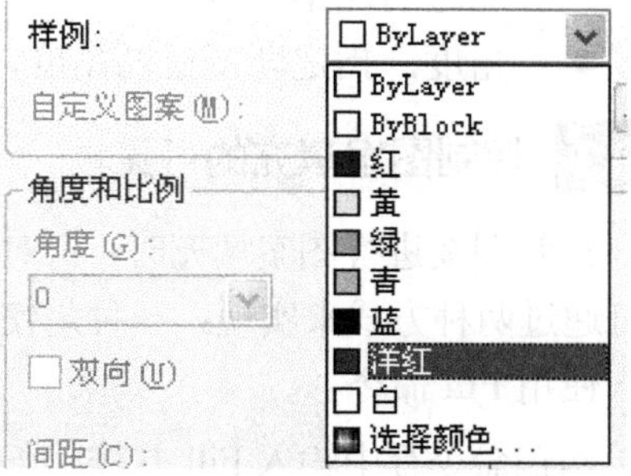

图 6-40　“样例”选项卡

（3）选择“选项”中的“绘图次序”中的“置于边界之前”；点击“边界”中的“拾取点”选择五角星，鼠标右击，点击【确定】即可。

6.9.2 使用渐变色填充

在“图案填充和渐变色”中，点击“渐变色” 选项卡，出现如图 6-41 所示的对话框。各选项的含义如下。

（1）颜色：控制是使用淡色还是双色简便填充。

- 单色：指定使用从较深着色到较浅色调过度的单色填充。
- 双色：指定在两种颜色之间平滑过度双色渐变色。

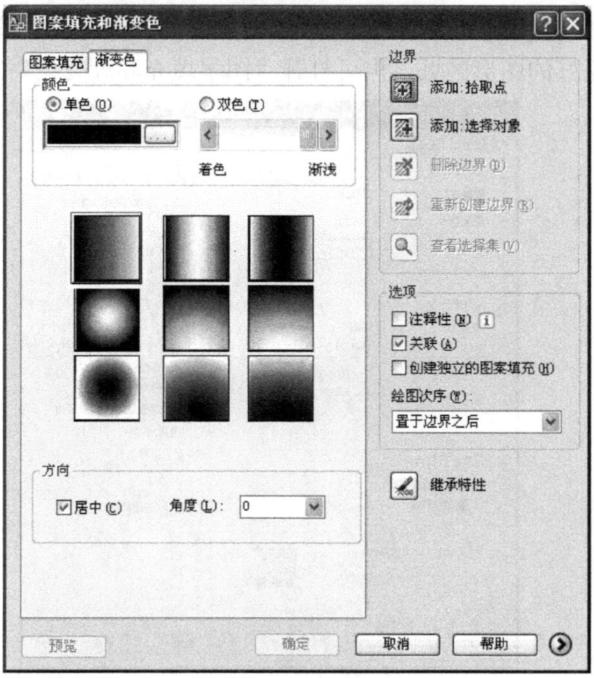

图 6-41　“渐变色”选项卡

（2）渐变图案：显示用于渐变填充的 9 种图案效果。这种图案包括线性扫描掠状、球状和抛物面图案，使用时可以选择一种。

（3）方向：指定渐变色的角度以及是否对称。

- 居中：将指定对称的渐变配置，否则渐变填充将朝左上方变化，创建光源在对象左边的图案。
- 角度：指定渐变色的角度，即相对于当前 UCS 坐标的指定角度。

6.9.3 控制图案填充的可见性

在对图案进行图案填充时，可对其可见性进行控制。通常情况下，控制图案填充的可见性可通过两种方式来实现：一种是使用 Fill 命令，另一种是使用图层。

使用 Fill 命令：

当在命令行中输入 Fill 并按回车键时，出现如下提示。

输入模式[开（ON）|关（OFF）]<ON>:

在该命令下输入 OFF 并按回车键。当在对图形进行图案填充时，填充的图案将不可见。

使用图层：

通常情况下，将填充图案单独放在一个图层上。这样，控制图层的可见性就可控制图案填充的可见性。关闭或冻结图层可以是该图层上的填充图案不可见。

6.9.4 编辑填充的图案

创建了图案填充后，如果需要修改填充图案或修改图案区域的边界，都可以在“图案填充和渐变色”对话框中进行编辑，如图 6-42 所示。在 AutoCAD 中，启动该对话框通常有如下两种方式。

- 选择【修改】|【对象】|【图案填充】命令，或在命令行中输入 HATCHEDIT 命令。
- 双击填充好的图形区域，也可打开“图案填充和渐变色”对话框中进行编辑。

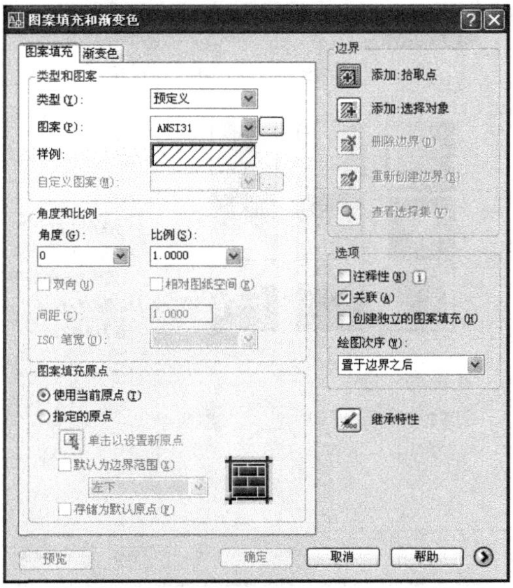

图 6-42 “图案填充和渐变色”对话框

6.9.5 分解填充的图案

填充的图案是一种特殊的块。无论图案的形状多么复杂，它都可以作为一个单独的对象。在 AutoCAD 中，使用如下两种方式可以分解图案填充。

- 单击“修改”工具栏中的【分解】按钮。
- 在命令行中输入 EXPLODE 命令。

6.10 样题解答

教学资源：本样题的图文解答详见光盘根目录下的“样题解答”目录。

本样题的视频解答请访问高新考试教材服务网站（www.citt.org.cn）教材专区中的“计算机辅助设计模块网络服务”。

机械类：《试题汇编》第四单元 4.4 题。

操作步骤：

（1）选择【格式】|【图形界限】命令，设置图形界限为 300 mm×400 mm。选择【视图】|【缩放】|【全部】命令，显示图形范围。

（2）单击“图层”工具栏中的【图层特性管理器】按钮，打开“图层特性管理器”对话框。单击对话框中的【新建】按钮，建立一个新图层，名称为“辅助线”，颜色为绿色，其余参数均为默认值。将该图层置为当前。

（3）单击直线工具，在绘图区底部绘制水平辅助线。

（4）单击复制工具，将水平辅助线垂直向上复制，距离分别为 11.5、24、44、94、109、124、174、148.5、176.5。

（5）单击直线工具，在绘图区左侧绘制垂直辅助线。

（6）单击复制工具，将垂直辅助线水平向右复制，距离分别为 65、88、100、121、119、140.5、159、163、188。

（7）单击“图层”工具栏中的【图层特性管理器】按钮，打开“图层特性管理器”对话框。单击对话框中的【新建】按钮，建立一个新图层，名称为“轮廓线”，线型为“Continuous”，线宽为“0.5 mm”，其余参数均为默认值。将该图层置为当前。

（8）单击直线工具，打开对象捕捉功能，捕捉辅助线绘制图形。

（9）根据样图绘制圆弧，圆弧半径分别为：R=11.5、R=15，其余为 R=11。

（10）根据样图修改图形，单击直线工具绘制倾斜角，角度为 42°。

（11）选择【格式】|【线宽】命令，选中“显示线宽”选项。

（12）单击“图层”工具栏中的【图层特性管理器】按钮，打开“图层特性管理器”对话框。关闭“辅助线”图层。

（13）单击“图层特性管理器”对话框中的【新建】按钮，建立一个新图层，名称为“图案填充”。将该图层置为当前。

（14）选择【绘图】|【图案填充】命令，使用剖面线对图中的部分区域进行填充，“剖面线”线宽为“0.2 mm”，图案为“ANSI31”，填充比例为“1∶1”。

（15）选择【视图】|【缩放】|【全部】命令，将完成的图形以“全部缩放”的形

式显示。

（16）选择【文件】|【保存】命令，以 KSCAD4-4.dwg 为文件名保存在考生文件夹中。

建筑类：《试题汇编》第四单元 4.21 题。

操作步骤：

（1）选择【格式】|【图形界限】命令，设置图形界限为 200 mm×300 mm。选择【视图】|【缩放】|【全部】命令，显示图形范围。

（2）单击“图层”工具栏中的【图层特性管理器】按钮，打开“图层特性管理器”对话框。单击对话框中的【新建】按钮，建立一个新图层，名称为“门窗”，颜色为蓝色，线型为“Continuous”，线宽均为“0.5 mm”，其余参数均为默认值。

（3）单击“图层特性管理器”对话框中的【新建】按钮，建立一个新图层，名称为“墙线”，颜色为黑色，线型为“Continuous”，线宽均为“0.5 mm”，其余参数均为默认值。

（4）设置“0”图层的颜色为白色，线型为“Continuous”，线宽为“0.5 mm”，其余参数为默认值。

（5）单击“图层”工具栏中的【图层特性管理器】按钮，打开“图层特性管理器”对话框。单击对话框中的【新建】按钮，建立一个新图层，名称为“辅助线”，颜色为绿色，其余参数均为默认值。将该图层置为当前。

（6）单击直线工具，在绘图区底部绘制水平辅助线。

（7）单击复制工具，将水平辅助线垂直向上复制，距离分别为 4800、5400、5560、6260、6600、7200、10800。

（8）单击直线工具，在绘图区左侧绘制垂直辅助线。

（9）单击复制工具，将垂直辅助线水平向右复制，距离分别为 800、1100、2900、3200、4000、4900、5300、6700、7600。

（10）单击“图层”工具栏中的【图层特性管理器】按钮，打开“图层特性管理器”对话框。将“墙线”图层置为当前。

（11）打开对象捕捉功能，单击多线工具，设置对其方式为“无”，捕捉辅助线绘制墙线和楼梯间。

（12）单击“图层”工具栏中的【图层特性管理器】按钮，打开“图层特性管理器”对话框。将“门窗”图层置为当前。

（13）选择【格式】|【多线】命令，设置多线样式为 4 条多线，单击多线工具，设置对其方式为：无，捕捉辅助线绘制窗户。

（14）使用直线和圆弧工具绘制门。

（15）选择【绘图】|【块】|【创建块】命令，将门创建成图块，根据样图所示插入合适位置。

（16）选择【格式】|【线宽】命令，选中“显示线宽”选项。将墙宽设置为“240 mm”。

（17）单击“图层”工具栏中的【图层特性管理器】按钮，打开“图层特性管理器”对话框。关闭“辅助线”图层。

（18）选择【视图】|【缩放】|【全部】命令，将完成的图形以“全部缩放”的形

式显示。

（19）选择【文件】|【保存】命令，以 KSCAD4-21.dwg 为文件名保存在考生文件夹中。

土木工程类：《试题汇编》第四单元 4.33 题。

操作步骤：

（1）选择【格式】|【图形界限】命令，设置图形界限为 1000 mm×1000 mm。选择【视图】|【缩放】|【全部】命令，显示图形范围。

（2）单击“图层”工具栏中的【图层特性管理器】按钮，打开“图层特性管理器”对话框。单击对话框中的【新建】按钮，建立一个新图层，名称为“DOTE”，颜色为红色，线型为“Continuous”，线宽为“0.3 mm”。

（3）单击“图层特性管理器”对话框中的【新建】按钮，建立一个新图层，名称为“混凝土”，颜色为黑色，线型为“Continuous”、线宽为“0.5 mm”。

（4）单击“图层特性管理器”对话框中的【新建】按钮，建立一个新图层，名称为“草地”，颜色为绿色，其余参数均为默认值。

（5）单击“图层”工具栏中的【图层特性管理器】按钮，打开“图层特性管理器”对话框。单击对话框中的【新建】按钮，建立一个新图层，名称为“辅助线”，颜色为绿色，其余参数均为默认值。将该图层置为当前。

（6）单击直线工具，在绘图区底部绘制水平辅助线。

（7）单击复制工具，将水平辅助线垂直向上复制，距离分别为 500、1000、2700、3180、4430、4730。

（8）单击直线工具，在绘图区左侧绘制垂直辅助线。

（9）单击复制工具，将垂直辅助线水平向右复制，距离分别为 500、1000、1400、2280、2600、3101、3600。

（10）单击“图层”工具栏中的【图层特性管理器】按钮，打开“图层特性管理器”对话框。将“混凝土”图层置为当前。

（11）打开对象捕捉功能，单击“多段线”工具绘制轮廓线。

（12）单击“图层”工具栏中的【图层特性管理器】按钮，打开“图层特性管理器”对话框。将“DOTE”图层置为当前。

（13）绘制样图中的填充物，选择【绘图】|【图案填充】命令，填充 “AR-B816C”图案，其余部分使用多段线工具进行近似绘制。

（14）选择【格式】|【文字样式】命令，新建文字样式，参数设置为：字体“仿宋_GB2312”，字高为“25”，比例为“0.8”。

（15）选择【绘图】|【文字】|【单行文字】命令，参照样图标注文字。

（16）单击“图层”工具栏中的【图层特性管理器】按钮，打开“图层特性管理器”对话框。将“草地”图层置为当前。

（17）关闭对象捕捉功能，选择多段线工具，在“草地”图层上绘制图示中的草，选择【绘图】|【图案填充】命令，选择“EARTH”图案填充底部。

（18）选择【格式】|【线宽】命令，选中“显示线宽”选项。

（19）单击“图层”工具栏中的【图层特性管理器】按钮，打开“图层特性管理器”对话框。关闭“辅助线”图层。

（20）选择【视图】|【缩放】|【全部】命令，将完成的图形以“全部缩放”的形式显示。

（21）选择【文件】|【保存】命令，以 KSCAD4-38.dwg 为文件名保存在考生文件夹中。

6.11 习题

一、填空题

1．图块是____________；图块可分为____________和____________。

2．创建外部图块的命令为____________。

3．block 命令用于由一个或多个对象创建____________并按指定名称保存。

二、简答题

1．列出图层中各状态的属性。

2．绘图时，应如何设置图层。

三、操作题

1．绘制五角星形状，将该形状创建为外部图块，并插入块。

2．创建一个内部图块，并定义块属性。

第7章　尺寸标注与文字

文字主要用于表达 AutoCAD 图形中的一些重要信息。在 AutoCAD 2007 中可以为图形创建单行和多行文字，单行文字的每一行为一个单独的对象，多行文字的一个对象则可包含多行或多个段落。

尺寸标注是绘图设计的一项重要内容，因为图形主要用来反映各种对象的形状，而面对对象的真实大小和相互之间的位置关系只有在标注尺寸后才能确定。

标注是向图形中添加测量注释的过程。用户可以为各种对象沿各个方向创建标注。

本章主要技能考核点

- 打开文件：正确打开文件。
- 设置尺寸标注样式：正确地设置尺寸标注样式，要求标注样式中各参数设置合理。
- 标注尺寸：按给定图形的要求标注尺寸，要求尺寸标注符合制图要求。
- 修饰尺寸：将尺寸标注线进行修饰至合理。
- 文字参数设置：设置合理的文字参数，包括文件大小、字型等各种参数。
- 保存：以给定的文件名保存文件至指定文件夹中。

评分细则

本章有 6 个评分点，题目总分为 12 分。

序号	评分点	分值	得分条件	判分要求
1	打开文件	1	正确打开文件	打开文件即得分
2	标注样式设置	2	设置标注样式合理	符合打开图形的要求
3	标注尺寸	4	标注符合制图要求	错一处扣 0.5 分，扣完为止
4	文字样式设置	2	正确设置文字样式	不合理时扣分
5	文字标注	2	合理标注文字	不合理时扣分
6	保存文件	1	文件名、扩展名、保存位置	必须全部正确才得分

本章导读

本章主要介绍 AutoCAD 2007 中文字的输入、编辑、修改、查找和替换、文字样式设置等文本的相关操作，以及尺寸标注样式的使用方法。通过学习掌握相关操作后可为普通零件图、装配图和建筑图添加尺寸标注和文字说明。

7.1　样题示范

【练习目的】

通过操作练习，掌握文字的输入和编辑方法以及尺寸标注的创建和修改方法。能够准确、详尽和清晰地为图形添加文本信息和标注尺寸。

【样题来源】

机械类：《试题汇编》第五单元 5.3 题。

建筑类：《试题汇编》第五单元 5.26 题。

土木工程类：《试题汇编》第五单元 5.36 题。

【操作要点】

机械类：添加直径、半径标注，需打开对象捕捉，确保数字准确。标注文字可使用右键快捷菜单修改显示内容。

（1）标注图层。

（2）标注样式设置合理，标注准确。

（3）标注完成后根据需要修改标注的位置，使其分布合理。

建筑类：建筑类图形标注多以线性标注为主，表现高度和宽度。添加标注时需注意起始点和结束点的位置，避免邻近的辅助线出现错误。

（1）新建标注图层。

（2）打开辅助图层，参照辅助线标注。

（3）标注完成后根据需要修改标注的位置，使其分布合理。

土木工程类：土木工程类图形添加标注时较为复杂，通常需要标注的有：线性标注、引线等，除数字标注外还需要准确的文字说明。

（1）新建标注图层。

（2）图层、标注样式设置合理。

（3）标注完成后根据需要修改标注文本信息。

【操作要求】

机械类：

1. 建立标注图层：将素材文件 CADST5-3.dwg（“光盘:\素材文件\CAD2007\”目录下）复制到考生文件夹中，并在考生文件夹中打开该文件。建立尺寸标注图层，图层名称为“DIM”，颜色为红色，线型为“Continuous”，线宽为“0.30 mm”。

2. 标注样式设置：新建样式名为“标准”的标注样式，文字高度为“4”，字体名为“仿宋_GB2312”，倾斜角度为 15°，字体颜色为红色，箭头大小为“5”，尺寸界线超出尺寸线为“2.5”，起点偏移量为“0”，调整为“文字或箭头（最佳效果）”，优化采用“手动放置文字”，其余参数均为默认设置。

3. 文字样式设置：新建样式名为“文字”的文字样式，字体选用“仿宋_GB2312”，字体样式为“常规”，文字高度为“5”，宽度比例为“0.8”，倾斜角度为 15°，其余参数均为默认设置。

4. 精确标注尺寸与文字：按图 7-1 所示的尺寸要求标注，并将所有标注编辑在“DIM”图层上。

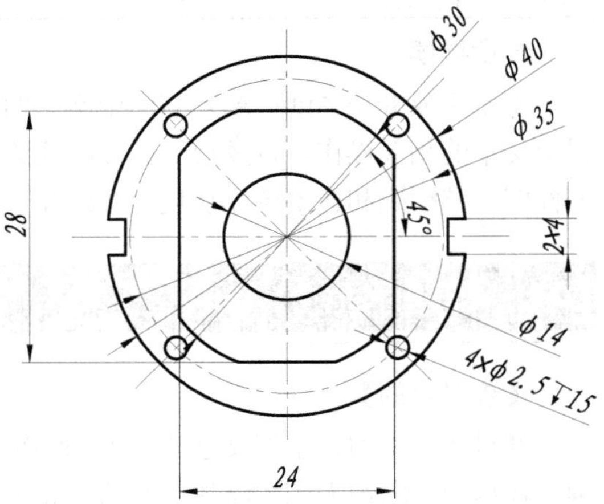

图 7-1　机械类题目最终效果图

5. 保存文件：将完成的图形以“全部缩放”的形式显示，并以 KSCAD5-3.dwg 为文件名保存在考生文件夹中。

建筑类：

1. 建立标注图层：将素材文件 CADST5-26.dwg（“光盘:\素材文件\CAD2007\”目录下）复制到考生文件夹中，并在考生文件夹中打开该文件。建立尺寸标注图层，图层名称为“DIM”，颜色为绿色，线型为“Continuous”，线宽为默认。

2. 设置尺寸标注样式：新建样式名为“标准”的标注样式，文字高度为“300”，字体名为“isocp.shx”，箭头样式为“建筑标记”、大小为“100”，尺寸界线超出尺寸线为“10”，起点偏移量为“50”，文字位置偏移尺寸线为“50”，设置主单位为“整数”。调整为“文字或箭头（最佳效果）”，优化采用“手动放置文字”，其余参数均为默认设置。

3. 文字样式设置：新建样式名为“文字”的文字样式，字体选用“仿宋_GB2312”，字体样式为“常规”，文字高度为“250”，字体颜色为黑色，宽度比例为“0.7”，其余参数均为默认设置。

4. 精确标注尺寸与文字：按图 7-2 所示的尺寸与文字要求标注，并将所有标注编辑在“DIM”图层上。

5. 保存文件：将完成的图文以“全部缩放”的形式显示，并以 KSCAD5-26.dwg 为文件名保存在考生文件夹中。

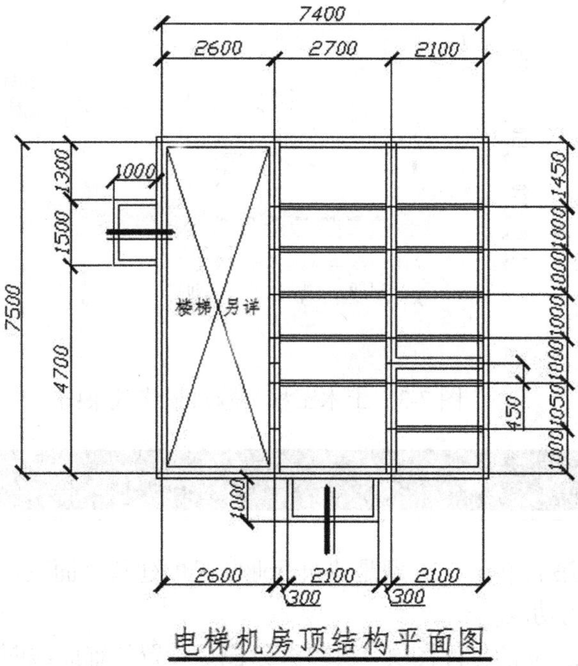

图 7-2　建筑类题目最终效果图

土木工程类：

1. 建立标注图层：将素材文件 CADST5-36.dwg（“光盘:\素材文件\CAD2007\”目录

下）复制到考生文件夹中，并在考生文件夹中打开该文件。建立尺寸标注图层，图层名称为“Dimension”，颜色为绿色，线型为“Continuous”，线宽为默认。

2. 标注样式建立：新建样式名为“标准”的标注样式，文字高度为“300”，字体名为“仿宋_GB2312”，宽度比例为“0.8”，箭头样式为“建筑标记”、大小为“100”，尺寸界线超出尺寸线为“150”，其余参数均为默认设置。

3. 文字样式设置：新建样式名为“ROMANC”的文字样式，字体选用“仿宋_GB2312”，字体样式为“常规”，文字高度为“300”，宽度比例为“0.8”，无填充颜色，其余参数均为默认设置。

4. 精确标注尺寸与文字：按图 7-3 所示的尺寸与文字进行标注，修改部分尺寸值和尺寸线，使其与图示结果相同，并将所有标注编辑在“Dimension”图层上。

5. 保存文件：将完成的图文以“全部缩放”的形式显示，并以 KSCAD5-36.dwg 为文件名保存在考生文件夹中。

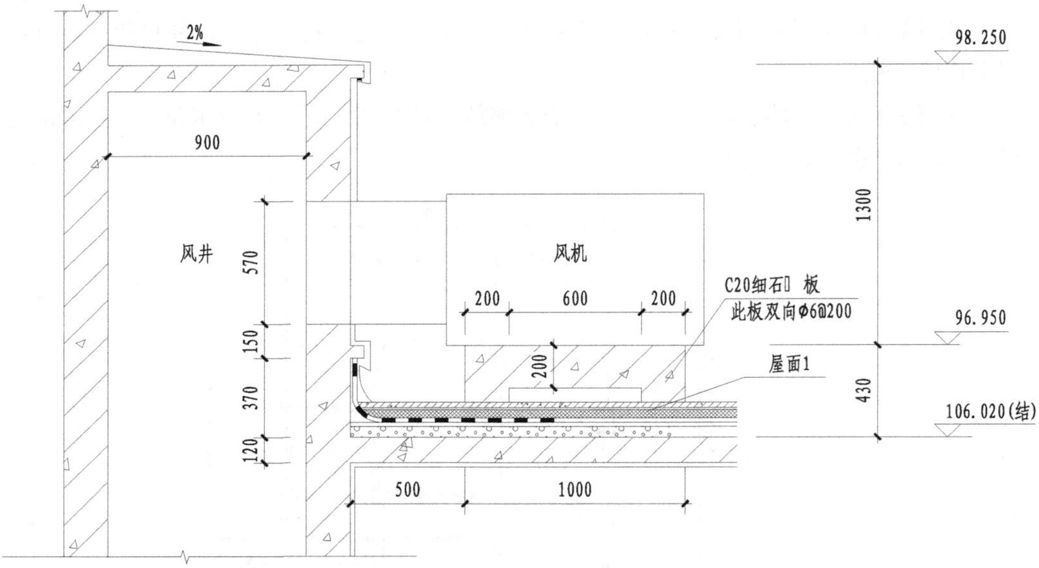

图 7-3　土木工程类题目最终效果图

7.2 样题分析

《试题汇编》第五单元 5.26 题是建筑行业常见的建筑平面图，为此类图形添加尺寸标注是 AutoCAD 常用功能之一。

首先需要建立独立的标注图层，并打开绘图是设置的辅助线图层，再根据需要添加线性标注。

在解答本题时将要使用“标注样式”、“文字样式”和“线性标注”等命令。

本章介绍的知识点包含了解答本题时所需要的相关操作技能。

7.3 文字样式

文字样式是控制文字基本形状的一组设置，选择【格式】|【文字样式】命令，或使用 STYLE 命令均可打开“文字样式”对话框，修改已有样式或定义需要的文字样式。

7.3.1 创建文字样式

下面以实例来说明文字样式的创建方法。

（1）选择【格式】|【文字样式】命令，打开“文字样式”对话框，如图 7-4 所示。使用 STYLE 命令也可打开“文字样式”对话框，定义需要的文字样式或修改已有样式。

对话框中主要参数的含义如下。

- 样式名：显示文字样式名、添加新样式以及重命名和删除现有样式。列表中包括已定义的样式名并默认显示当前样式。要更改当前样式，请从列表中选择另一种样式，或单击【新建】按钮以创建新样式。样式名称可长达 255 个字符，包括字母、数字以及特殊字符，例如，美元符号（$）、下划线（_）和连字符（-）。但不能包含空格。
- 新建：显示“新建文字样式”对话框并为当前设置自动提供“样式 n”名称（其中 n 为所提供样式的编号）。可以采用默认值或在该框中输入名称，然后选择【确定】使新样式应用为当前样式设置。
- 重命名：显示“重命名文字样式”对话框。输入新名称并选择【确定】后，就可重命名方框中所列出的样式。
- 删除：删除文字样式。从列表中选择一个样式名将其设置为当前，然后选择【删除】。
- 文本度量：修改高度、宽度比例以及倾斜角。
- 文本字体：修改或编辑文本的字体样式。
- 文本效果：修改字体的特性，例如是否颠倒显示、反向或垂直对齐。
- 文本预览：随着字体的改变和效果的修改，动态显示样例文字。

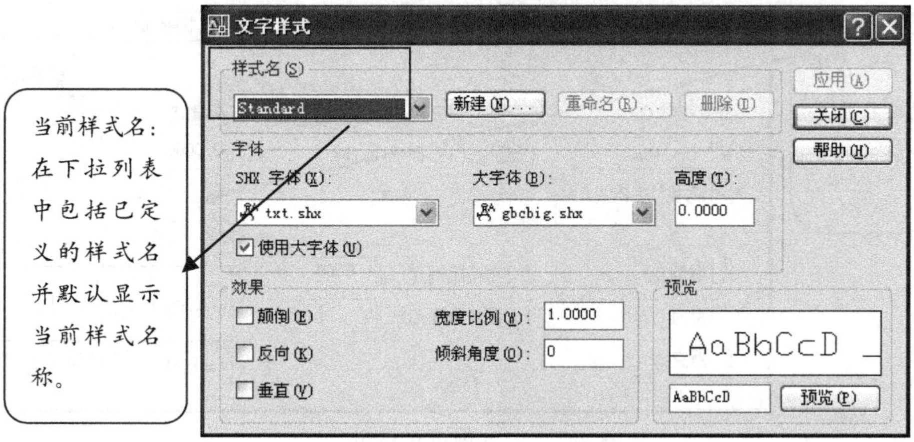

图 7-4 “文字样式”对话框

（2）单击【新建】按钮，打开“新建文字样式”对话框，在“样式名”文本框中输入样式名“文字”，如图 7-5 所示。

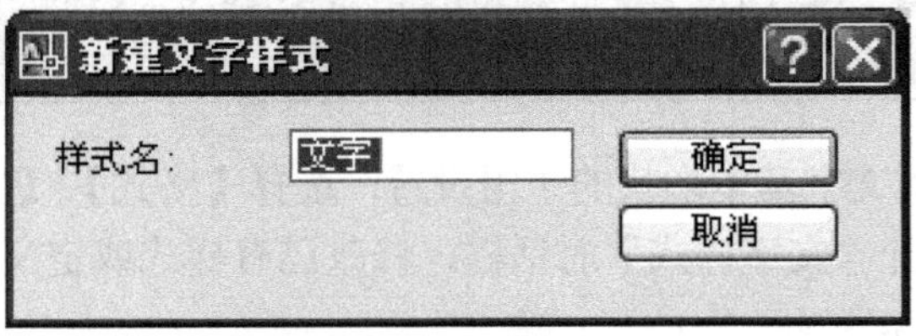

图 7-5　新建文字样式

（3）单击【确定】按钮，返回“文字样式”对话框，可以看到当前样式名显示为“文字”，如图 7-6 所示。

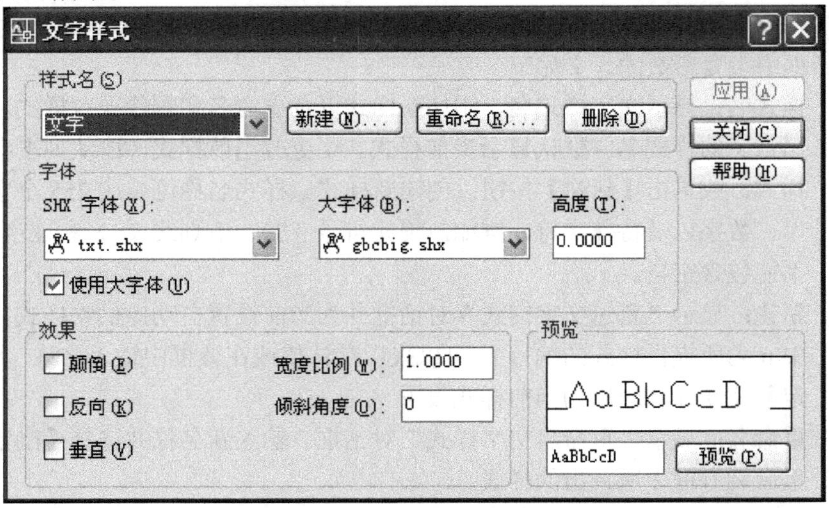

图 7-6　“文字样式”对话框

（4）接下来设置文字字体：在“字体名”下拉列表中选择文本的字体名称为“仿宋_GB2312”，指定字形为“常规”，如图 7-7 所示。

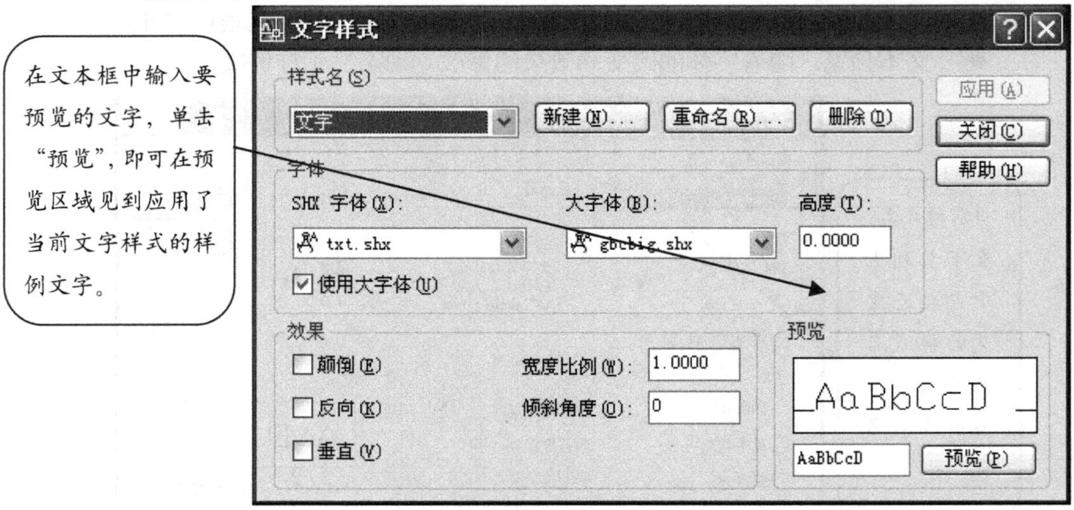

图 7-7　文本预览对话框

（5）设置文字的高度为“5”，其余参数为默认设置，如图 7-8 所示。

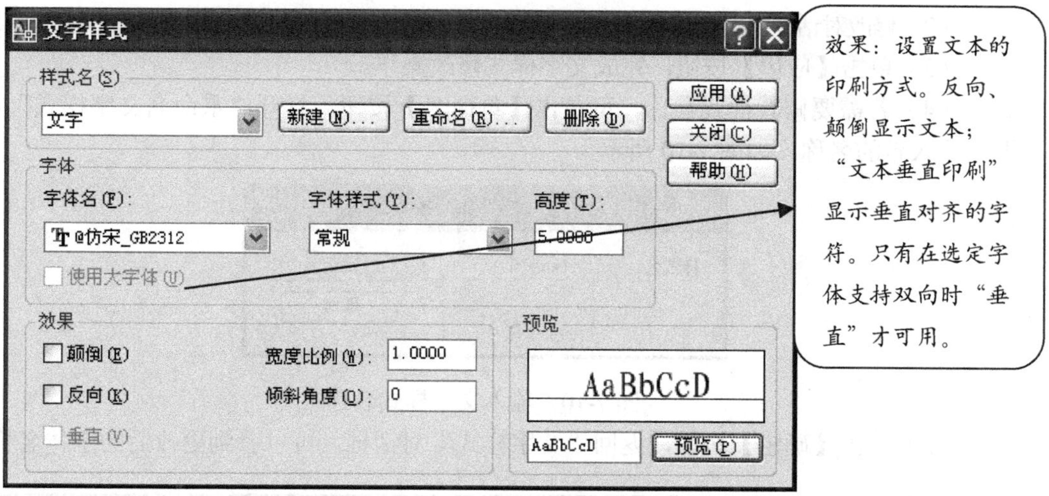

图 7-8　“文本样式”对话框

（6）单击【应用】按钮，将当前设置应用到当前图形中具有此样式的文字内容。

7.3.2 修改文字样式

文字样式创建完成后，如果不满意还可以重新修改，下面以实例来介绍修改文字样式的方法。

（1）选择【格式】|【文字样式】命令，打开“文字样式”对话框，如图 7-9 所示。文字样式修改完后如果没有单击【应用】按钮，在当前样式名下拉菜单中选择其他的样式名，此时 AutoCAD 会弹出询问对话框，提示当前样式已被修改是否保留。

文本度量主要参数的含义如下。

- 文本高度：若指定的高度值为 0，那么每次用该样式输入文字时，系统都将提示指定文字高度。在相同的高度设置下，TrueType 字体显示的高度要小于 SHX 字体。
- 宽度比例：设置字符的间距。若设定的宽度比例小于 1，将压缩文字。大于 1 则扩大文字。
- 倾斜角度：设置文字的倾斜角度，此角度的取值范围为-85～85。

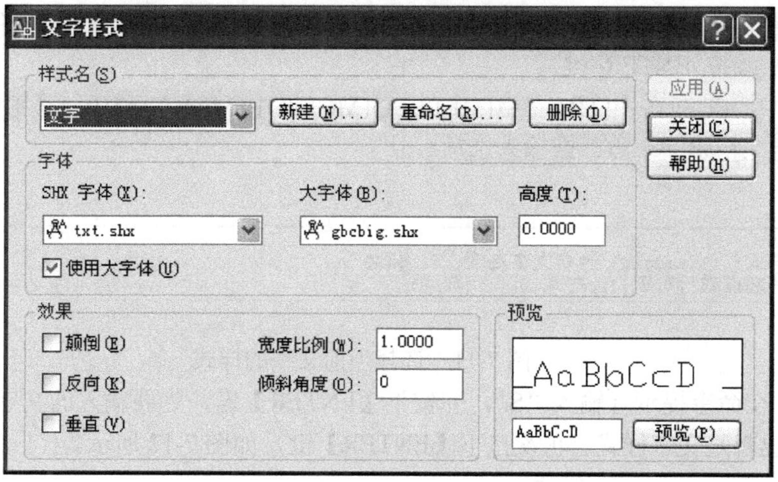

图 7-9　“文字样式”对话框

（2）修改对话框中的参数：设置字体名为“Garamond”，字型为“Bold”，倾斜角度为 15°。

（3）单击【应用】按钮，完成文字样式修改操作。

（4）若需要修改样式名称，可单击【重命名】按钮，打开“重命名文字样式”对话框，输入新的名称，如图 7-10 所示。

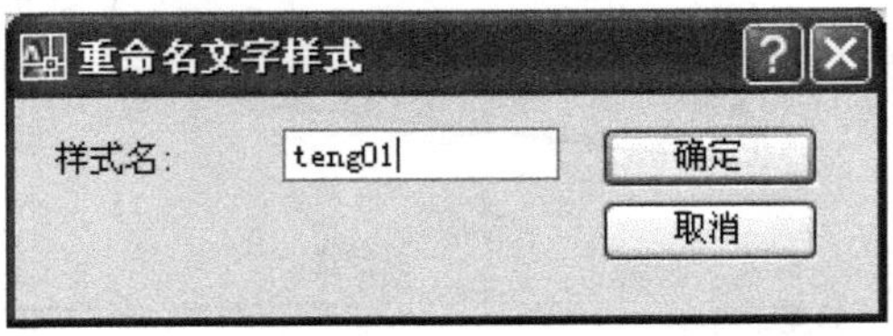

图 7-10　输入文字样式名称

（5）单击【确定】按钮，返回“文字样式”对话框，可以看到更改后的字体名称。

7.4　标注文字

文字是图形中不可缺少的一部份，它可以表达许多重要的非图形信息。标注文字分为单行文本（Single Line Text）和段落（Multiline Text）两种类型。对于简短信息，可以使用单行文本；对于带有段落格式的信息，如：使用说明和工艺流程等，则应使用段落文本。

7.4.1　单行文字

在 AutoCAD 2007 中可以为图形创建单行文字和多行文字，单行文字命令用于添加单行的文字信息，需要在命令行中对文字的字体、大小、角度等进行设置。

下面以实例说明操作方法。

（1）选择【绘图】|【文字】|【单行文字】命令，在命令行中将出现相关参数，如图 7-11 所示。命令行信息如下。

文字:样式(S)/对齐(A)/拟合(F)/中心(C)/中间(M)/右边(R)/调整(J)/<起点>: 指定一个点，或输入选项。

? 列出有效的样式/<文字样式><当前>: 输入文字样式名，或输入 ? 列出所有可用的文字样式，或按 ENTER 键。

顶部中心(TC)/右中(TR)/左中(ML)/中心(MC)/右中(MR)/左下(BL)/底部中心(BC)/右下(BR)/<起点>:指定一个点，或输入选项。

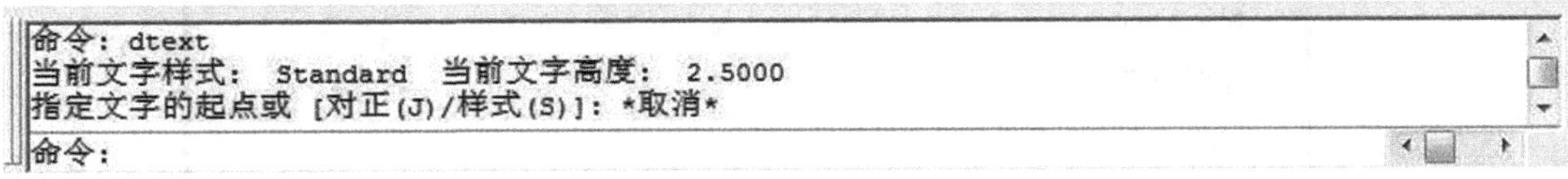

图 7-11　选择当前文字的样式

（2）在命令提示行输入“S”，并按下【ENTER】键，为要输入的文字对象指定文字的外观，也就是文字样式。再次按下【ENTER】键，如图 7-12 所示。

```
命令: dtext
当前文字样式:  Standard  当前文字高度:  2.5000
指定文字的起点或 [对正(J)/样式(S)]: s
输入样式名或 [?] <Standard>:
```

图 7-12　输入样式

（3）在命令提示行输入“J”，之后按下【ENTER】键，调整文字对象的对齐方式，如图 7-13 所示。

```
输入样式名或 [?] <Standard>: *取消*
指定文字的起点或 [对正(J)/样式(S)]: j 输入选项
[对齐(A)/调整(F)/中心(C)/中间(M)/右(R)/左上(TL)/中上(TC)/右上(TR
)/左中(ML)/正中(MC)/右中(MR)/左下(BL)/中下(BC)/右下(BR)]:
```

图 7-13　选择调整

（4）在列出的对齐方式中选择一个对齐方式，输入其右侧括号中的大写字母，如：MC，并按下【ENTER】键。

（5）命令提示行提示输入：文字的中心点，用鼠标在屏幕上单击捕捉一点。

（6）命令提示行提示输入：文字旋转角度，默认为 0 度。

（7）直接按下【ENTER】键，使用默认设置。

（8）此时进入到文字输入状态，屏幕上出现了一个大写字母 I 的光标，如图 7-14 所示。

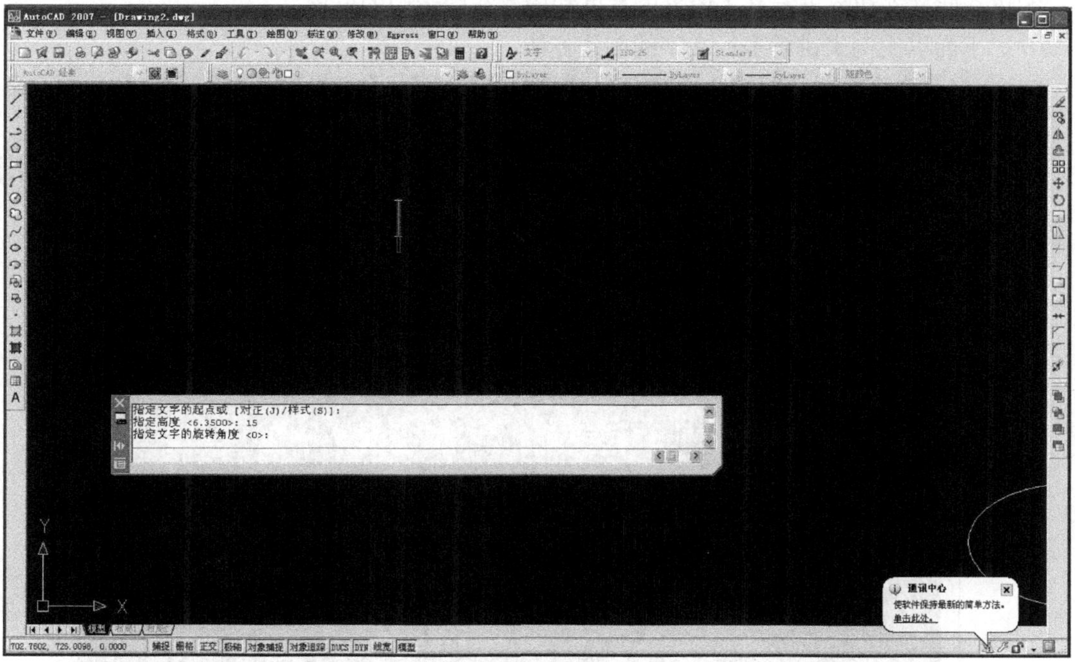

图 7-14　屏幕上显示光标

（9）输入需要的文字，可看到相关的设置效果，如图 7-15 所示。

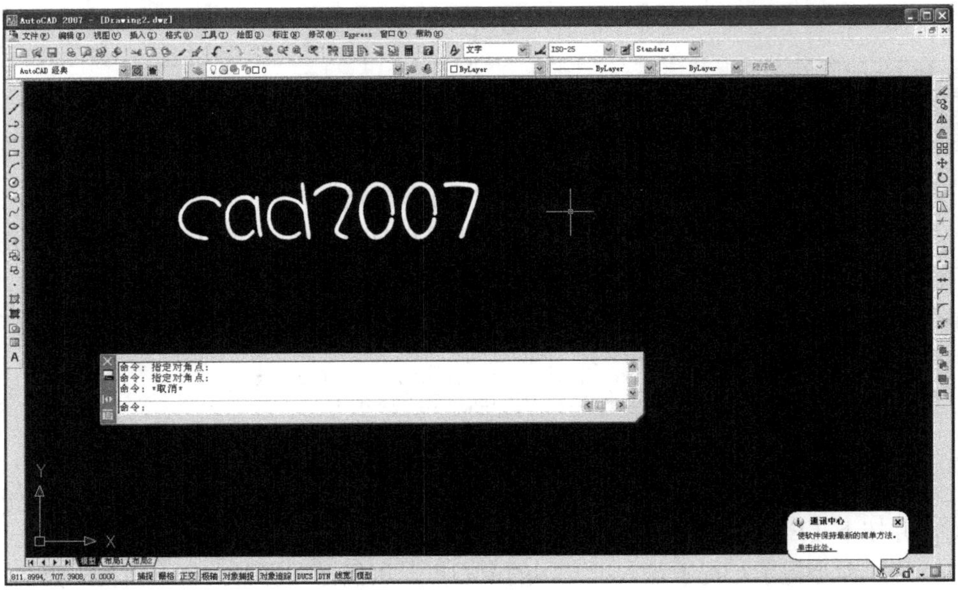

图 7-15　文字效果

7.4.2 多行文字

多行文字命令可在绘图区域用户指定的文本边界框内输入文字内容，并将其视为一个实体。此文本边界框定义了段落的宽度和段落在图形中的位置。

下面以实例来讲解多行文字的创建方法。

（1）在命令提示行输入 MTEXT 或选择【绘图】|【文字】|【多行文字】命令，命令提示行提示输入“字块第一点”。

（2）鼠标在屏幕上单击拾取一点，命令提示行提示输入“对角点”，移动鼠标可看到一个矩形框，如图 7-16 所示。

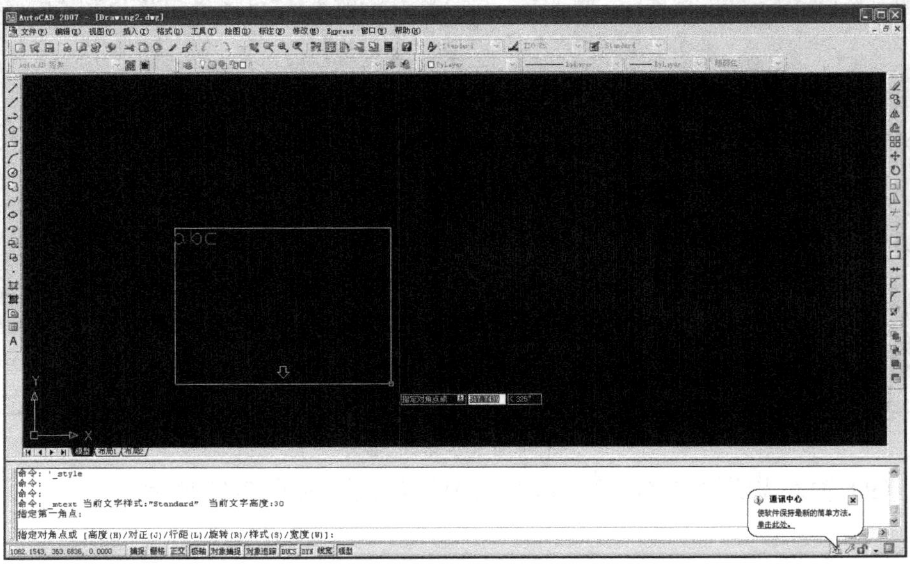

图 7-16　指定对角点

（3）移动到合适大小，单击鼠标确定。打开“文字格式”工具栏（文字编辑器），使用该工具栏可为图形标注任意行数的段落文本，如图 7-17 所示。

图 7-17 “文字格式”对话框

（4）拖动对话框上方水平标尺右侧的三角形按钮，调整文字到对话框边界的距离，如图 7-18 所示。

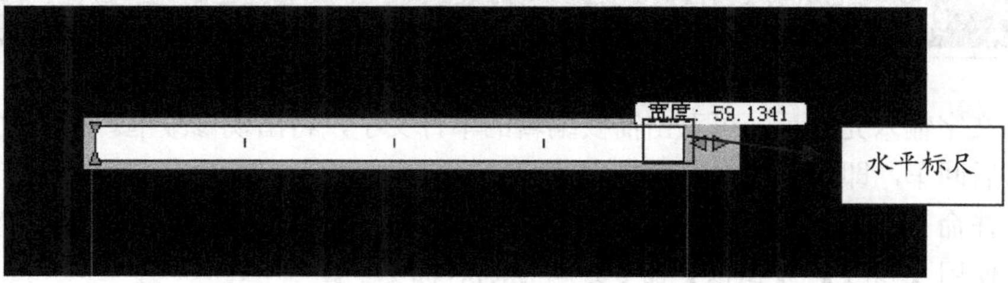

图 7-18 水平表示右侧的三角形

（5）输入文字，如图 7-19 所示。

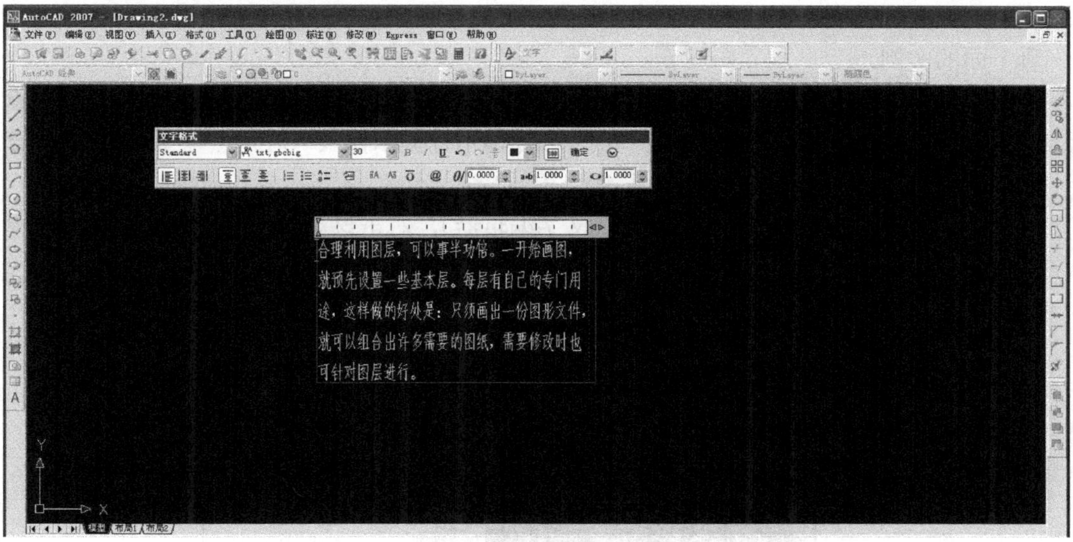

图 7-19 输入的文字效果图

（6）完成文字输入后，还可以对文字的颜色、字体、高度等参数进行调整。

（7）选中部分文字，单击“文字格式”工具栏中的字体下拉列表，选择字体“黑体”，在颜色下拉列表中选择“洋红”，在文字高度栏中输入“8”，单击【下划线】U 按钮，为文字添加下划线，最终效果如图 7-20 所示。

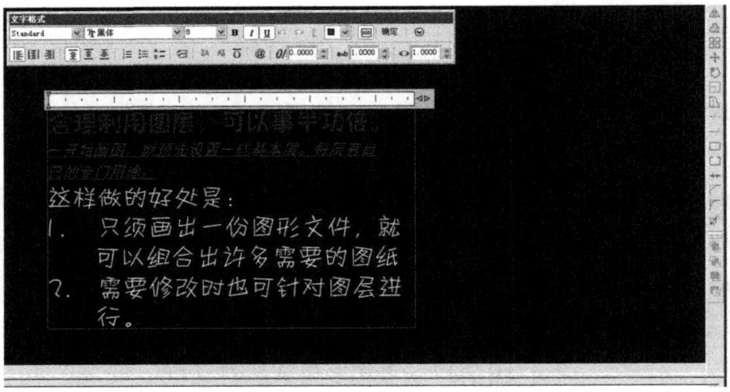

图 7-20 修改文字格式

7.5 编辑文字

文字输入完成后，可双击需要编辑的单行文字，将出现修改框。在修改框中输入编辑内容后回车，即可完成对单行文字的编辑。

在命令行中执行 DDEDIT 命令可快速编辑多行文字内容，包括增加或替换字符、符号等。使用【修改】|【镜像】命令还可复制对称文字。

7.5.1 插入特殊符号

为图形标注文字说明时，有时会碰到一些符号，如何在文本中插入需要的符号呢？请看下面的实例。

（1）选择【绘图】|【文字】|【多行文字】命令，命令提示行提示输入“字块第一点”。

（2）鼠标在屏幕上单击拾取一点，命令提示行提示输入“对角点”。移动鼠标到合适大小，单击鼠标确定。

（3）打开“文字格式”对话框（文字编辑器），右击该对话框，在弹出的快捷菜单中选择【符号】命令，在下级子菜单中就可以看到相关的命令，如图 7-21 所示。

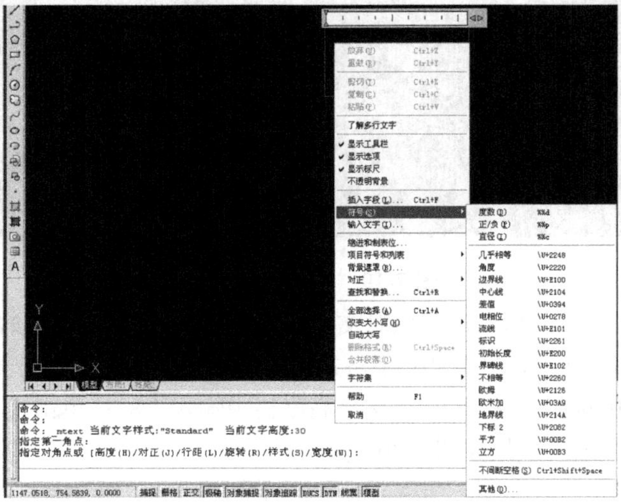

图 7-21 符号选择项

（4）输入直径符号：在“符号”的下级子菜单中选择【直径（I）】命令，直径符号将会出现在文本框中，如图 7-22 所示。

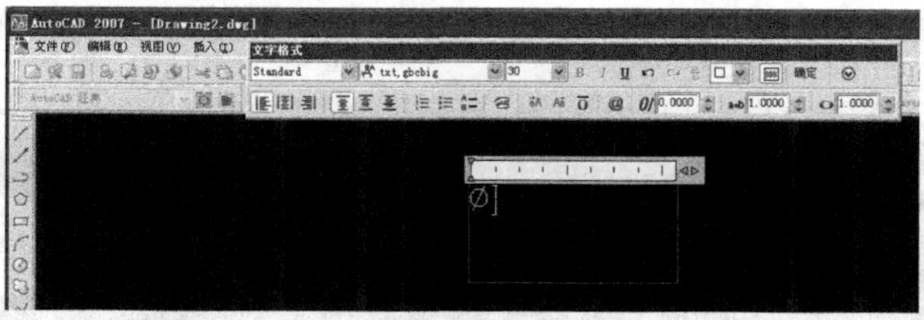

图 7-22　输入直径符号

（5）如果菜单中没有需要的符号，单击最下方的【其他】命令，打开“字符映射表”对话框，如图 7-23 所示。

（6）在字体下拉列表中选择字体“Webdings”，可看到相应的符号。

（7）单击需要的符号，单击下方的【选择】按钮，所选符号将出现在“复制字符”文本框中，可选择多个。如果输入的符号是乱码，选中符号将字体修改为“宋体”即可，如图 7-24 所示。

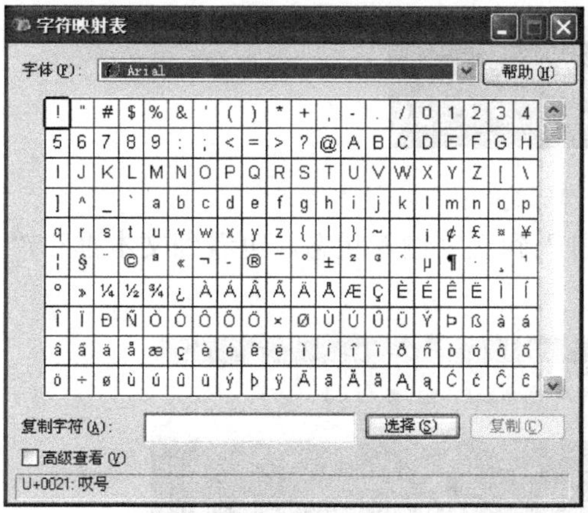

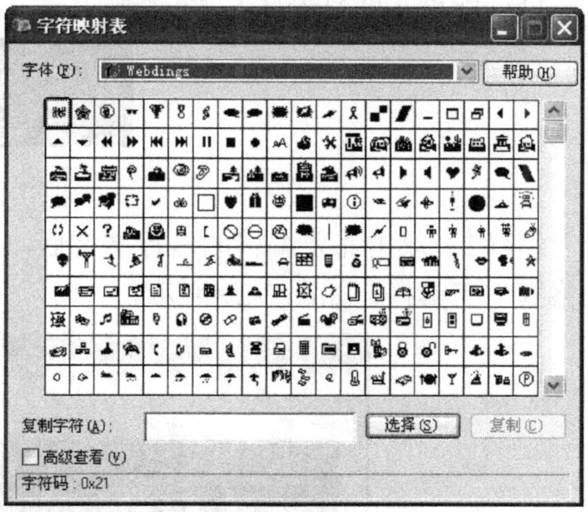

图 7-23　“字符映射表”对话框　　　　图 7-24　选择字符映射表中的符号

（8）符号选择完毕后，单击【复制】按钮，返回文本框。右击文本框，在弹出的快捷菜单中选择【粘贴】命令，符号将出现在文本框中，如图 7-25 所示。

（9）此时的符号较小，选中符号，将文字高度修改为“10”，根据需要还可以添加颜色或加粗等，如图 7-26 所示。

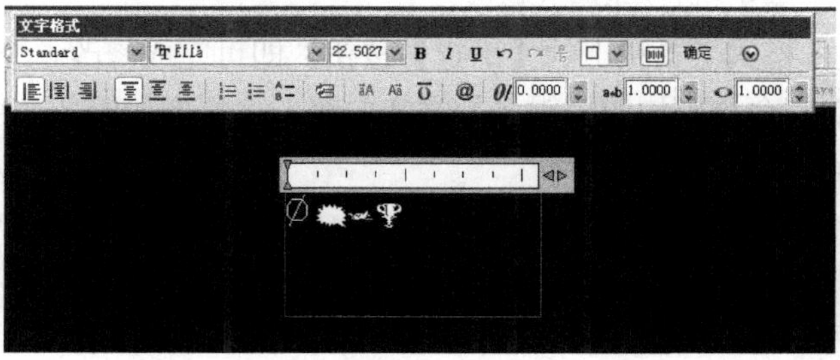

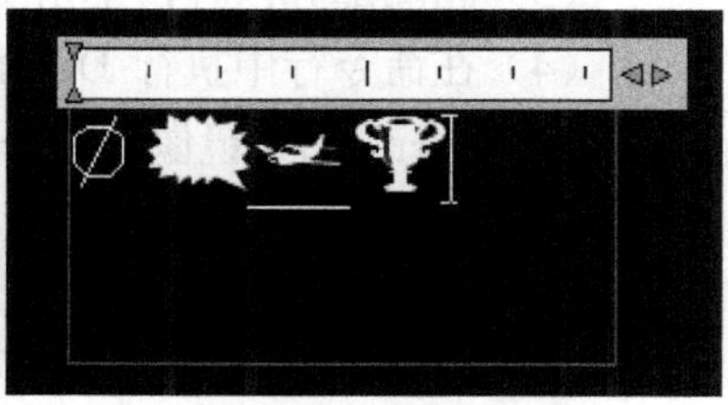

图 7-25　符号粘贴后的效果图　　　　图 7-26　改变符号高度

（10）分数的输入方法：按“数字/数字”的格式输入数字，选中“数字/数字”后单击“文本格式”工具栏上的【堆叠】按钮，如图 7-27 所示。

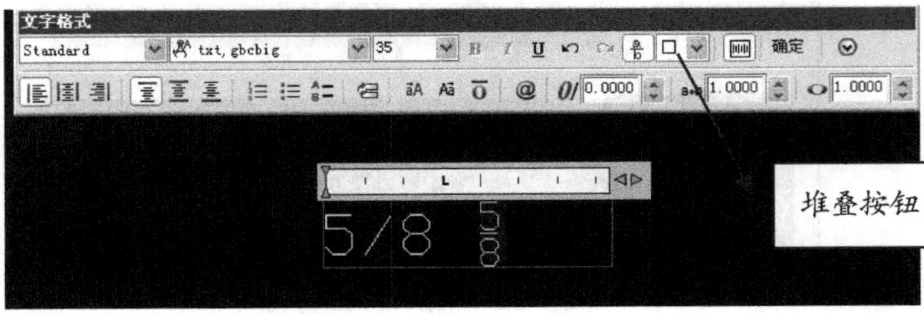

图 7-27　输入分数

7.5.2 修改文字内容

已经输入好的文字如果需要增删内容，可以通过哪些操作来完成呢？本例将为你介绍具体的操作方法。

（1）双击需要编辑的单行文字，即进入编辑状态，如图 7-28 所示。编辑内容后按回车键，即可完成对单行文字的编辑。

图 7-28　修改文字

（2）双击需要编辑的多行文字后，将进入到文字输入状态，可看到文本框和“文本格式”工具栏，如图 7-29 所示。

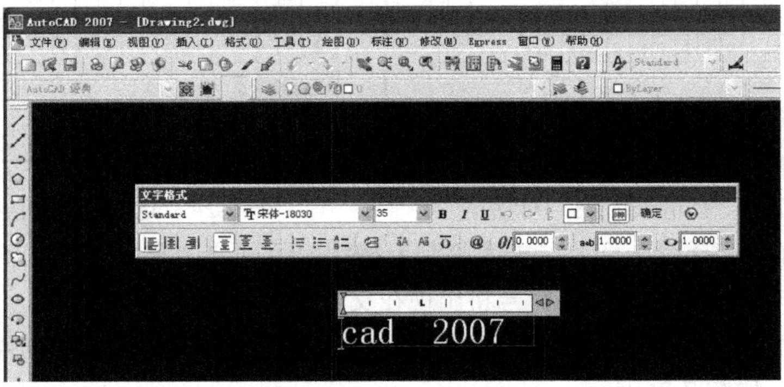

图 7-29　以文本格式修改

（3）删除部分内容，单击文本格式工具栏上的【确定】按钮，即可完成修改。

（4）在命令行中执行 DDEDIT 命令可快速编辑多行文字内容，包括增加或替换字符等。使用【修改】|【镜像】命令可以复制对称文字。

7.5.3 设置文字格式

本小节将告诉你如何对文字进行格式化设计。

（1）输入需要的文本，将需要设置格式的文本选中，如图 7-30 所示。

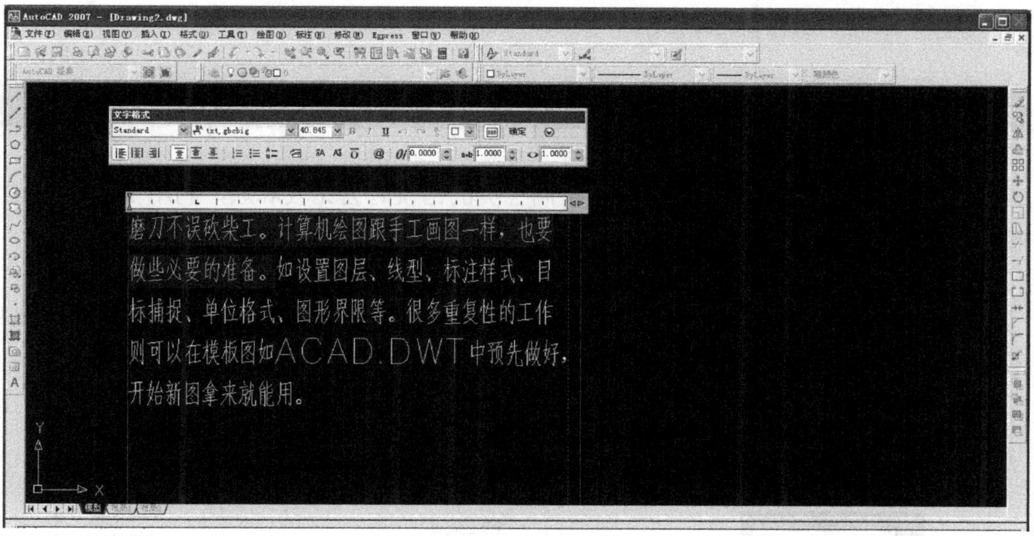

图 7-30　选中文本格式

（2）单击“字体样式”下拉列表，选择字体样式名称为“001”。

（3）在颜色下拉列表中选择颜色为绿色，如图 7-31 所示。

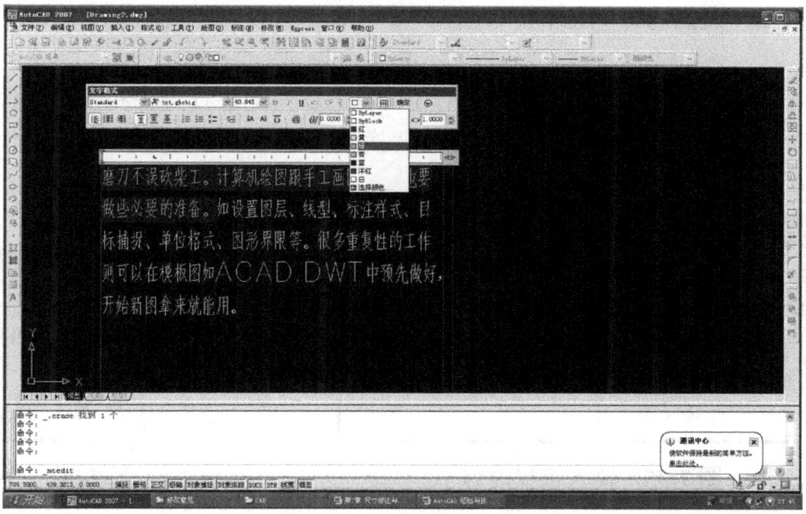

图 7-31　将文本颜色改为绿色

（4）选中文字，单击【加粗】B按钮和【倾斜】I按钮，如图 7-32 所示。

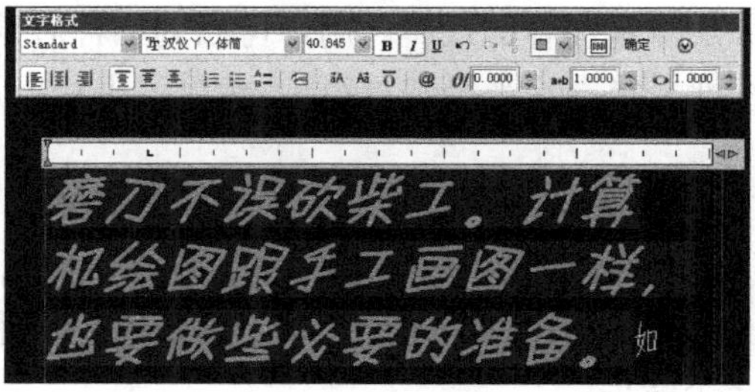

图 7-32　选择加粗、倾斜按钮

（5）最后单击【确定】按钮，完成格式化设置。

7.6 查找与替换

如果文字输入量较大，在修改其中同一类的错误时会比较麻烦，利用 AutoCAD 提供的查找和替换功能就轻而易举了。

（1）我们需要把图 7-33 中的所有字母 a 替换为字母 c。

（2）右击文本框，在弹出的快捷菜单中选择【查找与替换】命令，打开“查找与替换”对话框，如图 7-34 所示。

图 7-33 输入文本 a

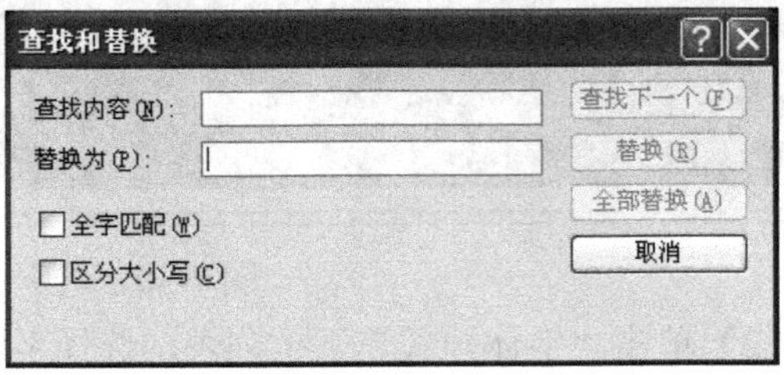

图 7-34 打开“查找和替换”对话框

（3）在“查找内容”文本框中输入“a”，在“替换为”文本框中输入“c”，如图 7-35 所示。

（4）单击【全部替换（A）】按钮，AutoCAD 自动进行查找和替换操作。

（5）替换完成后弹出对话框，提示替换数目。单击【确定】按钮，将关闭对话框，如图 7-36 所示。

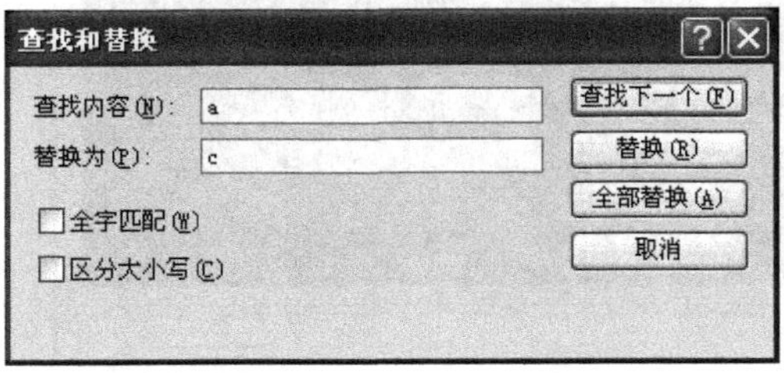

图 7-35 输入查找内容

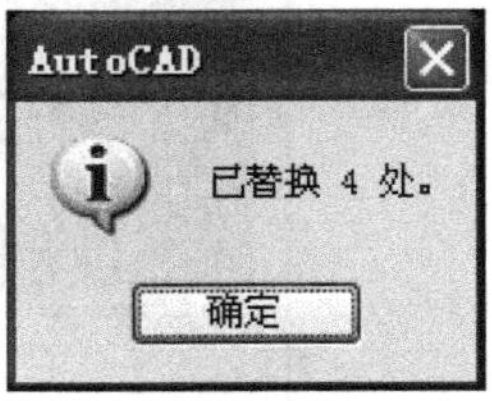

图 7-36 替换结果

7.7 标注的基本概念

标注是向图形中添加测量注释的过程。用户可以为各种对象沿各个方向创建标注。基本的标注类型包括：线性、径向（半径和直径）、角度、坐标以及弧长。

7.7.1 尺寸标注的组成

标注是显示对象的几何测量值的注释工具，它简要定义了标注的各个部分，如图 7-37 所示。

- **标注线：** 指出标注方向和范围的线，对于角度标注，标注线是圆弧。标注线的两个端点各有一个箭头。

- **尺寸界线：**也称为投影线，从标注对象延伸到标注线，通常有两条，分别称为第 1 和第 2 条尺寸界线。
- **标注文字：**默认时是表示实际尺寸的测量值，也可以输入新的文字替换默认的测量值或不输入文字。文字也可以包括前缀、后缀和公差。
- **引线：**从注释到被标注实体的实线，通常引线一端是被注释的对象，而另一端是对对象的某些注释。引线可以是直线或样条曲线。
- **中心标志：**是小十字标记，标记圆或圆弧的中心。
- **中心线：**是标记圆或圆弧中心的点划线。

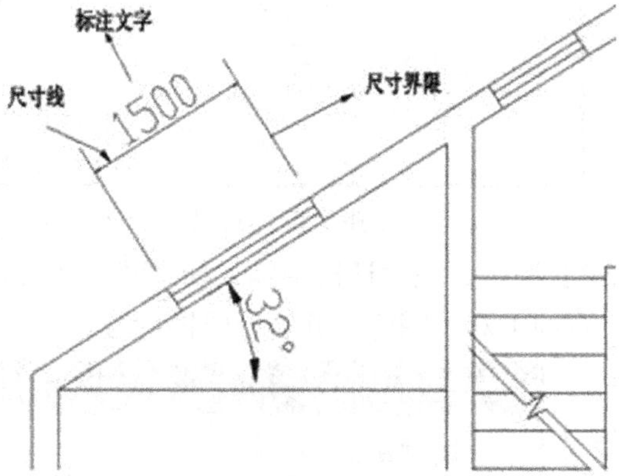

图 7-37　尺寸标注

7.7.2　尺寸标注工具栏

打开“标注”工具栏的方法与打开“对象捕捉”工具栏的方法一样，AutoCAD 中所有的尺寸标注命令都可以在“标注”工具栏上单击相应的图标来激活。打开标注工具栏的方法如下。

（1）在工具栏空白处单击右键，在弹出的快捷菜单中选择【ACAD】命令。

（2）在下级子菜单中选择【标注】命令。此时“标注”工具栏就以浮动工具栏的形式出现在图形窗口中。工具栏上的每个工具按钮的功能，可以让光标在按钮上停留片刻，按钮的提示内容会出现在弹出的小文本框里面，如图 7-38 所示。

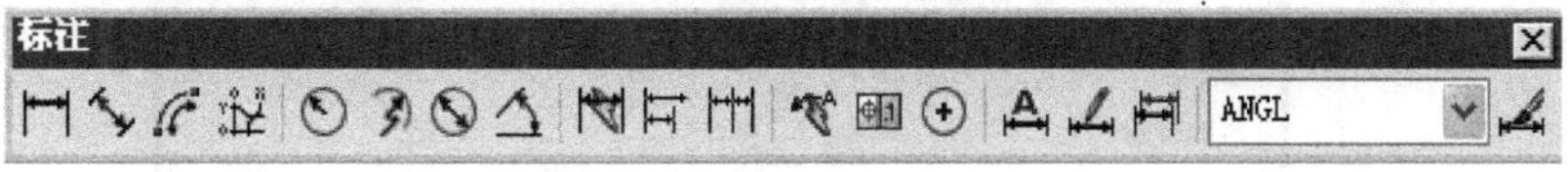

图 7-38　“标注”工具栏

7.8　标注样式

“样式”是一个相当重要的概念，它控制一类对象的特征和显示效果。标注样式是指在标注尺寸之前，设置统一的单位、标注文字大小、箭头样式、尺寸界限等标注元素。

7.8.1　创建标注样式

下面以实例来说明样式的创建方法。

（1）选择【标注】|【标注样式】命令，打开“标注样式管理器”对话框。单击“标注”工具栏中的【标注样式】按钮，或在命令行输入 DDIM，均可打开“标注样式管理器”对话框，如图 7-39 所示。

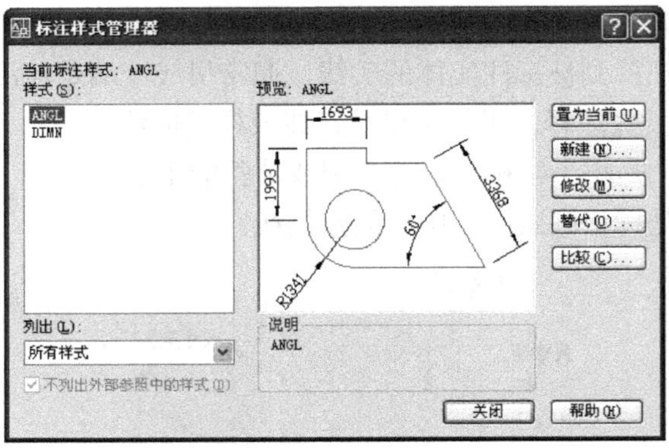

图 7-39　打开“标注样式管理器”对话框

（2）单击【新建】按钮，在对话框中输入新样式名“MyDim”，如图 7-40 所示。使用命名的标注样式，有利于对绘图建立并实行绘图标准。

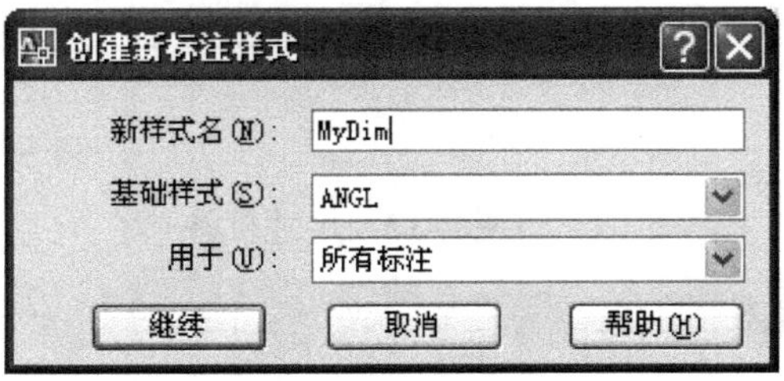

图 7-40　输入样式名

（3）单击【继续】按钮，出现“新建标注样式：MyDim”对话框。在“直线”选项卡中，用户可以通过对话框中的各选项来定义尺寸线、尺寸界线的外观和特性。在 AutoCAD 2007 中，用户还可以自定义尺寸线的线型和使用固定长度的尺寸界线，如图 7-41 所示。

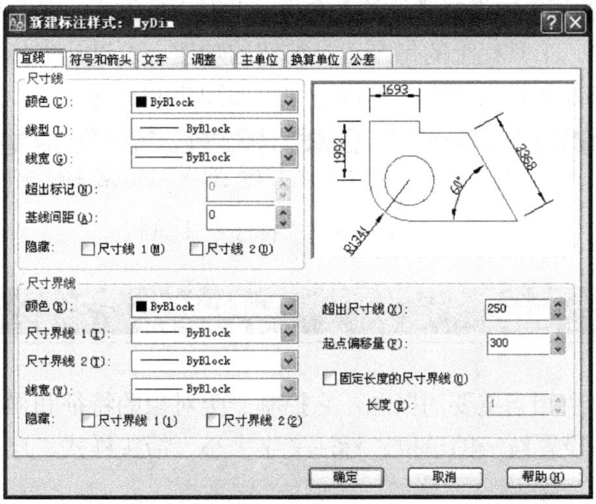

图 7-41　“直线”选项卡

（4）在“直线”选项卡中设置尺寸线的颜色为红色，其余为默认值，如图 7-42 所示。

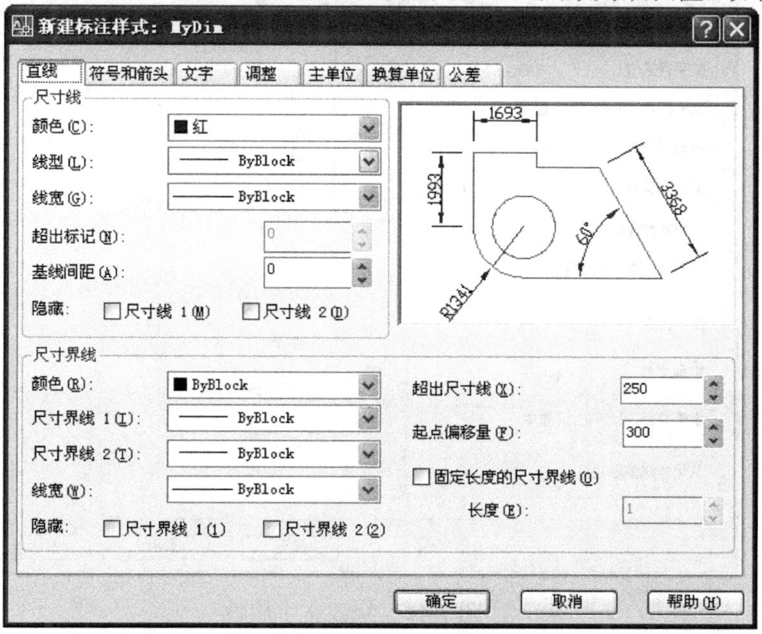

图 7-42　修改直线属性

（5）在“符号和箭头”选项卡中设置箭头为“实心闭合”，引线为“点”，其余为默认值，如图 7-43 所示。

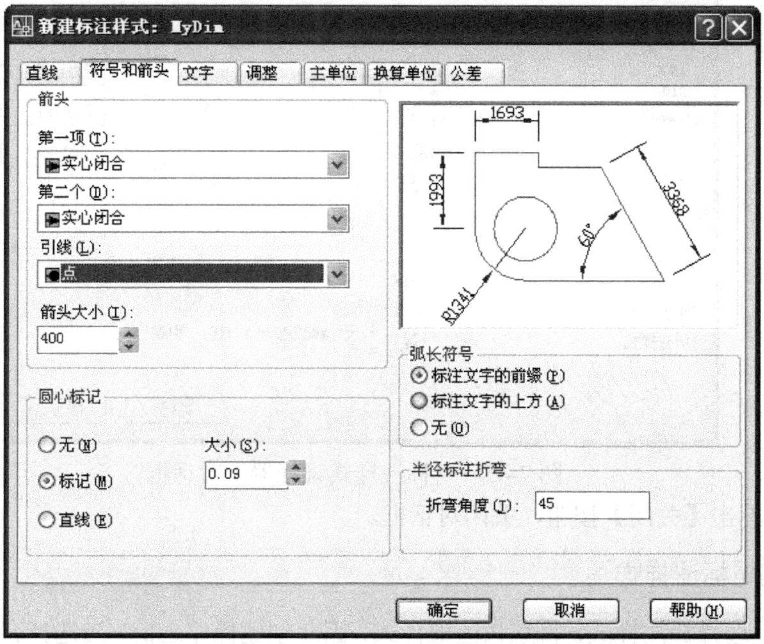

图 7-43　修改箭头属性

（6）打开“文字”选项卡，设置字高为“5”，其余为系统默认设置，如图 7-44 所示。

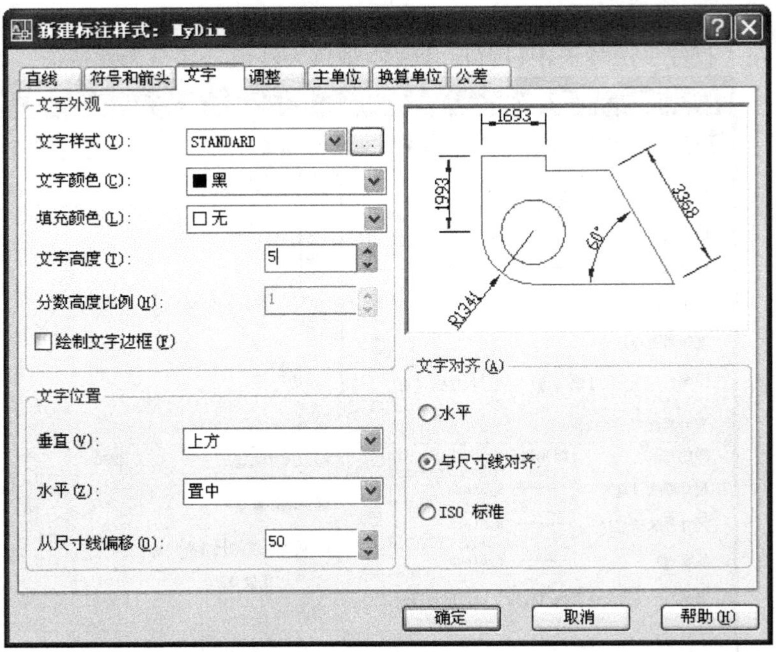

图 7-44　修改文字属性

（7）单击【确定】按钮，返回“标注样式管理器”对话框，可在左侧列表中看到创建的样式名称，如图 7-45 所示。

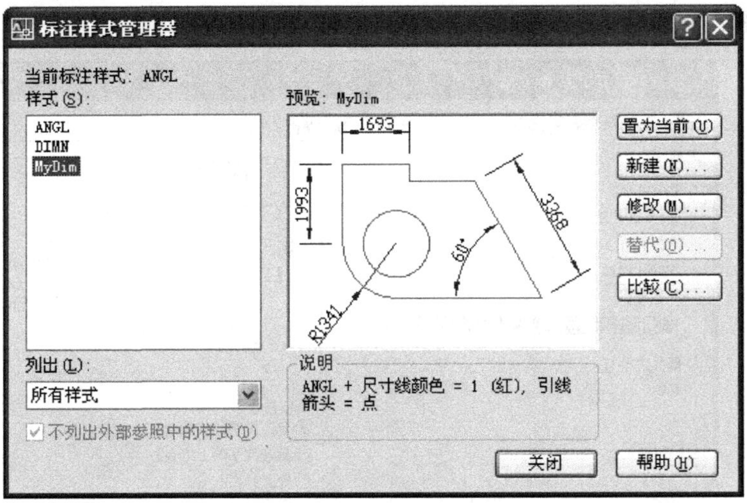

图 7-45　“标注样式管理器”对话框

（8）单击【关闭】按钮，关闭对话框。

7.8.2　编辑标注样式

如果不选择标注样式，将默认当前样式，因此创建标注之前，应选择合适的标注样式，也可以对已有的标注样式进行修改，操作方法如下。

（1）选择【标注】|【标注样式】命令，打开“标注样式管理器”对话框，如图 7-46 所示。

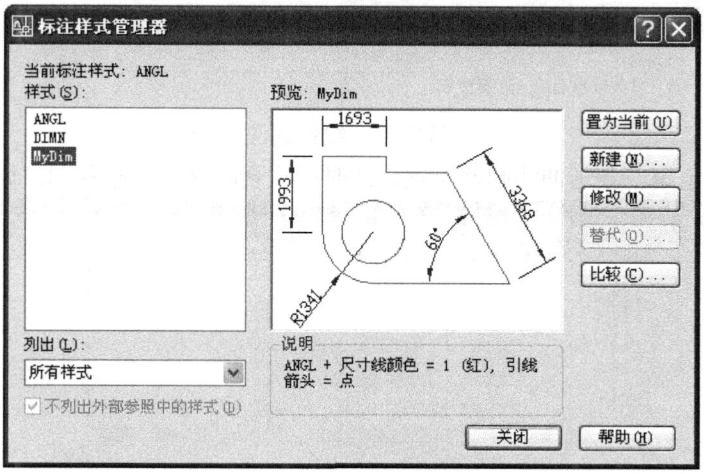

图 7-46　“标注样式管理器”对话框

（2）在左侧窗口中选择样式名称为“MyDim”，单击【置为当前】按钮，单击【关闭】按钮，如图 7-47 所示。

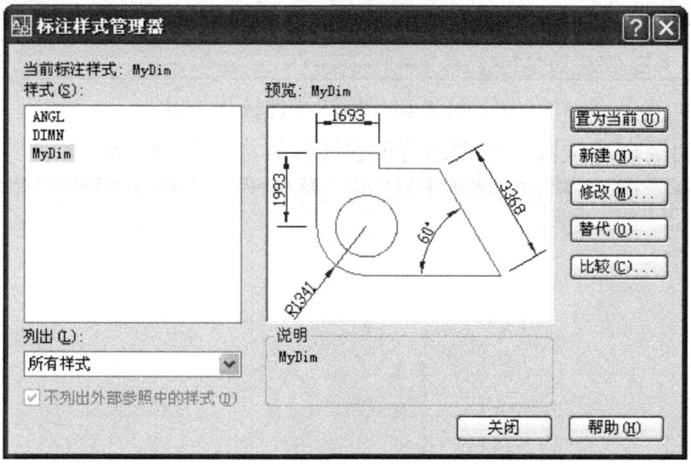

图 7-47　单击“置为当前”按钮

（3）单击【修改】按钮，选择“文字”、“调整”等选项卡，对标注样式进行修改。

7.9　标注尺寸

使用标注工具不但可以为图形添加测量注释，而且还能让图形看起来更具有可读性和真实性。

7.9.1　创建线性标注

线性标注是标注中最常见的，线性标注可以是水平、垂直或旋转的。

线性标注的创建方法如下。

（1）选择【标注】|【线性】命令，命令提示行提示：指定第一条尺寸界限原点或<选择对象>，在图形上单击选择标注的起始点，如图 7-48 所示。

图 7-48　线性标注命令

（2）指定第二条延伸线起始位置，此时标注会随光标一起移动，如图 7-49 所示。

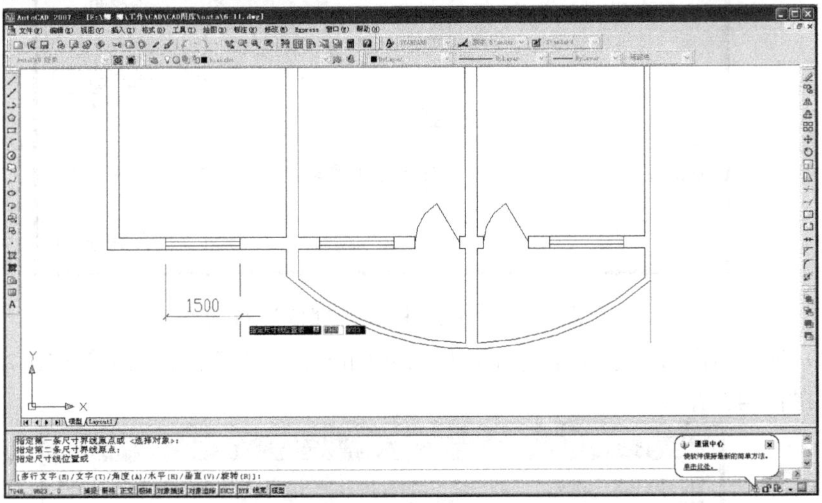

图 7-49　标注线性操作方法

（3）移动至合适位置，单击即可创建线性标注，如图 7-50 所示。

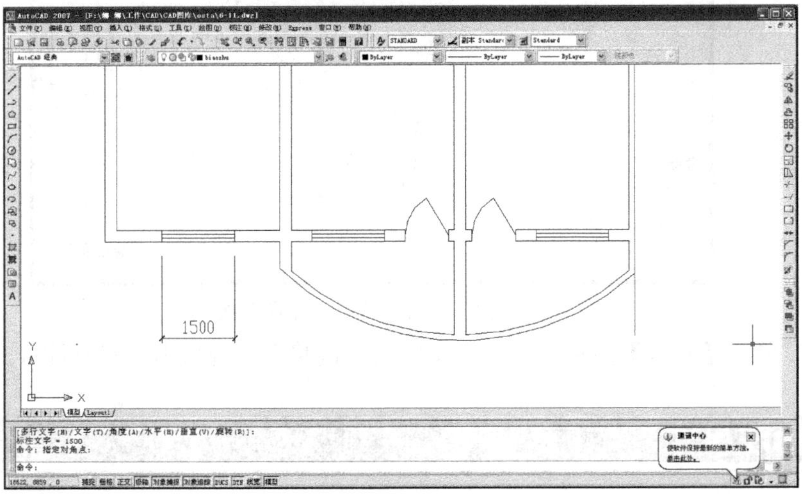

图 7-50　移动到合适位置

7.9.2 编辑属性

创建多个标注时可使用连续标注，连续标注是使用每个标注的第二个尺寸界限端点作为下一个标注的第一个尺寸界限，从而创建多个首尾相连的标注。创建连续标注的方法如下。

（1）选择【标注】|【连续】命令，选择现有的标注端点作为起点。

（2）使用“端点”对象捕捉选择下一个端点，按【ENTER】键可结束创建连续标注，如图 7-51 所示。

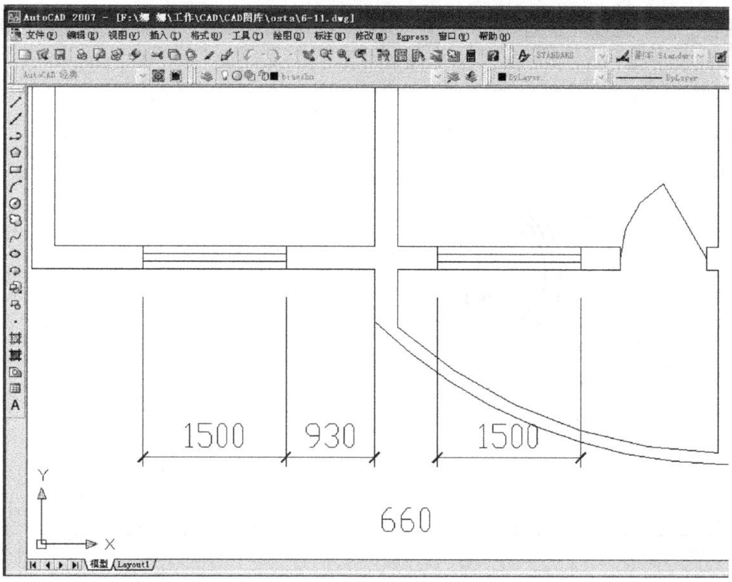

图 7-51　选择下一个端点

7.9.3 创建对齐标注

对齐标注是线性标注的一种特殊形式，创建方法如下。

（1）选择【标注】|【对齐】命令，命令提示行提示：指定第一条尺寸界限原点或<选择对象>，在图形上单击选择标注的起始点。

（2）指定第二条延伸线起始位置，此时标注会随光标一起移动。

（3）移动至合适位置，单击即可创建对齐标注，如图 7-52 所示。

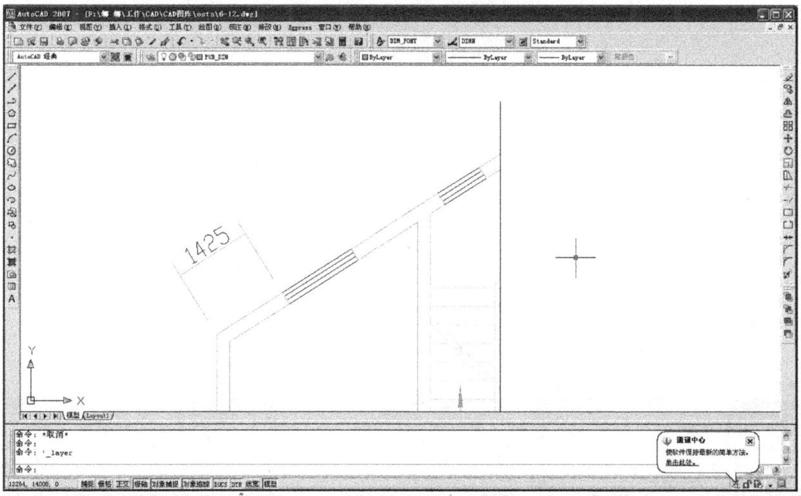

图 7-52　对齐标注

7.9.4 创建半径、直径标注

半径、直径标注用于标注圆或圆弧的半径和直径尺寸，操作方法如下。

（1）选择【标注】|【半径】命令，选择要标注的圆或圆弧，如图 7-53 所示。

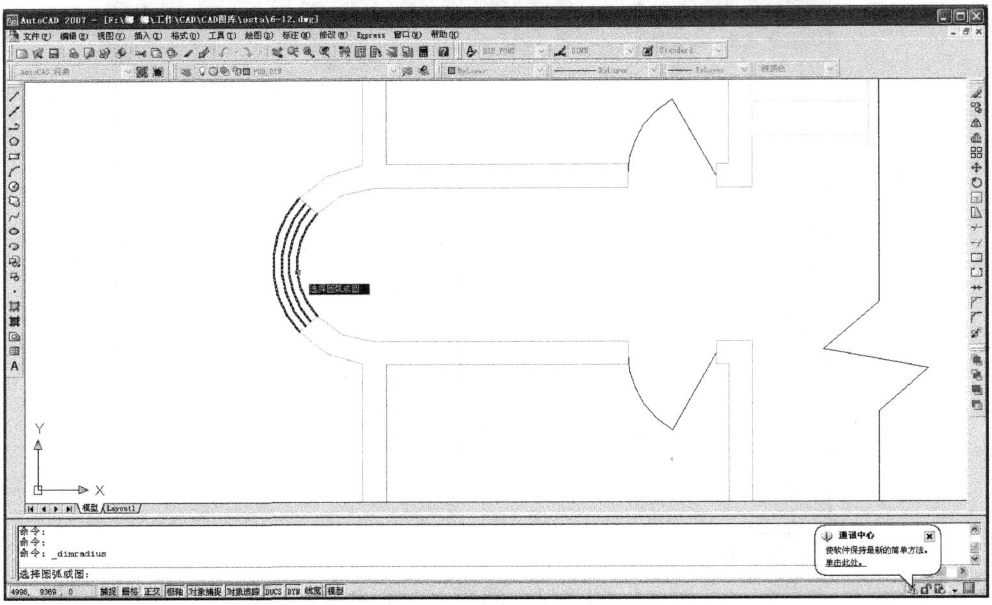

图 7-53　半径标注

（2）选择完毕后，命令提示行提示：指定尺寸线位置或[多行文字（M）/文字（T）/角度（A）]:。

（3）鼠标移动到合适位置，单击确定尺寸线位置，如图 7-54 所示。

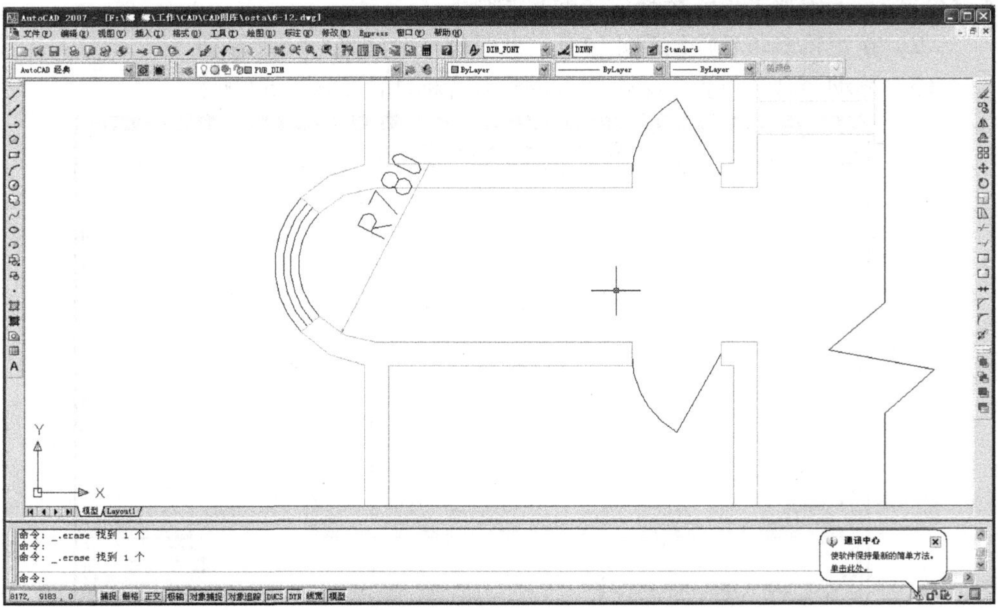

图 7-54　半径标注方式

（4）执行【标注】|【直径】命令，选择要标注的圆或圆弧。

（5）选择完毕后，命令提示行提示：指定尺寸线位置或[多行文字（M）/文字（T）/角度（A）]:。

（6）鼠标移动到合适位置，单击确定尺寸线位置，如图 7-55 所示。

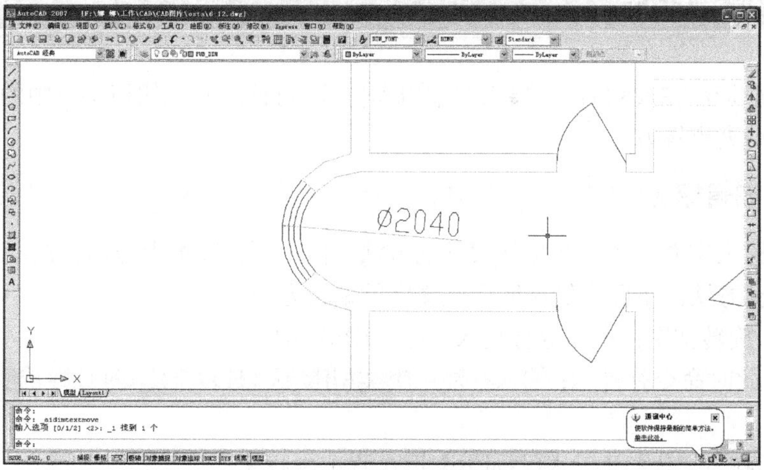

图 7-55　标注直径

7.9.5 创建弧长标注

弧长标注用于测量圆弧或多段线弧线段上的距离，创建方法如下。

（1）选择【标注】|【弧长】命令，此时命令行提示：选择弧线段或多段线弧线段:。

（2）选择一条弧线段。命令行提示：指定弧长标注位置或[多行文字（M）/文字（T）/角度（A）部分（P）引线（L）]:。

（3）鼠标移动到合适位置，单击确定标注的放置位置。

7.9.6 创建角度标注

角度标注是在两条直线或三点之间的角度测量值，创建角度标注的方法如下。

（1）选择【标注】|【角度】命令，此时命令行提示：选择圆弧、圆、直线或<指定顶点>:。

（2）分别指定交的第一个端点和第二个端点，命令行提示：制定标注弧线位置或[多行文字（M）/文字（T）/角度（A）]:。

（3）指定标注弧线的位置，如图 7-56 所示。

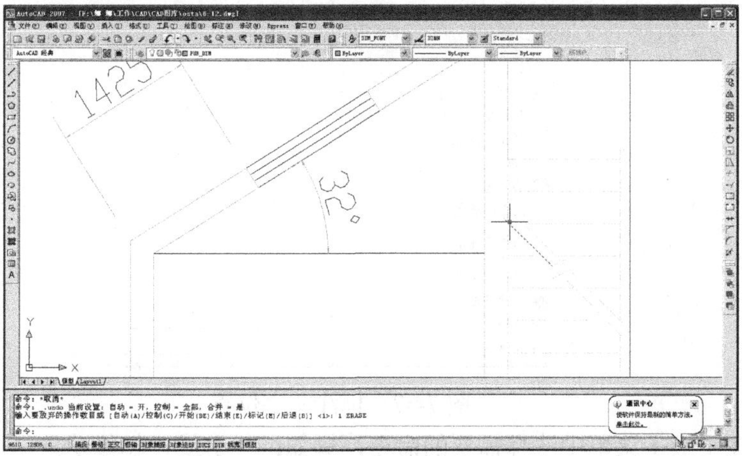

图 7-56　标注角度

7.10 编辑标注

为图形标注完尺寸后，如果需要编辑和修改，可使用右键快捷菜单中的命令、DIMEDIT命令及移动夹点等方式。

7.10.1 编辑标注

前面给大家介绍了一些标注尺寸的方法，但是要在图纸上应用标注，还需要掌握一些标注的编辑方法。下面举例说明标注文字的编辑方法。

（1）旋转文字：在命令行输入命令：DIMEDIT。

（2）此时命令行提示：输入标注编辑类型[默认（H）/新建（N）/旋转（R）/倾斜（O）]<默认>:。

（3）输入“R”并按【ENTER】键，表示旋转文字。

（4）选择要旋转的文字标注。

（5）为文字输入新的角度。

（6）按【ENTER】键，结束命令。

7.10.2 修改标注

使用快捷菜单中的命令可以快速修改标注文字、引线的位置。下面以实例来说明具体的方法。

（1）右击要修改的标注，在弹出的快捷菜单中选择【标注文字位置】命令，如图 7-57所示。

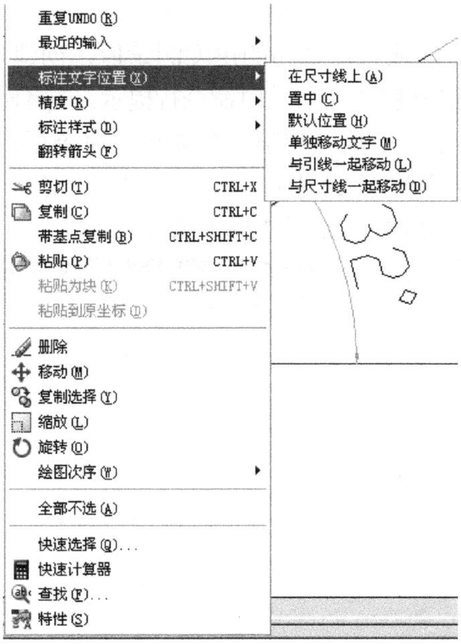

图 7-57　标注文字位置

（2）在下级子菜单中选择需要的命令，例如：与引线一起移动。

（3）此时标注文字和引线会随光标移动，移动至合适位置，单击【确认】按钮，结束命令。

7.11　样题解答

教学资源：本样题的图文解答详见光盘根目录下的“样题解答”目录。

本样题的视频解答请访问高新考试教材服务网站（www.citt.org.cn）教材专区中的“计算机辅助设计模块网络服务”。

为了更好地学习本章与前章内容，本解题方法可能与试题要求不完全一致，请参考使用。

机械类：《试题汇编》第五单元 5.3 题。

操作步骤：

（1）选择【文件】|【打开】命令，打开 CADST5-3.dwg 文件（“光盘:\素材文件\CAD2007\”目录下）。

（2）单击“图层”工具栏中的【图层特性管理器】按钮，打开“图层特性管理器”对话框。单击对话框中的【新建】按钮，建立一个新图层，名称为“DIM”，颜色为红色，线型为“Continuous”，线宽为“0.30 mm”。将该图层置为当前。

（3）选择【标注】|【标注样式】命令，新建标注样式，样式名为“标准”，文字高度为“4”，文字名为“仿宋_GB2312”，倾斜角度为 15°，字体颜色为红色，箭头大小为“5”，尺寸界线超出尺寸线为“2.5”，起点偏移量为“0”，调整为“文字或箭头（最佳效果）”，优化采用“手动放置文字”，其余参数均为默认设置。

（4）选择【格式】|【文字样式】命令，新建文字样式：样式名为“文字”，字体选用“仿宋_GB2312”，字体样式为“常规”，字高为“5”，宽度因子为“0.8”，倾斜角度 15°，其余参数均为默认设置。

（5）选择【标注】|【直径】命令，添加直径标注。在直径标注上双击，打开面板，单击文字替换选项，输入 4×Φ2.5 ↧15。

（6）选择【标注】|【线性】命令，添加线性标注。

（7）选择【标注】|【角度】命令，添加角度标注。

（8）选择【视图】|【缩放】|【全部】命令，将完成的图形以“全部缩放”的形式显示。

（9）选择【文件】|【保存】命令，以 KSCAD5-3.dwg 为文件名保存在考生文件夹中。

建筑类：《试题汇编》第五单元 5.26 题。

操作步骤：

（1）选择【文件】|【打开】命令，打开 CADST5-26.dwg 文件（“光盘:\素材文件\CAD2007\”目录下）。

（2）单击“图层”工具栏中的【图层特性管理器】按钮，打开“图层特性管理器”对话框。单击对话框中的【新建】按钮，建立一个新图层，名称为“DIM”，颜色为绿色，线型为“Continuous”，线宽为默认。将该图层置为当前。

（3）选择【标注】|【 标注样式】命令，新建标注样式，样式名为“标准”，字高为“300”，文字样式为“isocp.shx”，箭头为“建筑标记”、大小为“100”，尺寸界线超出尺寸线为“10”，文字位置偏移尺寸线为“50”，设置主单位为“整数”。起点偏移量为“50”，调整为“文字或箭头（最佳效果）”，优化采用“手动放置文字”，其余参数均为默认设置。

（4）选择【格式】|【文字样式】命令，新建文字样式：样式名为“文字”，字体选用“仿宋_GB2312”，字体样式为“常规”，字高为“250”，字体颜色为黑色，比例为“0.7”，其余参数均为默认设置。

（5）选择【标注】|【线性】命令，添加水平和垂直方向的线性标注。选择【标注】|【连续】命令，添加相同的线性标注。

（6）选择【视图】|【缩放】|【全部】命令，将完成的图形以“全部缩放”的形式显示。

（7）选择【文件】|【保存】命令，以 KSCAD5-26.dwg 为文件名保存在考生文件夹中。

土木工程类：《试题汇编》第五单元 5.36 题。

操作步骤：

（1）选择【文件】|【打开】命令，打开 CADST5-36.dwg 文件（“光盘:\素材文件\CAD2007\”目录下）。

（2）单击“图层”工具栏中的【图层特性管理器】按钮，打开“图层特性管理器”对话框。单击对话框中的【新建】按钮，建立一个新图层“Dimension”，颜色为绿色，线型为“Continuous”，线宽为默认。

（3）选择【标注】|【 标注样式】命令，新建标注样式，样式名为“标准”，字高为“300”，文字样式为“仿宋_GB2312”，宽度比例为“0.8”，箭头样式为“建筑标记”、大小为“100”，尺寸界线超出尺寸线为“150”，其余参数均为默认设置。

（4）选择【格式】|【文字样式】命令，新建文字样式： 样式名为“ROMANC”，字体选用“仿宋_GB2312”，字体样式为“常规”，字高为“300”，宽度比例为“0.8”，无填充颜色，其余参数均为默认设置。

（5）选择【标注】|【线性】命令，添加线性标注。

（6）选择【标注】|【引线】命令，添加引线标注。使用文本工具输入文字说明。

（7）选择【视图】|【缩放】|【全部】命令，将完成的图形以“全部缩放”的形式显示。

（8）选择【文件】|【保存】命令，以 KSCAD5-36.dwg 为文件名保存在考生文件夹中。

7.12 习题

一、填空题

1. AutoCAD 2007 中文本的输入分为________和__________两种类型。
2. __________命令用于创建文本样式。
3. 尺寸标注主要由____________________________组成。
4. 为图形标注尺寸可使用________菜单下的命令。
5. 执行____________命令，可打开“标注样式管理器”对话框。

二、操作题

1. 创建名为 CAD001 的文本样式，具体参数自定。
2. 新建一个.DWG 文件，输入文本“尺寸界线应用细实线绘制，一般应与被注长度垂直，其一端应离开图样轮廓线不小于 2 mm，另一端宜超出尺寸线 2～3 mm。尺寸线应用细实线绘制，应与被注长度平行。图样本身的任何图线均不得用作尺寸线。 尺寸起止符号一般用中粗斜短线绘制，其倾斜方向应与尺寸界线成顺时针 45° 角，长度宜为 2～3 mm。半径、直径、角度与弧长的尺寸起止符号，宜用箭头表示。”并在文中插入特殊符号。
3. 为平面图添加标注。

第 8 章　三维绘图

在工程设计和绘图过程中，三维图形应用越来越广泛。在前面的学习中，我们接触的都是二维绘图。本章学习三维绘图，与二维绘图相比，除了用到 X 轴和 Y 轴外，还增加了 Z 轴，使图形的立体效果更明显。因此，在三维空间中工作时，经常要显示几个不同的视图，以便轻松地验证图形的三维效果。

本章内容主要包括用户坐标系（UCS）、设置观察视点、消隐、绘简单三维对象、曲面造型、实体造型、与实体有关的系统变量、三维动态观察器、编辑和渲染三维对象等。

本章主要技能考核点

- 建立新文件：创建新文件，设置绘图参数符合要求。
- 三维绘图：按照要求绘制三维图形。
- 三维图形编辑：编辑图形。
- 保存文件：正确保存文件，正确设置文件名、扩展名和保存位置。

评分细则

本章有 4 个基本点，题目总分为 20 分。

序号	评分点	分值	得分条件	判分要求
1	建立新文件	2	设置绘图参数符合要求	有不符时扣分
2	三维绘图	10	按要求绘制三维图形	有错扣分
3	三维图形编辑	7	编辑图形	有错扣分
4	保存文件	1	文件名、扩展名和保存位置	必须全部正确才有得分

本章导读

本章系统介绍了三维（3D）绘图的方法，它比二维绘图更加困难、更费时间。但是，从效果上看，三维绘图更具有真实感，能使读者从不同的角度，全方位、立体地观察实体图形。

三维学习中，首先要理解 UCS，这样才能正确建立三维图。

在绘制构成中要重点把握“视图”和“拉伸”两个命令的使用方法，并通过使用渲染图作出逼真的三维图形。

通过本章的学习，读者可以掌握三维图形的绘制方法，但要熟练掌握还需要多练习、多总结。

8.1　样题示范

【练习目的】

由《试题汇编》中选取样题，观察本章题目类型，了解本章学习内容。

【样题来源】

机械类：《试题汇编》第六单元 6.1 题。

建筑类：《试题汇编》第六单元 6.13 题。

土木工程类：《试题汇编》第六单元 6.21 题。

【操作要点】

机械类：

（1）建立所需 UCS 坐标系。

（2）绘制实体轮廓线并形成面域。

（3）渲染成型。

建筑类：

（1）建立所需 UCS 坐标系。

（2）生成三维实体。

土木工程类：

（1）建立所需 UCS 坐标系。

（2）绘制实体投影轮廓线并形成面域。

（3）标注尺寸。

（4）生成三维实体。

【操作要求】

机械类：

1. 三维视图：建立新图形文件，图形区域为 A3（420 mm×297 mm）幅面，在设置的图形区域内作图。新建视口，将绘图区域建成四个视口，三维视图角度依次设置为“主视”、“左视”、“俯视”和“西南等轴测”，视觉样式为“三维线框”。打开“UCS”操作面板，选择“世界”。

2. 三维绘图：按图 8-1（a）所示的三视图给出的尺寸绘制三维图形（具体尺寸可参考素材文件“光盘:\素材文件\ CADST6-1.dwg”），其中圆柱的直径为“50 mm”，孔径为“30 mm”；底板为 110 mm×65 mm×10 mm 的矩形板；圆柱与底板之间采用斜板和筋进行支撑。

3. 三维图形编辑：对矩形板外侧的两角进行倒角，圆角半径为“10 mm”。视觉样式转换为“概念视觉样式”，对三维视图进行着色，颜色选用“RGB：192，192，192”，结果如图 8-1（b）所示。

4. 保存文件：将完成的图形以“全部缩放”的形式显示，并以 KSCAD6-1.dwg 为文件名保存在考生文件夹中。

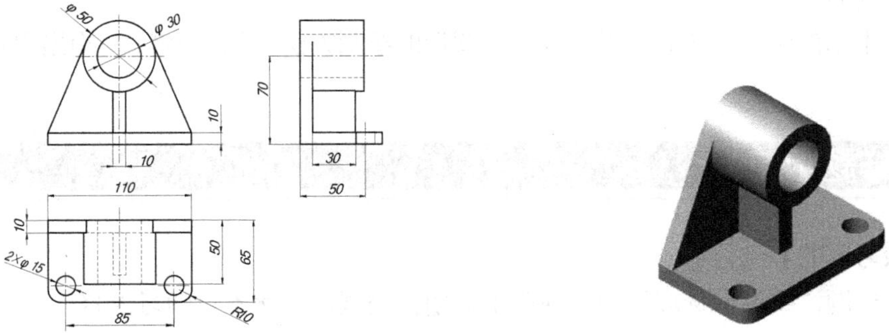

（a）　　　　　　（b）

图 8-1　参数与效果

建筑类：

1. **三维视图**：建立新图形文件，图形区域为 A3（420 mm×297 mm）幅面，在设置的图形区域内作图。打开“UCS”操作面板，选择“世界”。新建视口，将绘图区域建成四个视口，三维视图角度依次设置为“俯视”、“主视”、“左视”和“西南等轴测”，视觉样式为“三维线框”。

2. **三维绘图**：根据图 8-2（a）所示的建筑物视图绘制三维图形（具体尺寸可参考素材文件“光盘:\素材文件\ CADST6-13.dwg”），绘制楼梯与地面台阶，结果如图 8-2（b）所示。

3. **三维图形编辑**：编辑楼梯结构，使上下楼梯成 90° 布置。视觉样式转换为“概念视觉样式”。材质颜色选择单色“索引颜色：8”。

4. **保存文件**：将完成的图形以“全部缩放”的形式显示，并以 KSCAD6-13.dwg 为文件名保存在考生文件夹中。

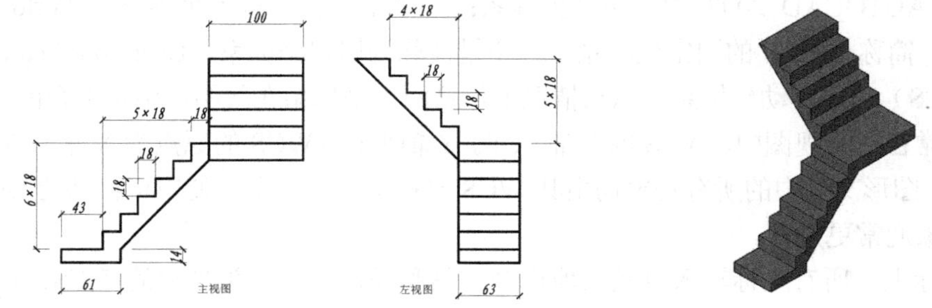

（a）　　　　　　　　　　（b）

图 8-2　参数与效果

土木工程类：

1. **三维视图**：建立新图形文件，图形区域为 100 mm×300 mm 幅面。打开“UCS”操作面板，选择“世界”。新建视口，将绘图区域建成四个视口，三维视图角度依次设置为“主视”、“左视”、“俯视”和“东南等轴测”，视觉样式为“三维线框”。

2. **三维绘图**：建立内孔直径为“300 mm”、外径为“400 mm”、长为“2500 mm”的细长管，再在管子的右端建立管子套，尺寸如图 8-3（a）所示，并建立 29° 的倒角。最终得到如图 8-3（b）所示的三维视图（具体尺寸可参考素材文件“光盘:\素材文件\ CADST6-21.dwg”）。绘图比例为“1∶10”，将缩放后的图形放至绘图区域内。

3. **三维图形编辑**：在外圆表面编辑两圆柱面之间的过渡斜面，倾斜角度为 29°。在大端孔处编辑台阶孔，孔径为“400 mm”。视觉样式转换为“概念视觉样式”。材质颜色选择单色“索引颜色：8”。

4. **保存文件**：将完成的图形以“全部缩放”的形式显示，并以 KSCAD6-21.dwg 为文件名保存在考生文件夹中。

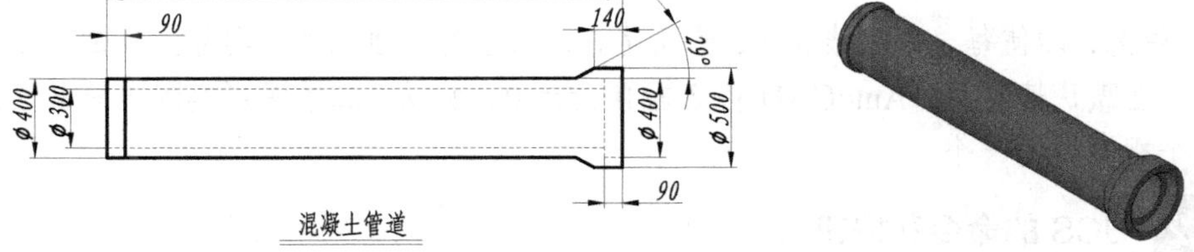

（a）　　　　　　　　　　（b）

图 8-3　参数与效果

8.2 样题分析

《试题汇编》第六章 6-13 题是建筑里常见的楼梯，首先要学会建立世界 UCS 坐标系，并在不同视口根据数据建模。

解题过程中运用到“拉伸”、“移动”以及实体“着色面”等着色工具。

8.3 用户坐标系（UCS）

8.3.1 定义 UCS

在 AUTOCAD 2007 中有两个坐标系：一个是被称为世界坐标系（World coordinate System，简称 WCS）的固定坐标系，一个是被称为用户坐标系（User coordinate System，简称 UCS）的可移动坐标系。默认情况下，这两个坐标系在新图形中是重合的。

通常在二维视图中，WCS 的 X 轴水平，Y 轴垂直。WCS 的原点为 X 轴和 Y 轴的交点（0,0）。图形文件中的所有对象均由其 WCS 坐标定义。但是，使用可移动的 UCS 创建和编辑对象通常更方便。

实际上，所有坐标输入以及其他许多工具和操作，均参照当前的 UCS。以下是基于 UCS 位置和方向的二维工具和操作。

- 绝对坐标输入和相对坐标输入。
- 绝对参照角。
- 正交模式、极轴追踪、对象捕捉追踪、栅格显示和栅格捕捉的水平和垂直定义。
- 水平标注和垂直标注的方向。
- 文字对象的方向。
- 使用 PLAN 命令查看旋转。
- 移动或旋转 UCS 可以更容易地处理图形的特定区域。
- 可以使用以下方法重新定位用户坐标系。
- 通过定义新原点移动 UCS。
- 将 UCS 与现有对象对齐。
- 通过指定新原点和新 X 轴上的一点旋转 UCS。
- 将当前 UCS 绕 Z 轴旋转指定的角度。
- 恢复到上一个 UCS。
- 恢复 UCS 以与 WCS 重合。

注意：即使每一条直线、圆、圆弧是在二维坐标中画出的，实际上也是用三维坐标存储的。在默认情况下，AutoCAD 将 Z 轴值设为 0。所以，二维图形实际上只是三维空间无穷多个视图中的一个。

8.3.2 UCS 的命令和按钮

输入命令：UCS

系统提示为：

指定 UCS 的原点或[面(F)/命名(NA)/对象(OB)/上一个(P)/视图(V)/世界(W)/X/Y/Z/Z 轴(ZA)]<世界>:

本次命令输入之后，系统自动提示出 10 种可以执行的操作。

1. 指定 UCS 的原点或世界（即按回车键）

使用一点、两点或三点定义一个新的 UCS。如果指定单个点，当前 UCS 的原点将会移动而不会更改 X、Y 和 Z 轴的方向，如图 8-4 所示。

指定 X 轴上的点或<接受>：指定第二点或按 ENTER 键以将输入限制为单个点

如果指定第二点，UCS 将绕先前指定的原点旋转，以使 UCS 的 X 轴正半轴通过该点，如图 8-5 所示。

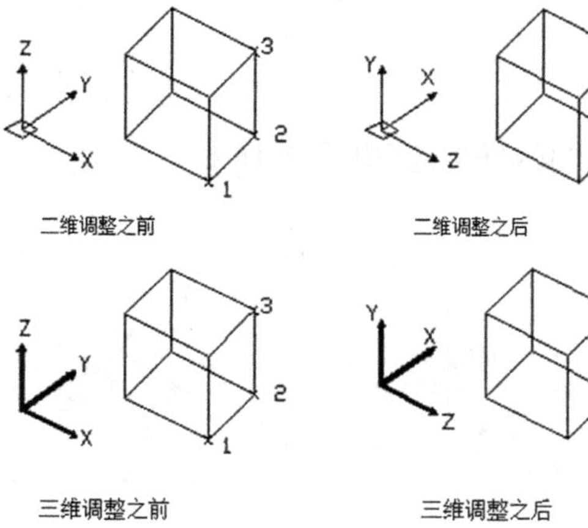

图 8-4 指定单个点

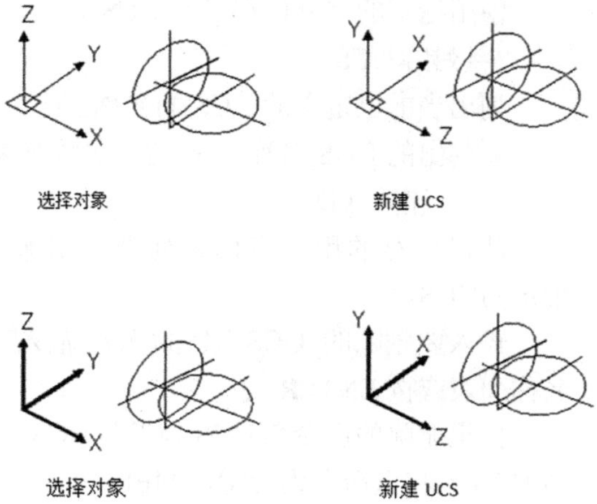

图 8-5 指定第二个点

指定 XY 平面上的点或<接受>：指定第三点或按 ENTER 键以将输入限制为两个点

如果指定第三点，UCS 将绕 X 轴旋转，以使 UCS 的 XY 平面的 Y 轴正半轴包含该点，如图 8-6 所示。

2. 面（即输入 F）

将 UCS 与三维实体的选定面对齐。要选择一个面，请在此面的边界内或面的边上单击，被选中的面将亮显，UCS 的 X 轴将与找到的第一个面上的最近的边对齐。

3. 命名（即输入 NA）

按名称保存并恢复通常使用的 UCS 方向。

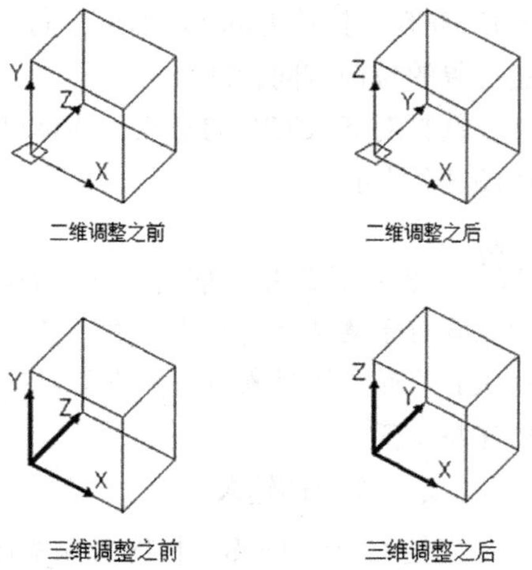

图 8-6 指定第三个点

输入选项[恢复(R)/保存(S)/删除(D)/?]：指定选项

（1）恢复（R），恢复已保存的 UCS，使它成为当前 UCS。

输入要恢复的 UCS 名称或[?]：输入名称或输入?

名称

指定一个已命名的 UCS。

?—列出 UCS

列出当前已定义的 UCS 的名称。

输入要列出的 UCS 名称<*>: 输入名称列表或按 ENTER 键列出所有 UCS

（2）保存（S）。

把当前 UCS 按指定名称保存。名称最多可以包含 255 个字符，包括字母、数字、空格以及 Microsoft Windows 和本程序未作它用的特殊字符。

输入保存当前 UCS 的名称或[?]: 输入名称或输入?

名称

使用指定的名称保存当前 UCS。

?—列出 UCS

列出当前已定义的 UCS 的名称。

要列出的 UCS 名称<*>: 输入名称列表或按 ENTER 键列出所有 UCS

（3）删除（D）。

从已保存的用户坐标系列表中删除指定的UCS。

输入要删除的 UCS 名称<无>: 输入名称列表或按 ENTER 键

如果删除的已命名 UCS 为当前 UCS，当前 UCS 将重命名为 UNNAMED。

4. 对象（即输入 OB）

根据选定三维对象定义新的坐标系。新建 UCS 的拉伸方向（Z 轴正方向）与选定对象的拉伸方向相同。

选择对齐 UCS 的对象：选择对象，如图 8-7 所示。

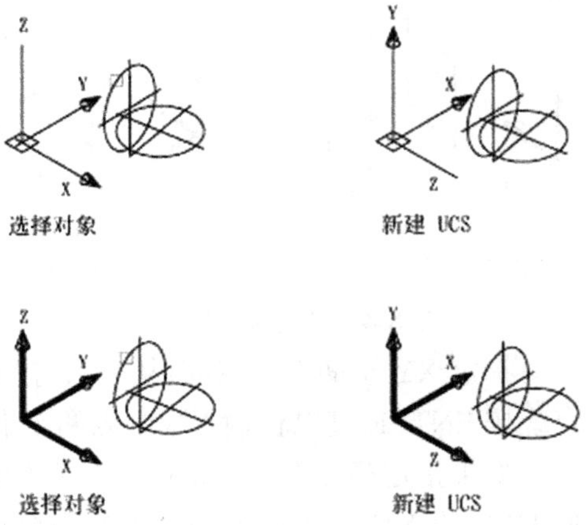

图 8-7　选择对象定义 UCS

注意：该选项不能用于三维多段线、三维网格和构造线。对于大多数对象，新 UCS 的原点位于离选定对象最近的顶点处，并且 X 轴与一条边对齐或相切。对于平面对象，UCS 的 XY 平面与该对象所在的平面对齐。对于复杂对象，将重新定位原点，但是轴的当前方向保持不变。

5. 上一个（即输入 P）

恢复上一个 UCS。程序会保留在图纸空间中创建的最后 10 个坐标系和在模型空间中创建的最后 10 个坐标系。重复该选项将逐步返回一个集或其他集，这取决于哪一空间是当前空间。

6. 视图（即输入 V）

以垂直于观察方向（平行于屏幕）的平面为 XY 平面，建立新的坐标系。UCS 原点保持不变。

7. 世界（即输入 W）

将当前用户坐标系设置为世界坐标系。WCS 是所有用户坐标系的基准，不能被重新定义，如图 8-8 所示。

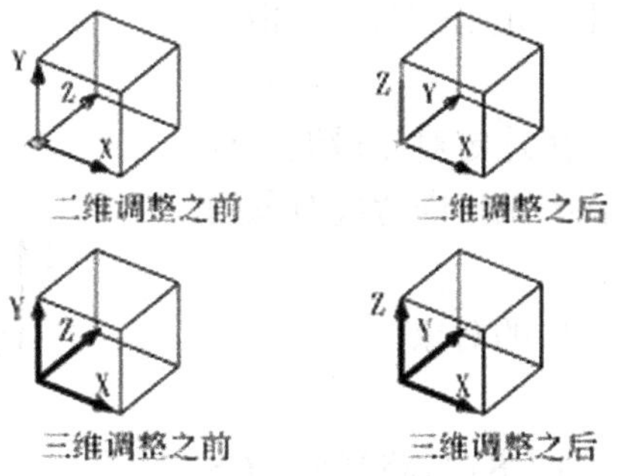

图 8-8　WCS 不能被重新定义

小提示：如果在单独视口中保存了不同的 UCS 设置并在视口之间切换，程序将不会在“上一个”列表中保留这些 UCS。但是，如果在某个视口中修改 UCS 设置，程序将在“上一个”列表中保留最后一个 UCS 设置。例如，将 UCS 从“世界”修改为“UCS1”时，AutoCAD 将把“世界”保持在“上一个”列表的顶部。如果切换视口，使“主视图”成为当前 UCS，接着又将 UCS 修改为“右视图”，则“主视图”UCS 保留在“上一个”列表的顶部。这时如果在当前视口中选择“UCS”—“上一个”选项两次，那么第一次返回“主视图”UCS 设置，第二次返回“世界”。

8. X/Y/Z（即分别输入X、Y或Z）

绕指定轴旋转当前 UCS。

指定绕 n 轴的旋转角度 <0>: 指定角度

在提示中，n 代表 X、Y 或 Z。输入正角度或负角度以旋转 UCS，如图 8-9 和 8-10 所示。

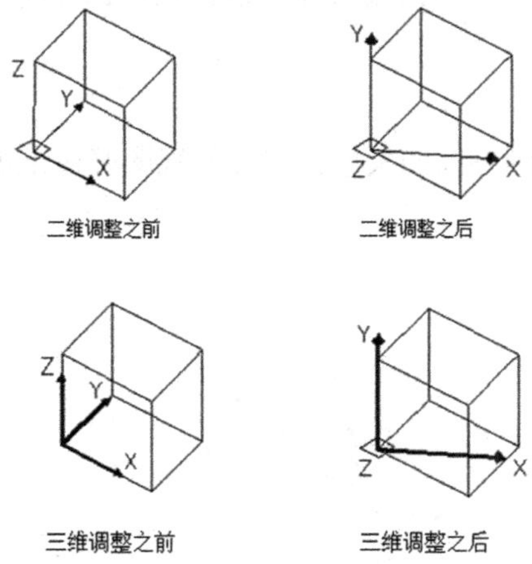

图 8-9　旋转 UCS

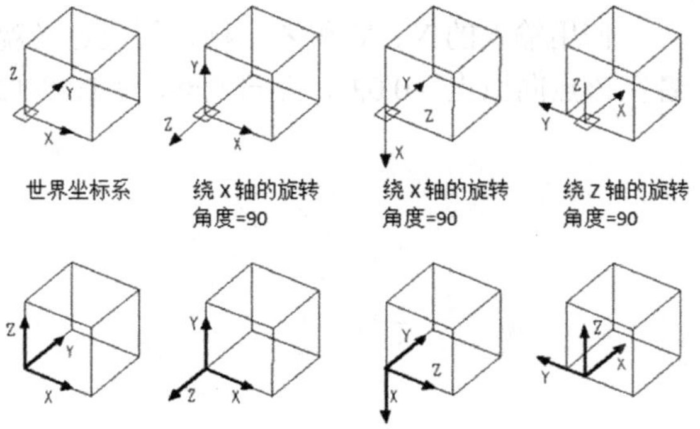

图 8-10　旋转 90°

9. Z 轴（即 ZA）

用指定的 Z 轴正半轴定义 UCS。

指定新原点或[对象(O)] <0,0,0>: 指定点或输入

（1）在正 Z 轴范围上指定点<当前>: 指定点，如图 8-11 所示。

（2）对象。将 Z 轴与离选定对象最近的端点的切线方向对齐。Z 轴正半轴指向背离对象的方向。

选择对象：选择一端开口的对象。

10. 应用

其他视口保存有不同的UCS时，将当前UCS设置应用到指定的视口或所有活动视口。

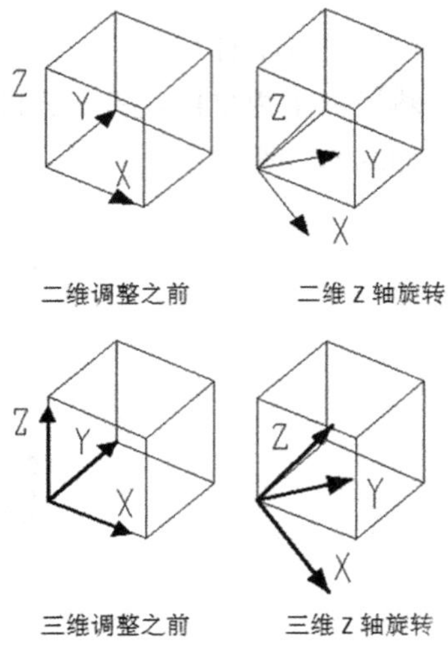

图 8-11　指定 Z 轴正半轴定义 UCS

拾取要应用当前 UCS 的视口或[所有(A)] <当前>: 单击视口内部指定视口，输入 a 或按 ENTER 键

（1）视口。将当前 UCS 应用到指定的视口并结束 UCS 命令。

（2）全部。将当前 UCS 应用到所有活动视口。

8.4　设置观察视点

8.4.1　VPoint 命令

输入命令：VPoint

系统提示：

当前视图方向: VIEWDIR=当前

指定视点或[旋转(R)]<显示坐标球和三轴架>: 指定点、输入 R 或按 ENTER 键显示坐标球和三轴架

1. 视点

使用输入的 X、Y 和 Z 坐标，创建定义观察视图方向的矢量。定义的视图好像是观察者在该点向原点（0,0,0）方向观察，如图 8-12 所示。

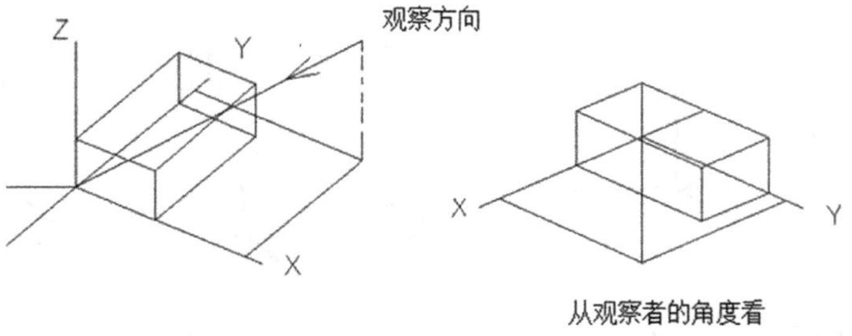

图 8-12　定义观察视图方向的矢量

2. 旋转

使用两个角度指定新的观察方向。

输入 XY 平面中与 X 轴的夹角<当前>:指定角度

第一个角度指定为在 XY 平面中与 X 轴的夹角。

输入与 XY 平面的夹角<当前>: 指定角度

第二个角度指定为与 XY 平面的夹角，位于 XY 平面的上方或下方，如图 8-13 所示。

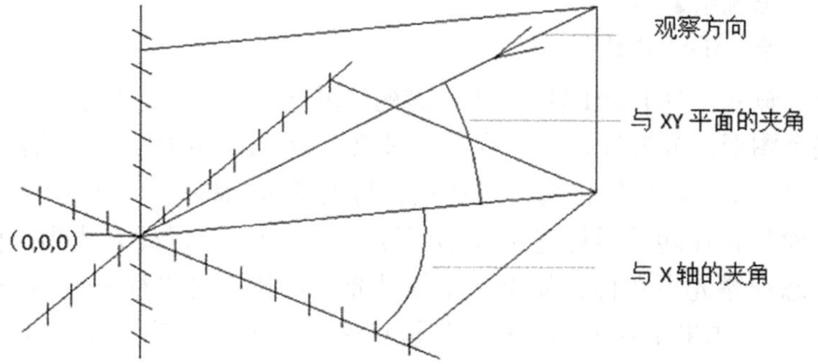

图 8-13　指定新观察方向

8.4.2 坐标球和三轴架

可以使用定点设备将指南针上的小十字光标移动到球体的任意位置上。移动十字光标时，三轴架根据坐标球指示的观察方向旋转。 要选择观察方向，请将定点设备移动到球体上的某个位置并单击。

在 VPoint 命令中选择：坐标轴和三轴架

显示坐标球和三轴架，用来定义视口中的观察方向，如图 8-14 所示。

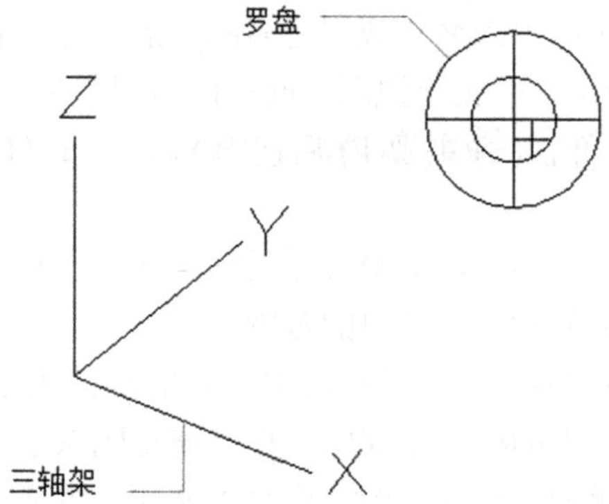

图 8-14　坐标轴和三轴架

指南针是球体的二维表现方式。中心点是北极（0,0,n），内环是赤道（n,n,0），整个外环是南极（0,0,-n）。

8.4.3 视点设置

用户通过视点观察三维模型，即在三维空间中任取一点，通过此点与默认坐标系原点所在连线方向来投影观察三维模型。AutoCAD 2007 提供了多种设置命令，可以更方便、快捷地观察三维模型。

1. “三维导航”工具栏

在“视图”菜单选项里，选择【动态观察】|【受约束的动态观察】命令，按【Shift】键并单击鼠标以暂时进入三维动态观察模式。

快捷菜单：启动任意三维导航命令，右击绘图区域，然后依次单击【其他导航模式】|【受约束的动态观察】命令。

2. **输入命令**：3DFORBIT

在命令行输入“3DFORBIT”，在当前视口可进入三维动态观察模式。启动命令之前，可以查看整个图形，或者选择一个或多个对象。当 3DFORBIT 处于活动状态时，视图的目标将保持静止，而相机的位置（或视点）将围绕目标移动。 但是，从用户的视点看起来就像三维模型正在随着鼠标光标拖动而旋转。用户可以以此方式指定模型的任意视图。显示三维动态观察光标图标。如果水平拖动光标，相机将平行于世界坐标系（WCS）的 XY 平面移动。 如果垂直拖动光标，相机将沿 Z 轴移动。当该命令处于活动状态时，可以通过右击绘图区域，或选择“三维导航”工具栏上的按钮，来访问其他 3DORBIT 选项和模式。

3. **输入命令**：—View

系统提示：

输入选项 [?/Delete(D)/正交(O)/恢复(R)/保存(S)/设置(E)/窗口(W)]:

（1）?—列出视图。列出图形中的命名视图和相机。

输入要列出的视图<*>: 输入通配符或按 ENTER 键

该列表包含每个指定视图的名称及其定义空间。M 指定模型空间，P 指定图纸空间。

（2）删除。删除一个或多个命名视图。

输入要删除的视图名：输入名称或用逗号隔开的名称列表

（3）正交。恢复预定义的正交视图，此视图被用户指定到当前视口中。

输入选项 [俯视(T)/仰视(B)/主视(F)/后视(BA)/左视(L)/右视(R)] <俯视>: 输入选项或按 ENTER 键

指定的正交视图的方向由 UCSBASE 系统变量决定，缺省设置为世界坐标系。恢复正交视图之一后，程序将缩放到当前视口的范围。

（4）恢复。恢复指定视图到当前视口中。如果 UCS 设置已与视图一起保存，它也被恢复。如果在布局选项卡上的模型空间中工作时恢复图纸空间视图，程序会切换到图纸空间并恢复此视图。在“模型”选项卡中工作时不能恢复图纸空间视图。

输入要恢复的视图名：输入视图名，也会恢复所保存视图的中心点和比例。如果在图纸空间工作时恢复模型空间视图，将提示选择一个视口来恢复此视图。

恢复模型空间视图。

选择视图的视口：选择视口可通过单击视口边界来选择视口。所选择的视口必须是打开的和活动的。程序切换到模型空间并在选定的视口中恢复该视图。

（5）保存。使用用户提供的名称来保存当前视口中的显示。

输入要保存的视图名：输入名称

保存视图时，将显示 UCSVIEW 系统变量的当前值。要更改设置和打开或关闭此选项，请使用 VIEW 的“UCS”选项。

（6）设置。指定 VIEW 命令的各种设置。

输入选项[背景(B)/分类(C)/图层快照(L)/UCS(U)/视觉样式(V)]:

详见如下的文字分析提示。

- 背景：指定视图的背景。 打开“背景”对话框。背景仅在三维视觉样式中可见。
- 分类：指定命名视图的类别。命名视图按分类显示在图纸集管理器中的“列表图”选项卡上。
- 图层快照：在新的命名视图中保存当前图层可见性设置。
- UCS：决定保存图形时是否保存当前 UCS 和标高设置。设定 UCSVIEW 系统变量。
- 视觉样式：设置或更新视图的视觉样式。输入视觉样式，输入* 以指定无视觉样式，或输入?以列出图形中的所有视觉样式。

（7）窗口。将当前显示的一部分保存为视图。

输入要保存的视图名：输入名称

指定第一个角点：

指定对角点：

由于指定的窗口形状可能与恢复视图的视口形状不同，恢复视图时显示的对象可能会超出指定的窗口边界。然而，打印视图仅打印窗口内部的对象，而不是整个视口显示。

在三维绘图过程中，要熟练掌握“视图”工具栏的运用，如图 8-15 所示。

或者选择“视图”|“三维视图”子菜单，如图 8-16 所示。

图 8-15　三维视图子菜单

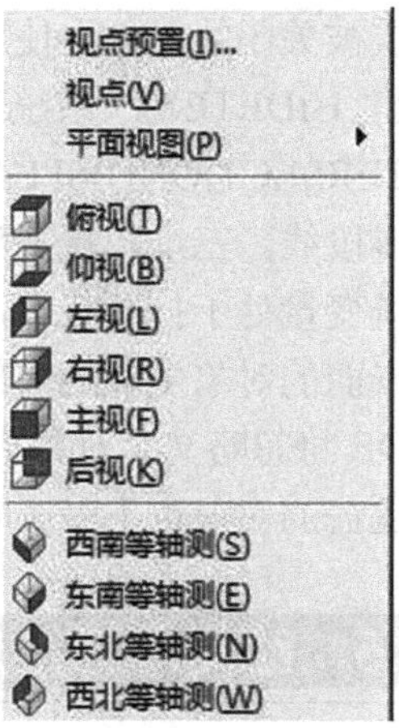

图 8-16　视图工具栏

在绘制三维图形时，必须熟练掌握视图之间的切换。图标中阴影出现的一面表示从该实体的这一侧看过去，所呈现的图形如图 8-17 和 8-18 所示，可以通过变换视图分析图形。

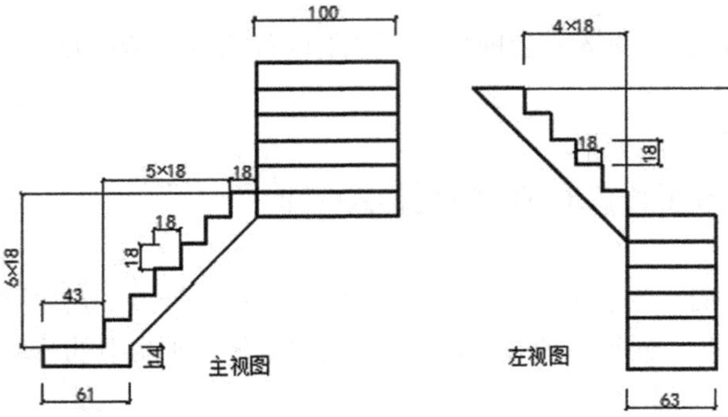

图 8-17　主视图和左视图

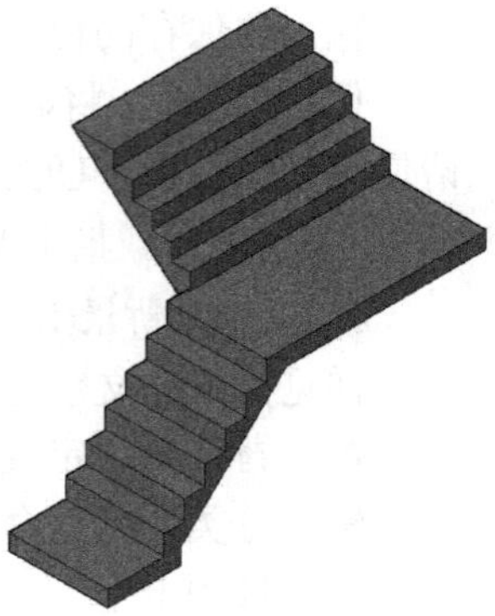

图 8-18　西南等轴测

8.5　消隐

“视图”菜单：“消隐”。

命令：输入 hide

使用 VPOINT、DVIEW 或 VIEW 创建二维图形的三维视图时，当前视口中将会显示一个线框。此时可以看见所有的直线，包括被其他对象遮盖的直线。HIDE 从屏幕上消除隐藏线。在三维图形中，HIDE 启动 VSCURRENT 并将当前视口中的视觉样式设置为“三维隐藏”。可以在视觉样式管理器中查看三维隐藏的所有设置。HIDE 将下列对象视为隐藏对象的不透明曲面：圆、实体、宽线、文字、面域、宽多段线线段、三维面、多边形网格以及厚度非零的对象拉伸边。如果圆、实体、宽线和宽多段线线段被拉伸，它们将被视为具有顶面和底面的实体对象。不能在其图层被冻结的对象上使用 HIDE，但是，可以在其图层被关闭的对象上使用 HIDE。要隐藏使用 DTEXT、MTEXT 或 TEXT 创建的文字，必须将 HIDETEXT 系统变量设置为 1，或为文字指定厚度值。使用 HIDE 命令时，如果 INTERSECTIONDISPLAY 系统变量处于打开状态，则三维曲面的面与面的相交线将显示为多段线。三维隐藏视觉样式不遵从 INTERSECTIONDISPLAY 的设置。如果 DISPSILH 系统变量处于打开状态，则 HIDE 仅显示具有轮廓边的三维实体对象。它将不会显示具有镶嵌面的对象生成的内部边。如果 HIDETEXT 系统变量处于关闭状态，生成隐藏视图时，HIDE 将忽略文字对象。系统始终显示文字对象（无论是否被其他对象遮盖），同时文字对象遮盖的对象也不受影响。

8.6　绘简单三维对象

8.6.1　绘制三维点

由于三维图形对象上的一些特殊点，如交点、中点等不能通过输入坐标的方法来实现，可以采用三维坐标下的目标捕捉法来拾取点。选择【绘图】|【点】命令，或在“绘图”工具栏中单击【点】按钮，然后在命令行中直接输入三维坐标即可绘制三维点。

二维图形方式下的所有目标捕捉方式在三维图形环境中可以继续使用。不同之处在于，在三维环境下只能捕捉三维对象的顶面和底面的一些特殊点，而不能捕捉柱体等实体侧面的特殊点，即在柱状体侧面竖线上无法捕捉目标点，因为主体的侧面上的竖线只是帮助显示的模拟曲线。在三维对象的平面视图中也不能捕捉目标点，因为在顶面上的任意一点都对应着底面上的一点，此时的系统无法辨别所选的点究竟在哪个面上。

8.6.2 绘制三维直线和样条曲线

两点决定一条直线。当在三维空间中指定两个点后，如点（0,0,0）和点（1,1,1），这两个点之间的连线即是一条 3D 直线。同样，在三维坐标系下，使用【绘图】|【样条曲线】命令，可以绘制复杂3D样条曲线，这时定义样条曲线的点不是共面点。例如，经过点(0,0,0)、点（10,10,10）、点（0,0,20）、点（-10,-10,30）、点（0,0,40）、点（10,10,50）和点（0,0,60）绘制的样条曲线。

选择【绘图】|【直线】命令，在命令行输入坐标点（0,0,0）和点（1,1,1），如图 8-19 所示。

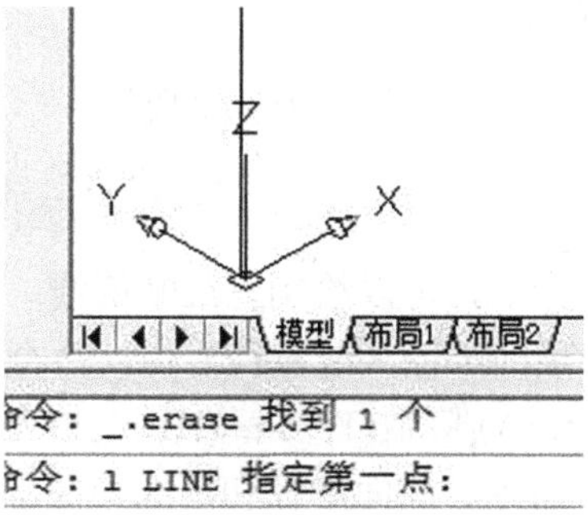

图 8-19　直线

选择【绘图】|【样条曲线】命令，在命令行输入坐标点（0,0,0）、点（10,10,10）、点（0,0,20）、点（-10,-10,30）、点（0,0,40）、点（10,10,50）和点（0,0,60），起点切向和端点切向都是 45，如图 8-20 所示。

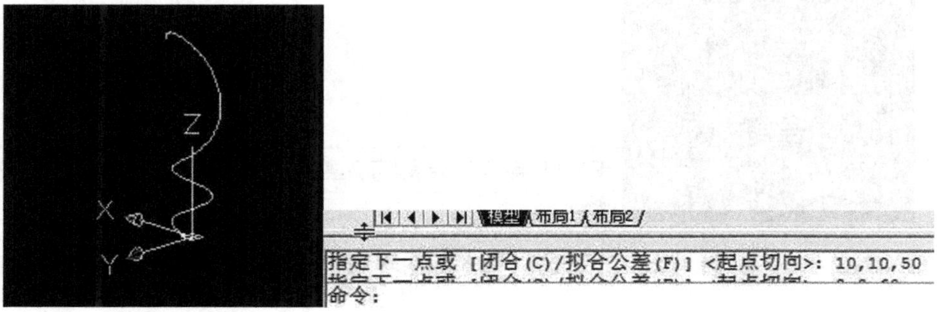

图 8-20　样条曲线

8.6.3 绘制三维多段线

在二维坐标系下，可以使用【绘图】|【多段线】命令来绘制多段线。尽管各线条可以设置宽度和厚度，但它们必须共面。三维多线段的绘制过程和二维多线段基本相同，但其使用的命令不同，另外在三维多线段中只有直线段，没有圆弧段。

选择【绘图】|【三维多段线】命令，此时命令行提示依次输入不同的三维空间点，以得到一个三维多段线，如图 8-21 示。

输入四点：（0,0,0）、（60,0,0）、（60,0,60）、（180,180,180）

线宽：0.35 毫米

颜色：红

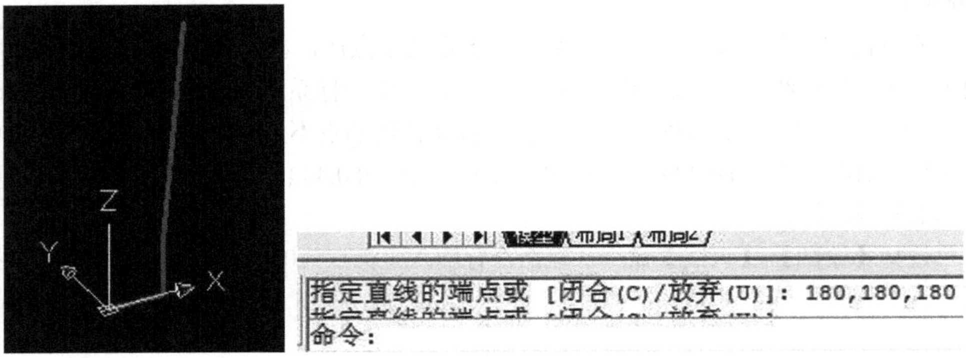

图 8-21　多段线

8.6.4 绘制螺旋线

选择【绘图】|【螺旋】命令，可以绘制三维螺旋线。当分别指定了螺旋线底面的中心点、底面半径（或直径）和顶面半径（或直径）后，命令行显示如下提示。

指定螺旋高度或 [轴端点(A)/圈数(T)/圈高(H)/扭曲(W)] <1.0000>

选择【绘图】|【螺旋】命令，底面半径和顶面半径都是“10”，高度为“45”，圈数为“20”，如图 8-22 所示。

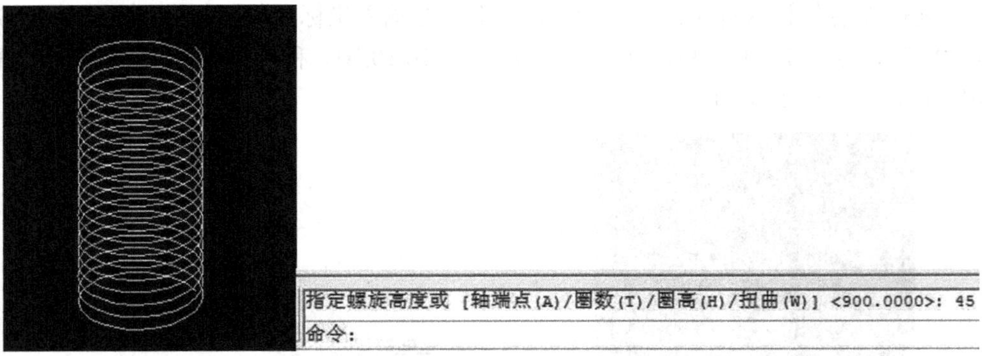

图 8-22　螺旋

8.7 曲面造型

8.7.1 绘制平面曲面

在 AutoCAD 2007 中，选择【绘图】|【建模】|【平面曲面】命令，可以创建平面曲面或将对象转换为平面对象。

绘制平面曲面时，命令行显示如下提示信息。

指定第一个角点或 [对象(O)] <对象>:

在该提示信息下，如果直接指定点可绘制平面曲面，此时还需要在命令行的“指定其他角点:”提示信息下输入其他角点坐标。如果要将对象转换为平面曲面，可以选择“对象(O)”选项，然后在绘图窗口中选择对象即可，如图 8-23 所示。

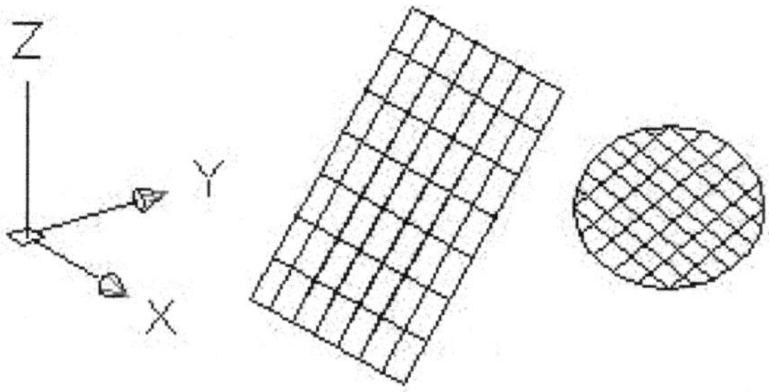

图 8-23　平面曲面

8.7.2 绘制三维面

选择【绘图】|【建模】|【网格】|【三维面】命令，可以绘制三维面。三维面是三维空间的表面，它没有厚度，也没有质量属性。由“三维面”命令创建的每个面的各顶点可以有不同的 Z 坐标，但构成各个面的顶点最多不能超过 4 个。如果构成面的 4 个顶点共面，消隐命令认为该面是不透明的可以消隐。反之，消隐命令对其无效。如图 8-24 所示。

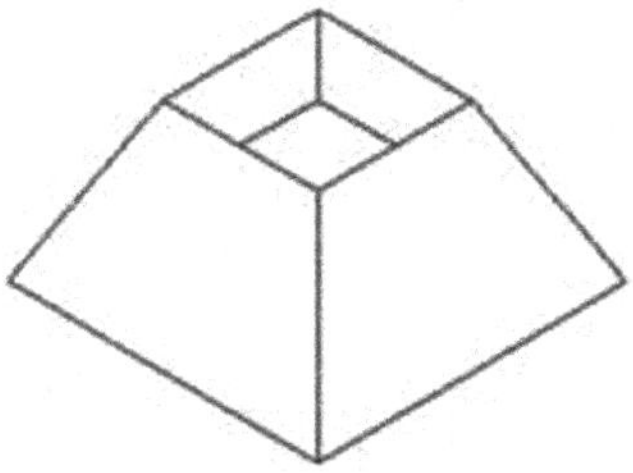

图 8-24　三维面

8.7.3 隐藏边

如图 8-25 所示，选择【绘图】|【建模】|【网格】|【边】命令，可以修改三维面的边的可见性。

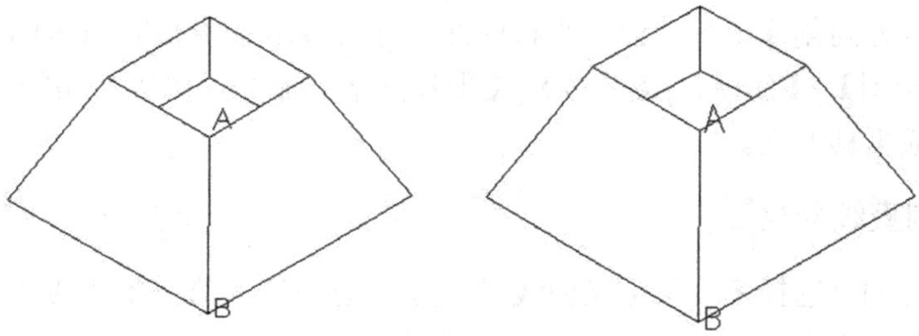

图 8-25　隐藏边

8.7.4 绘制三维网络

可以根据指定的 M 行 N 列个顶点和每一顶点的位置生成三维空间多边形网格。M 和 N 的最小值为 2，表明定义多边形网格至少要 4 个点，其最大值为 256。

选择【绘图】|【建模】|【网格】|【三维网格】命令，如图 8-26 所示。

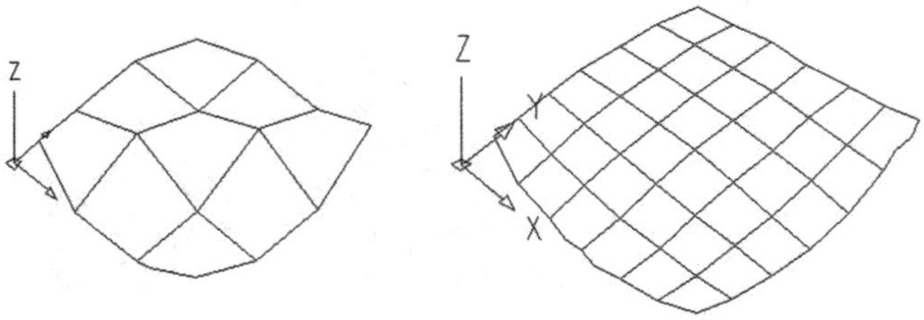

图 8-26　三维网格

8.7.5 绘制旋转网格

旋转方向的分段数由系统变量 SURFTAB1 确定，旋转轴方向的分段数由系统变量 SURFTAB2 确定。

选择【绘图】|【建模】|【网格】|【旋转网格】命令，可以将曲线绕旋转轴旋转一定的角度，形成旋转网格，如图 8-27 所示。

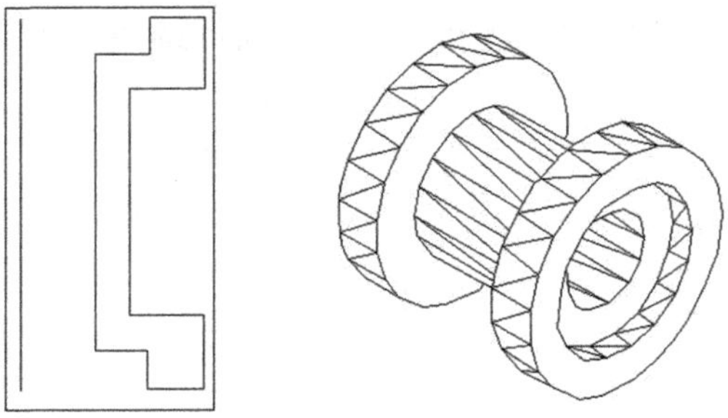

图 8-27　旋转网格

8.7.6 绘制平移网格

在命令行的“选择用作轮廓曲线的对象:”提示下选择曲线对象，在“选择用作方向矢量的对象:”提示信息下选择方向矢量。当确定了拾取点后，系统将向方向矢量对象上远离拾取点的端点方向创建平移曲面。平移曲面的分段数由系统变量 SURFTAB1 确定。

选择【绘图】|【建模】|【网格】|【平移网格】命令，可以将路径曲线沿方向矢量进行平移后构成平移曲面。

8.7.7 绘制直纹网格

在命令行的“选择第一条定义曲线:”提示信息下选择第一条曲线，在命令行的“选择第二条定义曲线:”提示信息下选择第二条曲线。

可以在两条曲线之间用直线连接从而形成直纹网格，选择【绘图】|【建模】|【网格】|【直纹网格】命令，如图 8-28 所示。

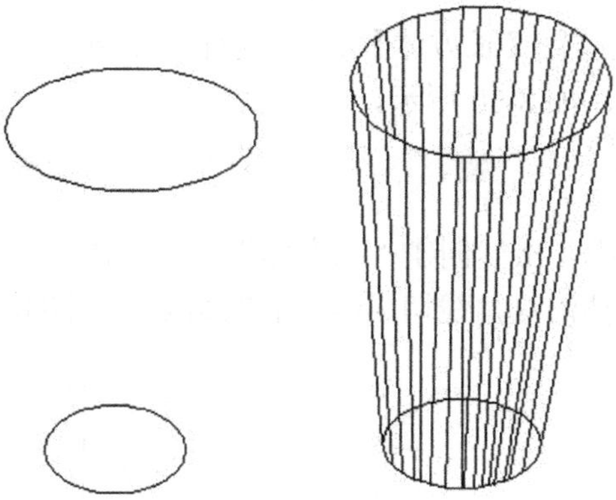

图 8-28　直纹网格

8.7.8 绘制边界网格

在命令行的"选择用作曲面边界的对象 1:"提示信息下选择第一条曲线，在命令行的"选择用作曲面边界的对象 2:"提示信息下选择第二条曲线，在命令行的"选择用作曲面边界的对象 3:"提示信息下选择第三条曲线，在命令行的"选择用作曲面边界的对象 4:"提示信息下选择第四条曲线。

选择【绘图】|【建模】|【网格】|【边界网格】命令，可以使用 4 条首尾连接的边创建三维多边形网格，如图 8-29 所示。

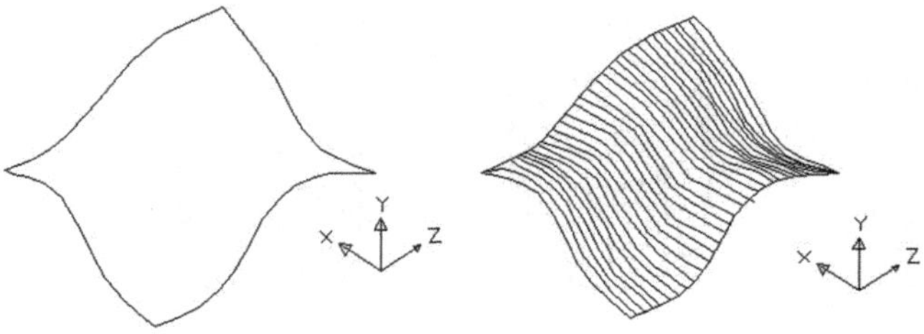

图 8-29　边界网格

8.8 实体造型

8.8.1 绘制多实体

在 AutoCAD 2007 中，选择【绘图】|【建模】|【多实体】命令，可以创建实体或将对象转换为实体。绘制多实体时，命令行显示如下提示信息。

指定起点或 [对象(O)/高度(H)/宽度(W)/对正(J)] <对象>:

选择"高度"选项，可以设置实体的高度；选择"宽度"选项，可以设置实体的宽度；选择"对正"选项，可以设置实体的对正方式，如左对正、居中和右对正，默认为居中对正。当设置了高度、宽度和对正方式后，可以通过指定点来绘制多实体，也可以选择"对象"选项将图形转换为实体。

8.8.2 绘制长方体

选择【绘图】|【建模】|【长方体】命令，或在“建模”工具栏中单击【长方体】按钮，都可以绘制长方体，如 8-30 所示。

8.8.3 绘制楔体

在 AutoCAD 2007 中，虽然创建“长方体”和“楔体”的命令不同，但创建方法却相同，因为楔体是长方体沿对角线切成两半后的结果，如图 8-31 所示。

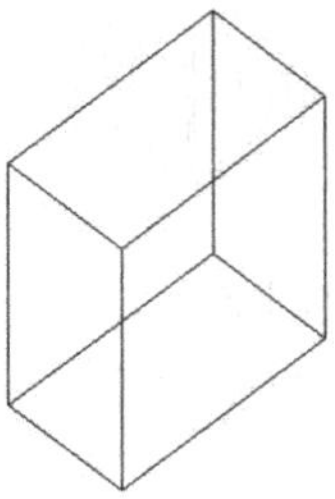

图 8-30 长方体

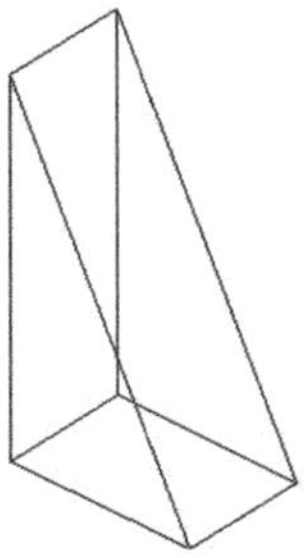

图 8-31 楔体

8.8.4 绘制圆柱体

选择【绘图】|【建模】|【圆柱体】命令，或在“建模”工具栏中单击【圆柱体】按钮，可以绘制圆柱体或椭圆柱体，如图 8-32 所示。

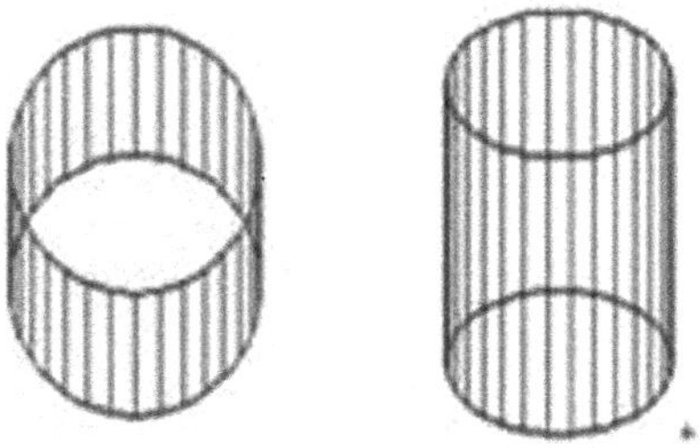

图 8-32 圆柱体

8.8.5 绘制圆锥体

选择【绘图】|【建模】|【圆锥体】命令，或在“建模”工具栏中单击【圆锥体】按钮，即可绘制圆锥体或椭圆形锥体，如图 8-33 所示。

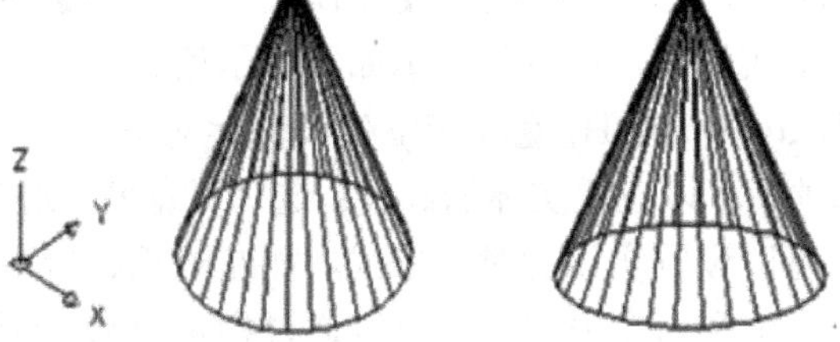

图 8-33 圆锥体

8.8.6 绘制球体

选择【绘图】|【建模】|【球体】命令，或在“建模”工具栏中单击【球体】按钮，都可以绘制球体。这时只需要在命令行的“指定中心点或 [三点(3P)/两点(2P)/相切、相切、半径(T)]:”提示信息下指定球体的球心位置，在命令行的“指定半径或 [直径(D)]:”提示信息下指定球体的半径或直径就可以了。

绘制球体时可以通过改变 ISOLINES 变量，来确定每个面上的线框密度，如 8-34 所示。

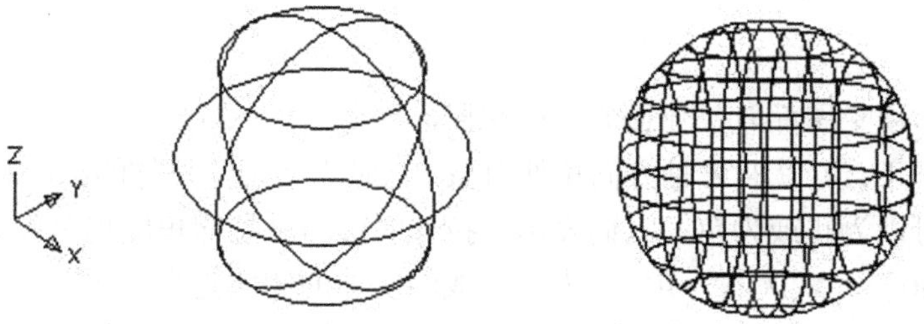

图 8-34 球体

8.8.7 绘制圆环体

选择【绘图】|【建模】|【圆环体】命令，或在“建模”工具栏中单击【圆环体】按钮，都可以绘制圆环实体，此时需要指定圆环的中心位置、圆环的半径或直径，以及圆管的半径或直径，如图 8-35 所示。

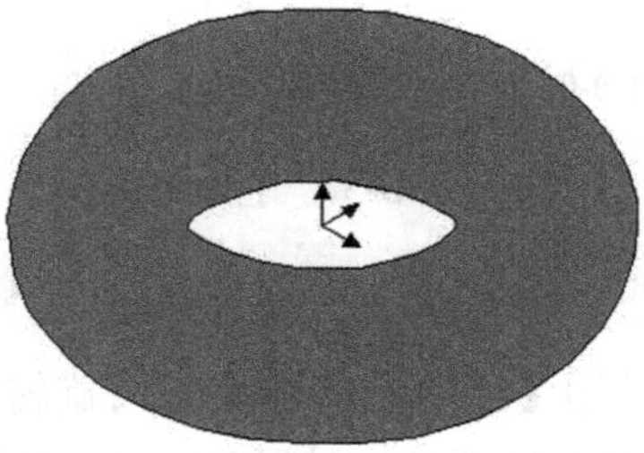

图 8-35 圆环体

8.8.8 棱锥面

选择【绘图】|【建模】|【棱锥面】命令，或在“建模”工具栏中单击【棱锥面】按钮，即可绘制棱锥面，如图 8-36 所示。

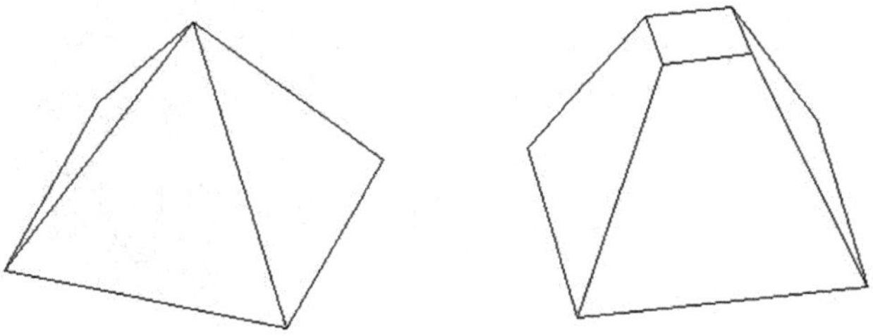

图 8-36 棱锥面

8.9 与实体有关的系统变量

8.9.1 拉伸

在 AutoCAD 中，选择【绘图】|【建模】|【拉伸】命令，或者直接选择工具栏中命令，可以将 2D 对象沿 Z 轴或某个方向拉伸成实体。拉伸对象被称为断面，可以是任何 2D 封闭多段线、圆、椭圆、封闭样条曲线和面域，多段线对象的顶点数不能超过 500 个且不小于 3 个。

注意：本命令图标与拉伸面的图标相同，勿混淆。

默认情况下，可以沿 Z 轴方向拉伸对象，这时需要指定拉伸的高度和倾斜角度。其中，拉伸高度值可以为正或为负，它们表示了拉伸的方向。拉伸角度也可以为正或为负，其绝对值不大于 90°，默认值为 0°，表示生成的实体的侧面垂直于 XY 平面，没有锥度。如果为正，将产生内锥度，生成的侧面向里靠；如果为负，将产生外锥度，生成的侧面向外，如图 8-37 所示。

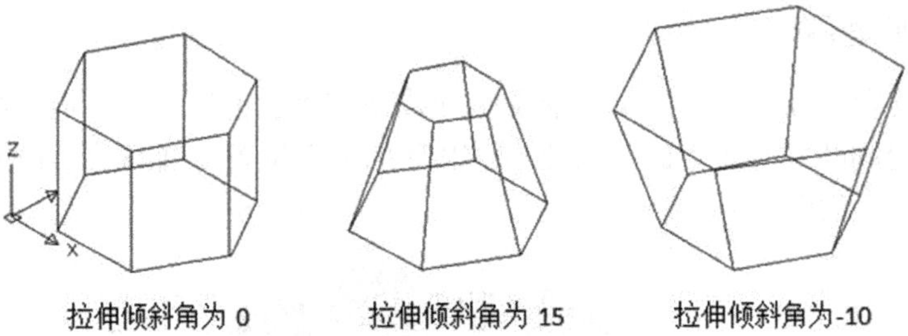

图 8-37　拉伸结果

8.9.2 旋转

在 AutoCAD 中，可以使用【绘图】|【建模】|【旋转】命令，将二维对象绕某一轴旋转生成实体。用于旋转的二维对象可以是封闭多段线、多边形、圆、椭圆、封闭样条曲线、圆环及封闭区域。三维对象、包含在块中的对象、有交叉或自干涉的多段线不能被旋转，而且每次只能旋转一个对象。

选择【绘图】|【建模】|【旋转】命令，并选择需要旋转的二维对象后，通过指定两个端点来确定旋转轴，如图 8-38 所示。

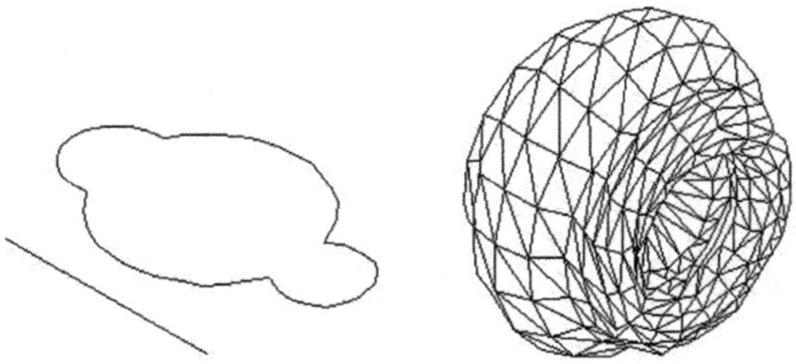

图 8-38　旋转

8.9.3 扫掠

在 AutoCAD 2007 中，选择新增的【绘图】|【建模】|【扫掠】命令，可以绘制网格面或三维实体。如果要扫掠的对象不是封闭的图形，那么使用【扫掠】命令后得到的是网格面，否则得到的是三维实体，如图 8-39 所示。

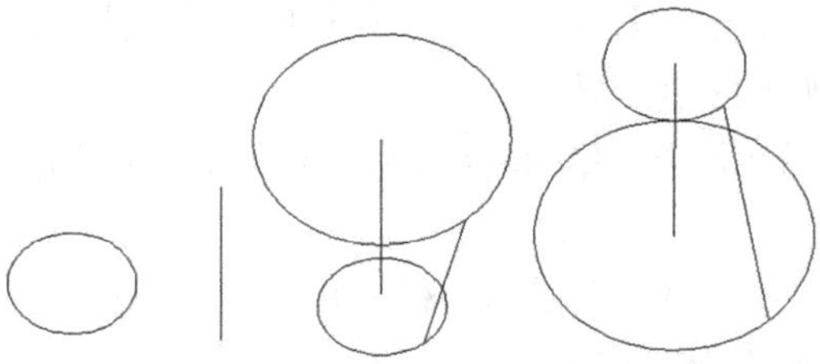

图 8-39　扫掠

8.9.4 放样

在 AutoCAD 2007 中，选择新增的【绘图】|【建模】|【放样】命令，可以将二维图形放样成实体，如图 8-40 所示。

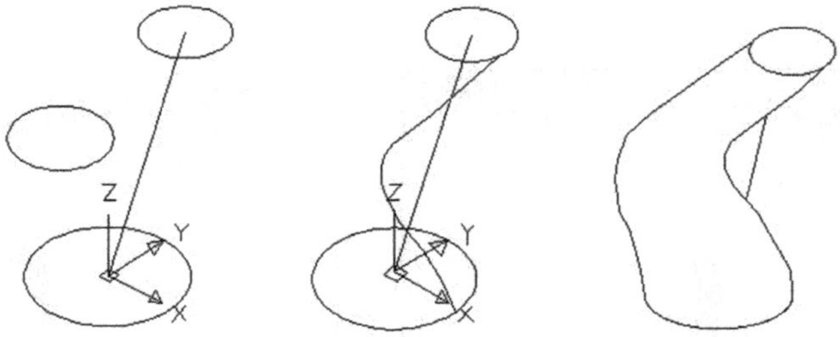

图 8-40　放样

8.10 三维动态观察器

8.10.1 环形阵列复制

在 AutoCAD 2007 中，选择【视图】|【动态观察】命令中的子命令，可以动态观察视图，如图 8-41 和 8-42 所示。

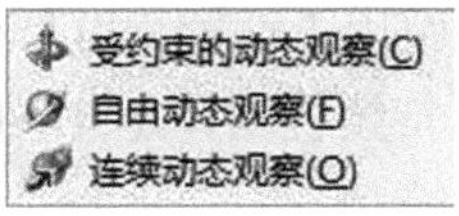

图 8-41　选择“动态观察”

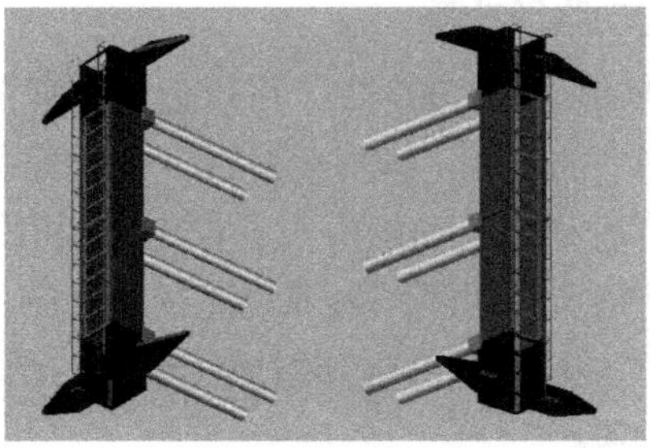

图 8-42　观察结果

8.10.2 使用相机

在 AutoCAD 2007 中，相机是新引入的一个对象，用户可以在模型空间放置一台或多台相机来定义 3D 透视图。

1. **创建相机**

选择【视图】|【创建相机】命令，可以在视图中创建相机，当指定了相机位置和目标位置后，命令行显示如下提示信息。

输入选项 [?/名称(N)/位置(LO)/高度(H)/目标(T)/镜头(LE)/剪裁(C)/视图(V)/退出(X)] <退出>:

在该命令提示下，可以指定创建的相机名称、相机位置、高度、目标位置、镜头长度、剪裁方式以及是否切换到相机视图。

2. **相机预览**

在视图中创建了相机后，当选中相机时，将打开“相机预览”窗口。

小提示：在预览框中显示了使用相机观察到的视图效果。在“视觉样式”下拉列表框中，可以设置预览窗口中图形的三维隐藏、三维线框、概念和真实等视觉样式，如图 8-43 所示。

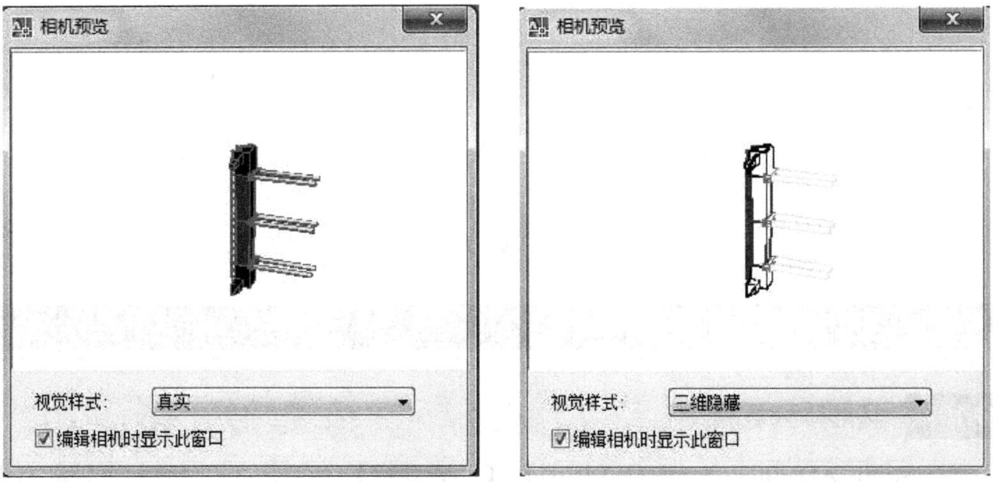

图 8-43　相机预览

3. **运动路径动画**

在 AutoCAD 2007 中，可以选择【视图】|【运动路径动画】命令，创建相机沿路径运动观察图形的动画，此时将打开“运动路径动画”对话框。

在“运动路径动画”对话框中，“相机”选项组用于设置相机链接到的点或路径，使相机位于指定点观测图形或沿路径观察图形；“目标”选项组用于设置相机目标链接到的点或路径；“动画设置”选项组用于设置动画的帧频、帧数、持续视觉、分辨率以及动画输出格式等选项。

当设置完动画选项后，单击预览按钮，将打开“动画预览”窗口，可以预览动画播放效果。

8.10.3 漫游与飞行

在 AutoCAD 2007 中，用户可以在漫游或飞行模式下，通过键盘和鼠标可以控制视图显示或创建导航动画。

1. “定位器”选项板

选择【视图】|【漫游】或【视图】|【飞行】命令，打开“定位器”选项板和“三维漫游导航映射”对话框，如图 8-44 和 8-45 所示。

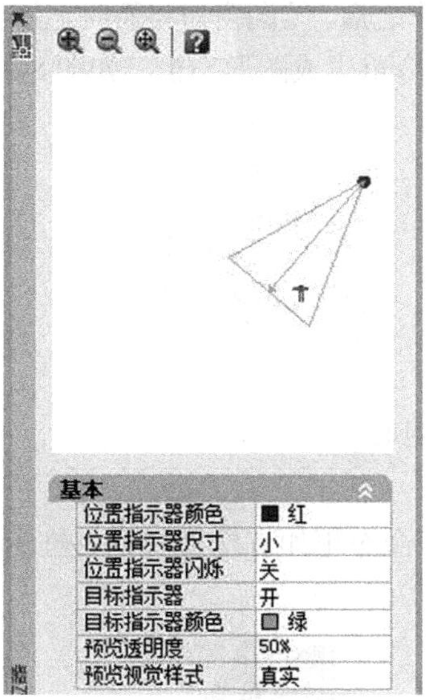

图 8-44　定位器

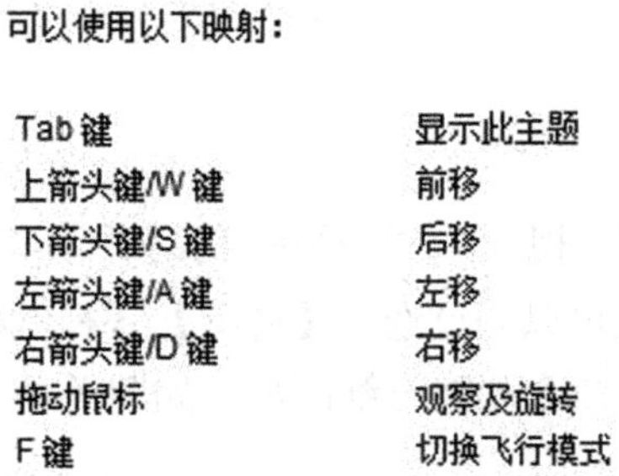

图 8-45　三维漫游导航映射

2. 漫游和飞行设置

选择【视图】|【漫游和飞行】命令，打开“漫游和飞行设置”对话框，如图 8-46 所示。可以设置显示指令窗口的时机，窗口显示的时间，以及当前图形设置的步长和每秒步数。

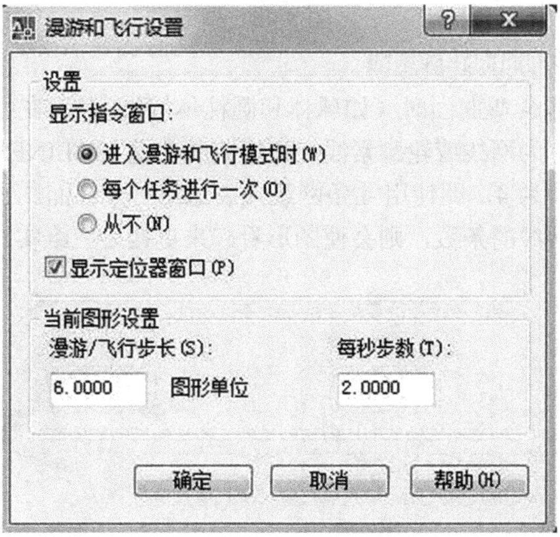

图 8-46　漫游和飞行设置

8.10.4 观察三维图形

在 AutoCAD 中，使用【视图】|【缩放】或【视图】|【平移】子菜单中的命令可以缩放或平移三维图形，以观察图形的整体或局部。其方法与观察平面图形的方法相同。此外，在观测三维图形时，还可以通过旋转、消隐及设置视觉样式等方法来观察三维图形。

1. 消隐图形

在绘制三维曲面及实体时，为了更好地观察效果，可选择【视图】|【消隐】命令，暂时隐藏位于实体背后而被遮挡的部分。执行消隐操作之后，绘图窗口将暂时无法使用“缩放”和“平移”命令，直到选择【视图】|【重生成】命令重生成图形为止，如图 8-47 所示。

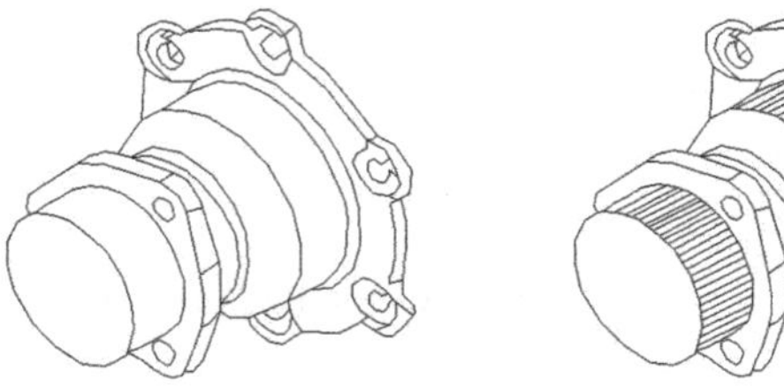

图 8-47　消隐图形

2. 使用“视觉样式”菜单观察三维图形

用户还可以通过选择【视图】|【视觉样式】子命令更加真实地观察三维图形，例如选择“概念”命令观察三维图形，如图 8-48 所示。

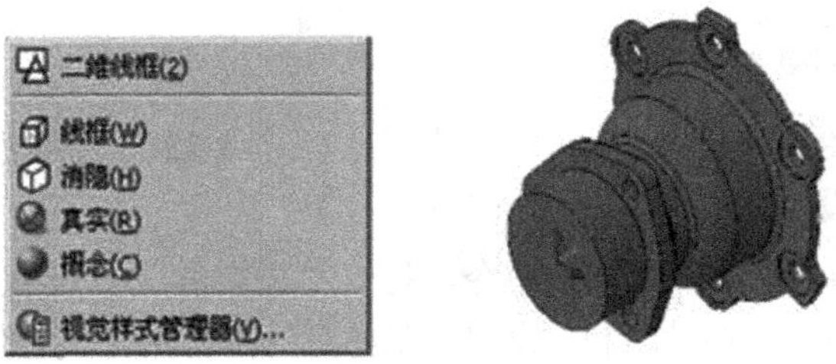

图 8-48　概念

3. 改变三维图形的曲面轮廓素线

当三维图形中包含弯曲面时（如球体和圆柱体等），曲面在线框模式下用线条的形式来显示，这些线条称为网线或轮廓素线。使用系统变量 ISOLINES 可以设置显示曲面所用的网线条数，默认值为 4，即使用 4 条网线来表达每一个曲面。该值为 0 时，表示曲面没有网线，如果增加网线的条数，则会使图形看起来更接近三维实物，如图 8-49 所示。

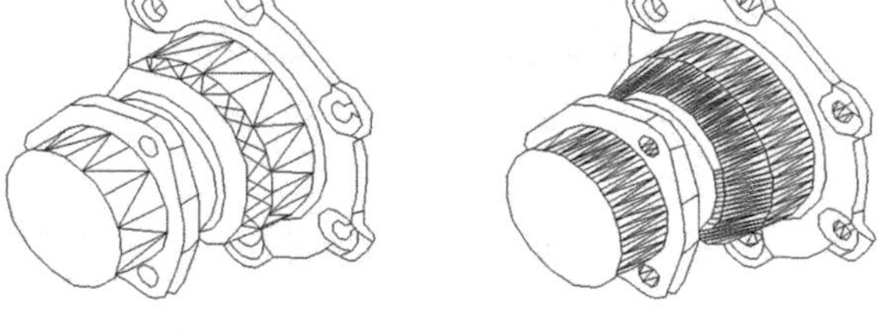

图 8-49　改变网线条数

4. **以线框形式显示实体轮廓**

使用系统变量 DISPSILH 可以以线框形式显示实体轮廓。此时需要将其值设置为 1，并用“消隐”命令隐藏曲面的小平面，如图 8-50 所示。

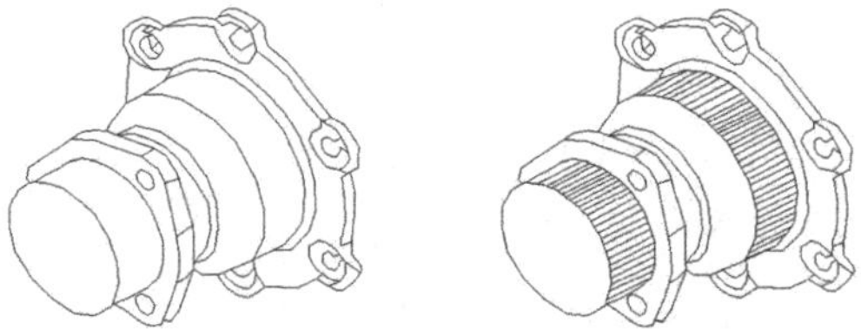

图 8-50　线框

5. **改变实体表面的平滑度**

要改变实体表面的平滑度，可通过修改系统变量 FACETRES 来实现。该变量用于设置曲面的面数，取值范围为 0.01～10。其值越大，曲面越平滑。

如果 DISPSILH 变量值为 1，那么在执行【消隐】或【渲染】命令时并不能看到 FACETRES 设置效果，此时必须将 DISPSILH 值设置为 0，如图 8-51 所示。

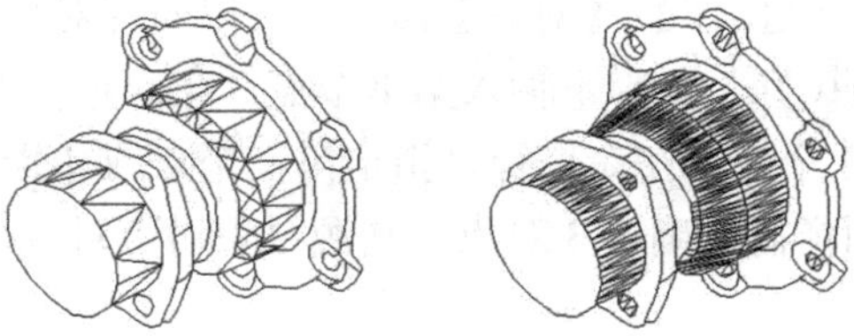

图 8-51　曲面平滑度

8.11　编辑和渲染三维对象

8.11.1　三维移动

选择【修改】|【三维操作】|【三维移动】命令，可以移动三维对象。执行【三维移动】命令时，首先需要指定一个基点，然后指定第二点即可移动三维对象，如图 8-52 所示。

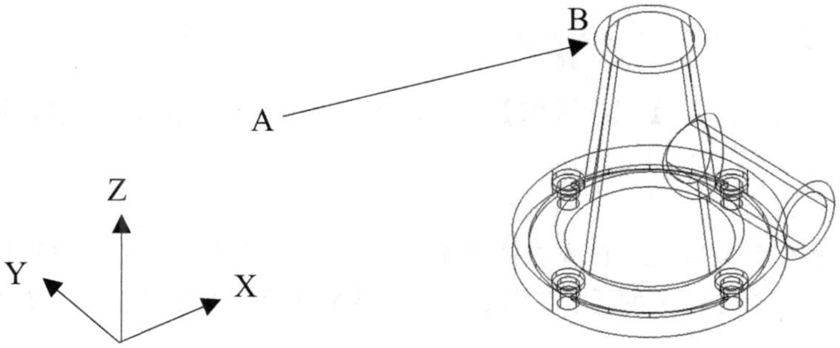

图 8-52　上底圆心由 A 点移到 B 点

8.11.2 三维旋转

选择【修改】|【三维操作】|【三维旋转】命令，可以使对象绕三维空间中任意轴（X 轴、Y 轴或 Z 轴）、视图、对象或两点旋转，如图 8-53 所示。

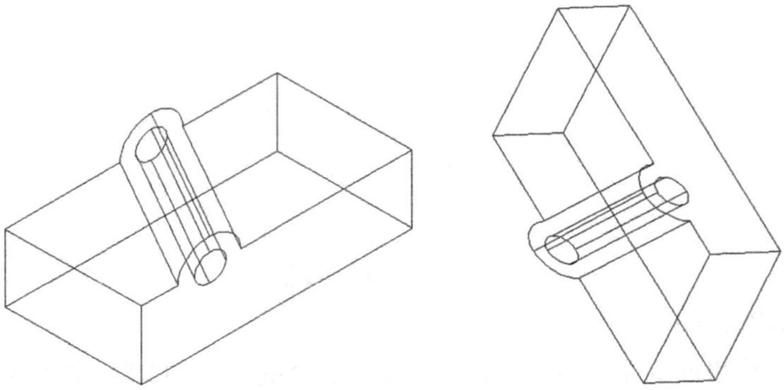

旋转前　　旋转后

图 8-53　三维旋转前后的对比

8.11.3 对齐位置

选择【修改】|【三维操作】|【对齐】命令，可以对齐对象。首先选择源对象，在命令行“指定基点或 [复制(C)]:”提示下输入第 1 个点，在命令行“指定第二个点或 [继续(C)] <C>:”提示下输入第 2 个点，在命令行“指定第三个点或 [继续(C)] <C>:”提示下输入第 3 个点，在目标对象同样需要确定 3 对点，与源对象对点对应，如图 8-54 所示。

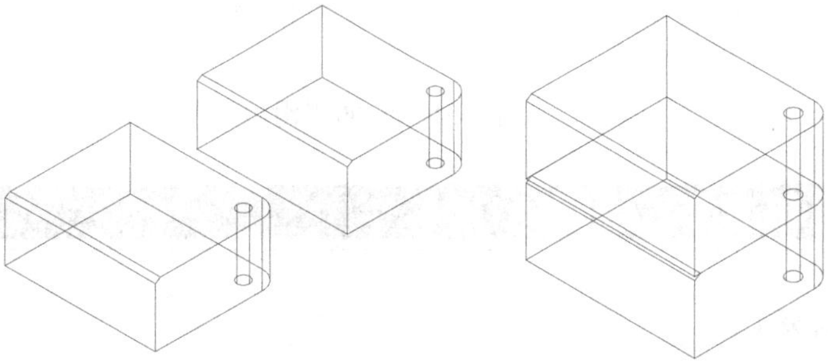

两个分离的图形　　对齐两个图形

图 8-54　对齐

8.11.4 三维镜像

选择【修改】|【三维操作】|【三维镜像】命令，可以在三维空间中将指定对象相对于某一平面镜像。

说明：执行该命令并选择需要进行镜像的对象，然后指定镜像面。镜像面可以通过 3 点确定，也可以是对象、最近定义的面、Z 轴、视图、XY 平面、YZ 平面和 ZX 平面，如图 8-55 所示。

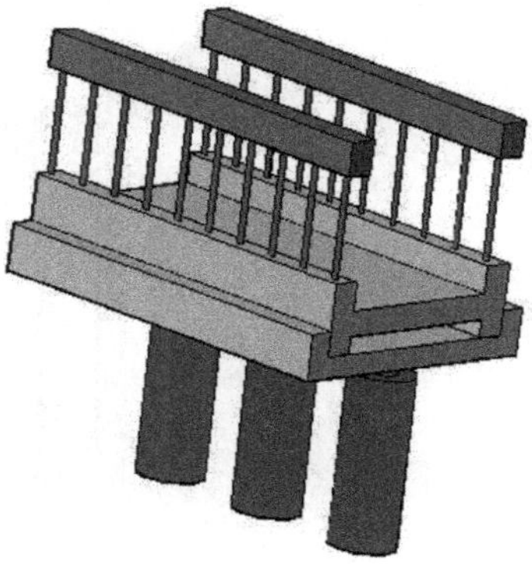

图 8-55　用三维镜像做出另一侧的扶手

8.11.5 三维阵列

选择【修改】|【三维操作】|【三维阵列】命令，可以在三维空间中使用环形阵列或矩形阵列方式复制对象。

1. 矩形阵列

在命令行的“输入阵列类型[矩形(R)/环形(P)]<矩形>:”提示下，选择“矩形”选项或者直接回车，可以以矩形阵列方式复制对象，此时需要依次指定阵列的行数、列数、层数、行间距、列间距及层间距。

注意：矩形阵列的行、列、层分别沿着当前 UCS 的 X 轴、Y 轴和 Z 轴的方向；输入某方向的间距值为正值时，表示将沿相应坐标轴的正方向阵列，否则沿反方向阵列，如图 8-56 所示。

图 8-56　矩形阵列出其中四个小圆

2. 环形阵列

在命令行的“输入阵列类型[矩形(R)/环形(P)]<矩形>:”提示下，选择“环形(R)”选项，可以以环形阵列方式复制对象，此时需要输入阵列的项目个数，并指定环形阵列的填充角度，确认是否要进行自身旋转，然后指定阵列的中心点及旋转轴上的另一点，确定旋转轴，如图 8-57 所示环形阵列。

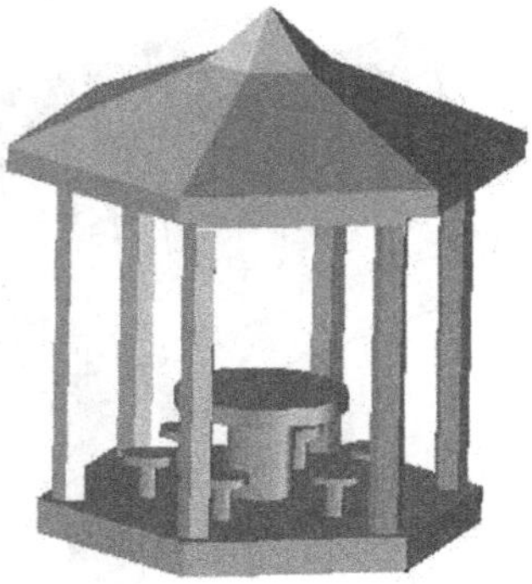

图 8-57　环形阵列出其中四个小凳子

8.11.6　三维实体的布尔运算

在 AutoCAD 中，用于实体的布尔运算有并集、差集和交集 3 种。

1. 并集运算

选择【修改】|【实体编辑】|【并集】命令，或在“实体编辑”工具栏中单击【并集】按钮，就可以通过组合多个实体生成一个新实体。该命令主要用于将多个相交或相接触的对象组合在一起。当组合一些不相交的实体时，其显示效果看起来还是多个实体，但实际上却被当作一个对象。在使用该命令时，只需要依次选择待合并的对象即可，如图 8-58 所示。

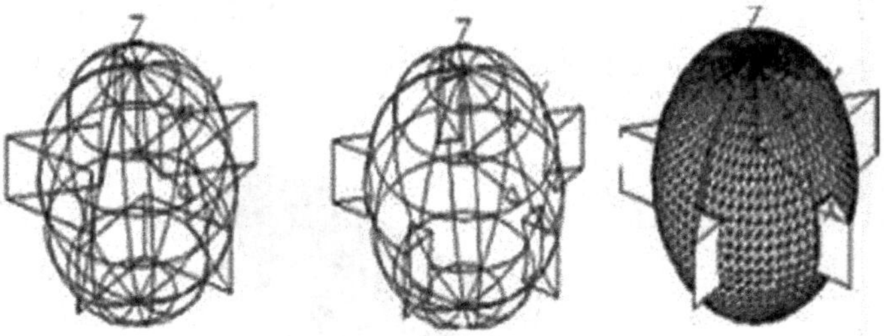

图 8-58　并集

2. 差集运算

选择【修改】|【实体编辑】|【差集】命令，或在“实体编辑”工具栏中单击【差集】按钮，即可从一些实体中去掉部分实体，从而得到一个新的实体，如图 8-59 所示。

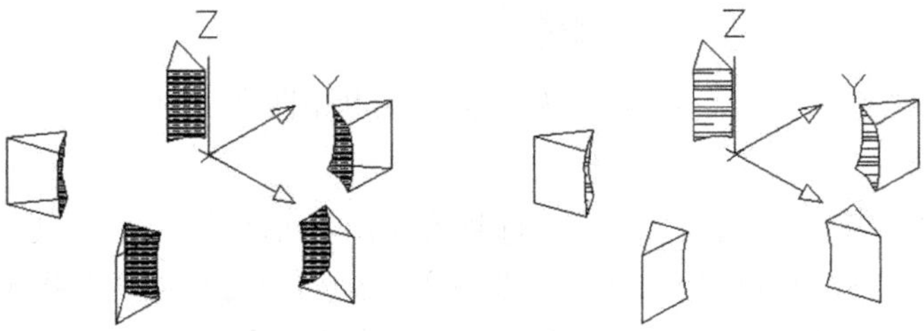

图 8-59　差集

3. 交集运算

选择【修改】|【实体编辑】|【交集】命令，或在“实体编辑”工具栏中单击【交集】按钮，就可以利用各实体的公共部分创建新实体，如 8-60 所示。

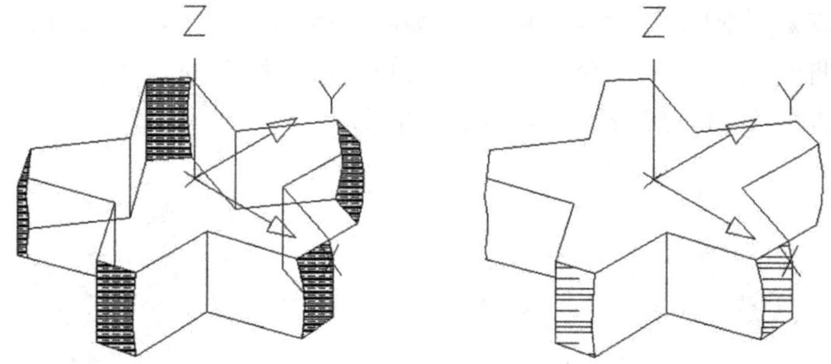

图 8-60　交集

4. 干涉运算

选择【修改】|【三维操作】|【干涉】命令，就可以对对象进行干涉运算。把原实体保留下来，并用两个实体的交集生成一个新实体，如图 8-61 所示。

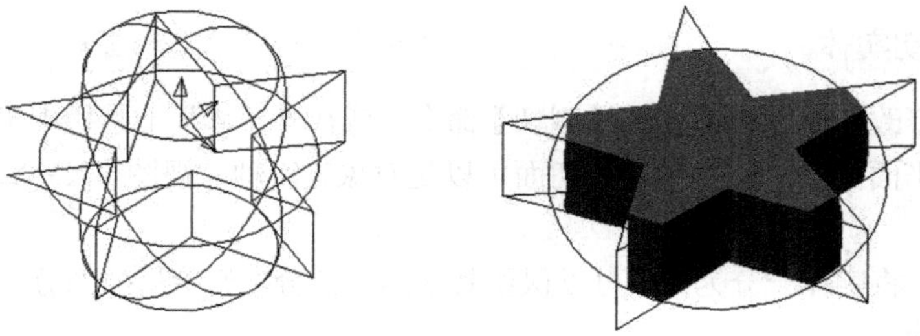

图 8-61　干涉

8.11.7 分解实体

选择【修改】|【分解】命令，可以将实体分解为一系列面域和主体。

分解后，实体中的平面被转换为面域，曲面被转化为主体。用户还可以继续使用该命令，将面域和主体分解为组成它们的基本元素，如直线、圆及圆弧等，如图 8-62 所示。

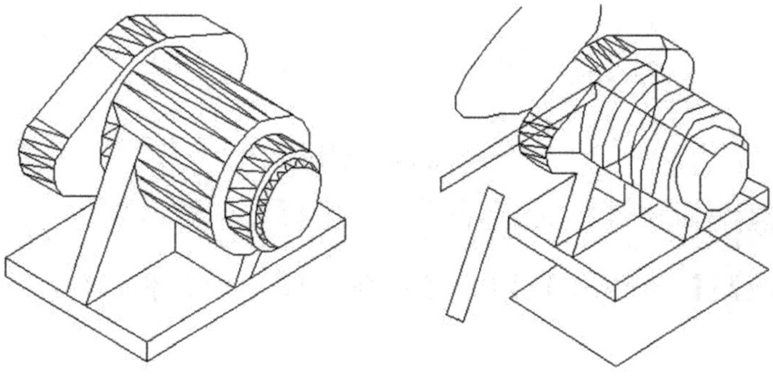

图 8-62　分解实体

8.11.8 对实体修倒角和圆角

选择【修改】|【倒角】命令，可以对实体的棱边修倒角，从而在两相邻曲面间生成一个平坦的过渡面。

选择【修改】|【圆角】命令，可以为实体的棱边修圆角，从而在两个相邻面间生成一个圆滑过渡的曲面。在为几条交于同一个点的棱边修圆角时，如果圆角半径相同，则会在该公共点上生成球面的一部分，如图 8-63 所示。

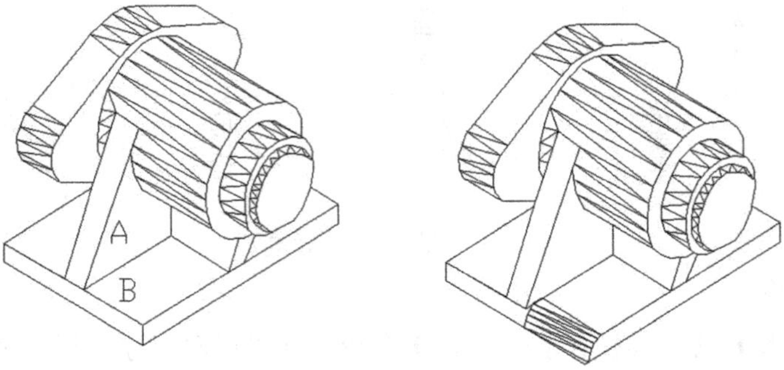

图 8-63 倒角和圆角

8.11.9 剖切实体

选择【修改】|【三维操作】|【剖切】命令，或在“实体”工具栏中单击【剖切】按钮，都可以使用平面剖切一组实体。剖切面可以是对象、Z 轴、视图、XY/YZ/ZX 平面或 3 点定义的面。

剖切后，将实体一分为二，可以保留其中的一部分，删除另一部分；也可以全部保留。如图 8-64 所示。

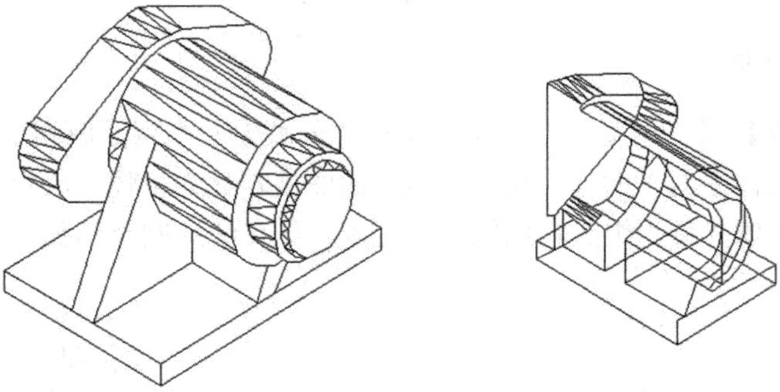

图 8-64 剖切实体

8.11.10 加厚

选择【修改】|【三维操作】|【加厚】命令，可以为曲面添加厚度，使其成为一个实体，如图 8-65 所示。

注意：加厚对曲面进行操作。

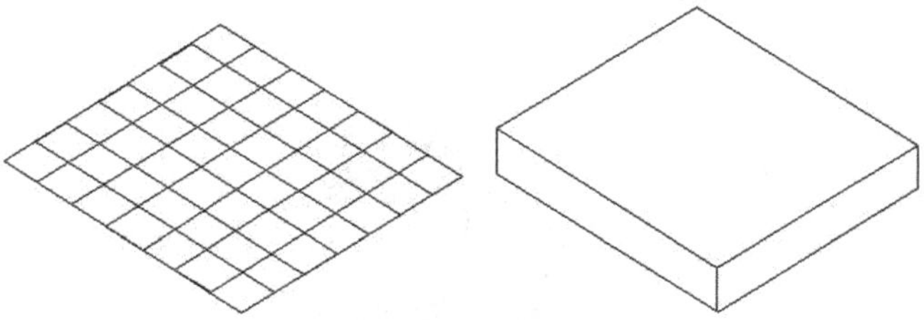

图 8-65　加厚

8.11.11　编辑实体面

在 AutoCAD 中，使用【修改】|【实体编辑】子菜单中的命令，可以对实体面进行拉伸、移动、偏移、删除、旋转、倾斜、着色和复制等操作，如图 8-66 所示。

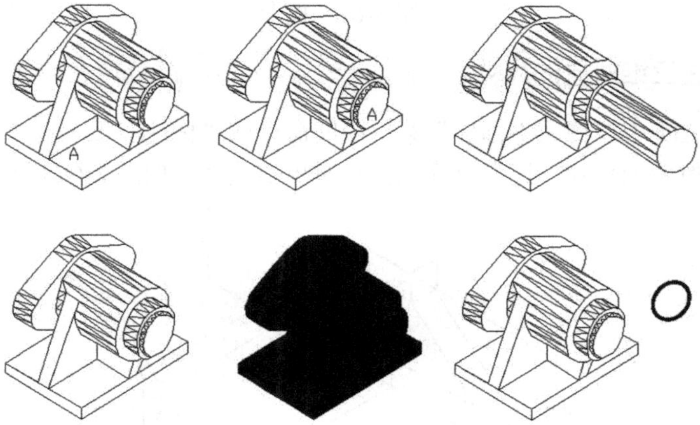

图 8-66　实体编辑

8.11.12　编辑实体边

在 AutoCAD 中，选择【修改】|【实体编辑】|【着色边】命令，或在“实体编辑”工具栏中单击【着色边】按钮，即可着色实体边，其方法与着色实体面的方法相同。选择【修改】|【实体编辑】|【复制边】命令，或在“实体编辑”工具栏中单击【复制边】按钮，可以复制三维实体的边，其方法与复制实体面的方法相同。

小提示：在 AutoCAD 中，使用【修改】|【实体编辑】子菜单中的命令，还可以对实体进行压印、清除、分割、抽壳和检查等操作。

8.11.13　曲面与实体转换

在 AutoCAD 中，选择【修改】|【三维操作】|【转化为实体】和【转化为曲面】命令，可以实现实体和曲面之间的互相转化。

8.11.14　提取边

选择【修改】|【三维操作】|【提取边】命令，可以将实体分解为一系列的边，如图

8-67 所示。

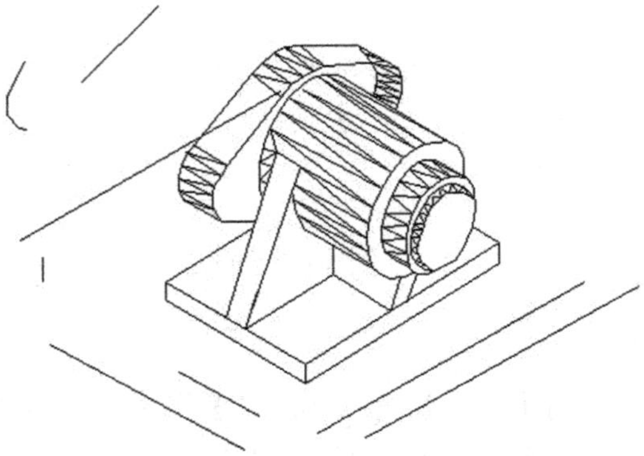

图 8-67　提取边

8.11.15 标注三维对象的尺寸

在 AutoCAD 中，使用“标注”菜单中的命令或“标注”工具栏中的标注工具，不仅可以标注二维对象的尺寸，还可以标注三维对象的尺寸，如图 8-68 所示。

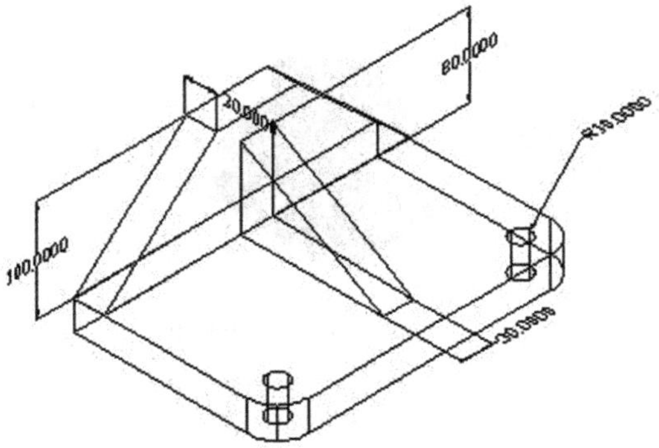

图 8-68　标注

小提示：由于所有的尺寸标注都只能在当前坐标的 XY 平面中进行，因此为了准确标注三维对象中各部分的尺寸，需要不断地变换坐标系。

8.11.16 设置三维对象的视觉样式

在 AutoCAD 2007 中，选择【视图】|【视觉样式】命令中的子命令或“视觉样式”工具栏来观察对象。

1. **应用视觉样式**

对对象应用视觉样式一般使用来自观察者左后方上面的固定环境光。而选择【视图】|【重生成】命令重新生成图像时，也不会影响对象的视觉样式效果，并且用户还可以使用通常视图中进行的一切操作在此模式下运行，如窗口的平移、缩放、绘图和编辑等。或者直接选择工具栏中的命令，如图 8-69 和图 8-70 所示。

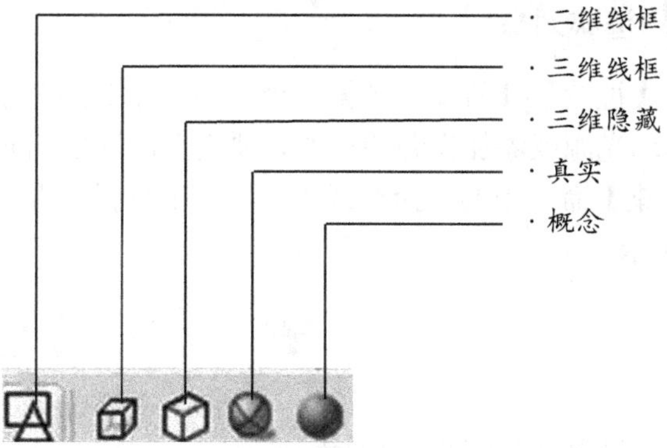

图 8-69　图标

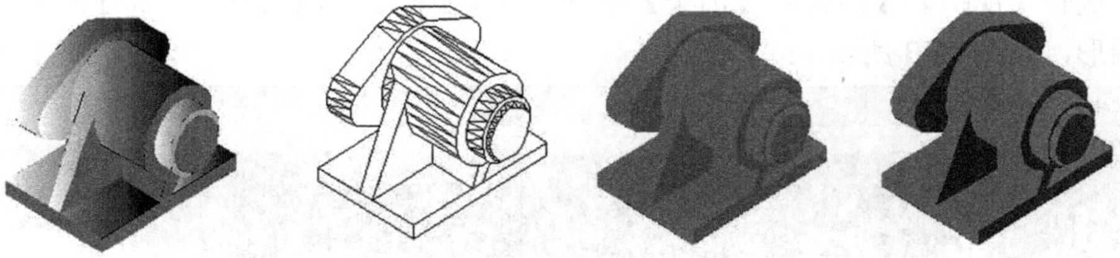

图 8-70　应用视觉样式

2. 管理视觉样式

在 AutoCAD 2007 中，选择【视图】|【视觉样式】|【视觉样式管理器】命令，打开“视觉样式管理器”选项板，可以对视觉样式进行管理，如图 8-71 所示。

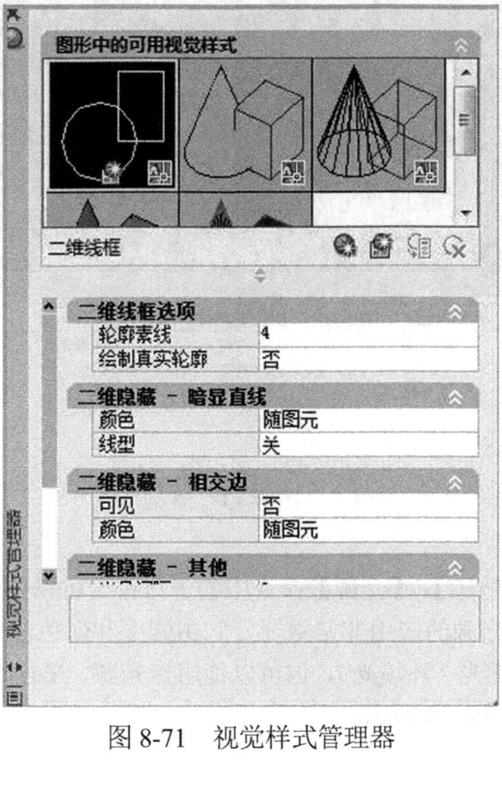

图 8-71　视觉样式管理器

8.11.17 渲染对象

使用【视图】|【视觉样式】命令中的子命令为对象应用视觉样式时，并不能执行产生亮显、移动光源或添加光源的操作。要更全面地控制光源，必须使用渲染，可以使用【视图】|【渲染】命令中的子命令或“渲染”工具栏实现。或者直接选择工具栏中的命令，如图 8-72 所示。

图 8-72　渲染图标

1. 在渲染窗口中快速渲染对象

选择【视图】|【渲染】|【渲染】命令，可以在打开的渲染窗口中快速渲染当前视口中的图形，如图 8-73 所示。

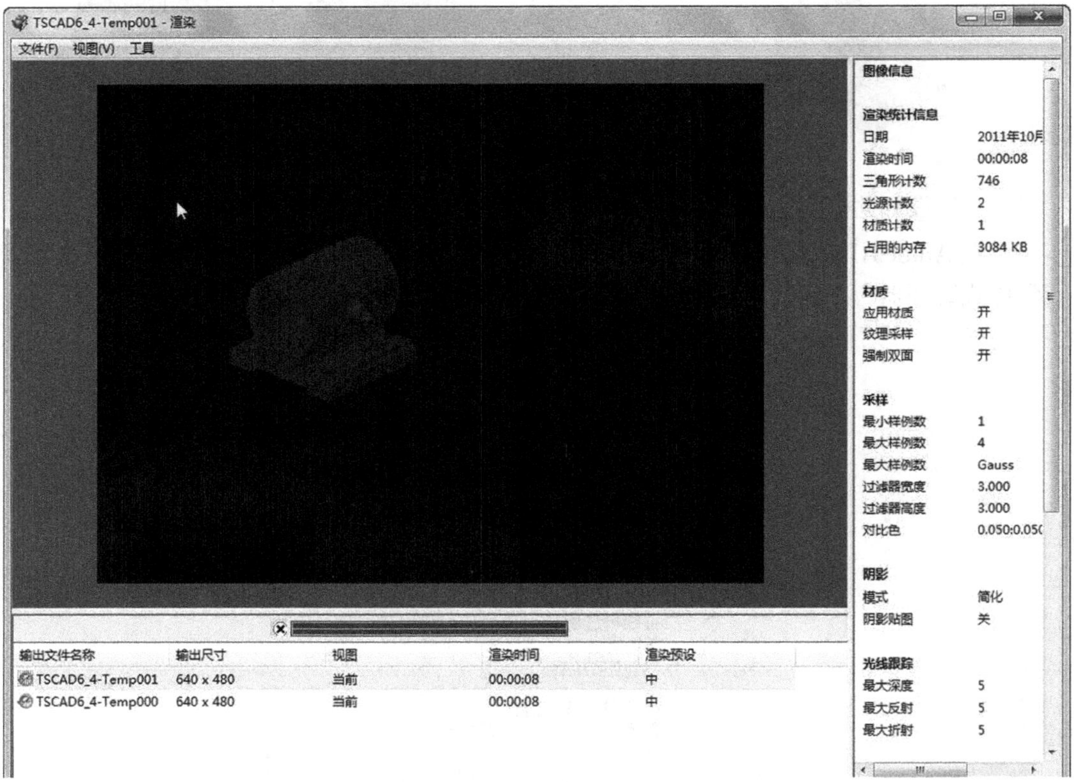

图 8-73　渲染

2. 设置光源

选择【视图】|【渲染】|【光源】命令中的子命令，可以创建和管理光源。

在渲染过程中，光源的应用非常重要，它由强度和颜色两个因素决定。在 AutoCAD 中，不仅可以使用自然光（环境光），也可以使用点光源、平行光源及聚光灯光源，以照亮物体的特殊区域，如图 8-74 所示。

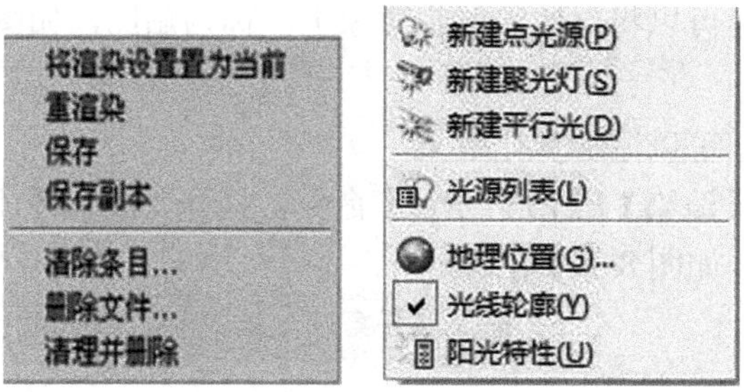

图 8-74　光源

3. 设置渲染材质

在渲染对象时，使用材质可以增强模型的真实感。

选择【视图】|【渲染】|【材质】命令，打开“材质”选项板，可以为对象选择并附加材质，如图 8-75 所示。

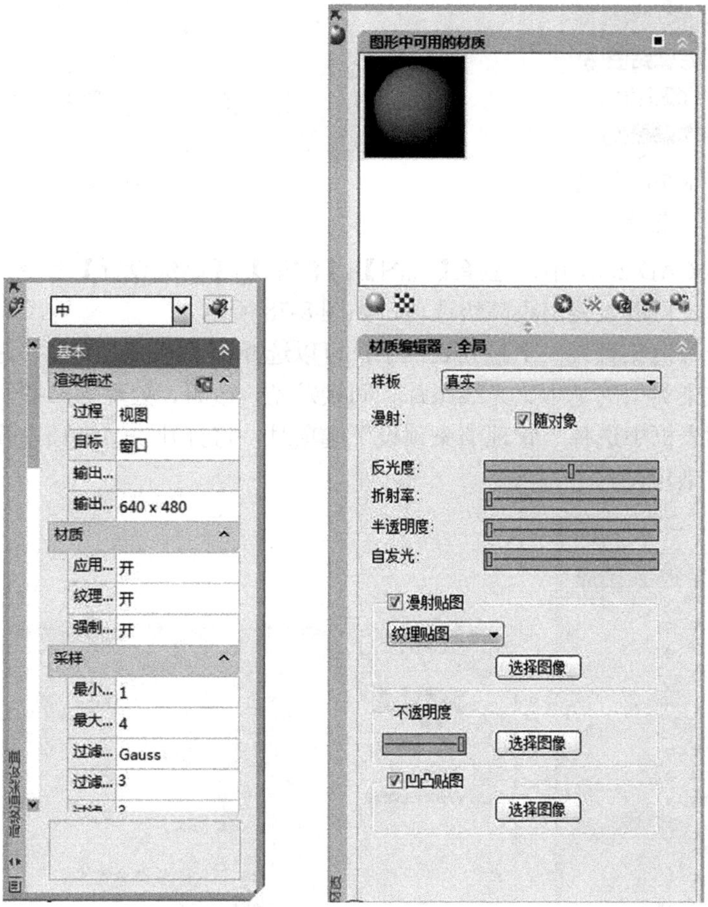

图 8-75　材质

4. 设置贴图

选择【视图】|【渲染】|【贴图】命令的子命令，可以创建平面贴图、长方体贴图、柱面贴图和球面贴图。

在渲染图形时，可以将材质映射到对象上，称为贴图，如图 8-76 所示。

5. 渲染环境

在渲染图形时，可以添加雾化效果。

选择【视图】|【渲染】|【渲染环境】命令，打开“渲染环境”对话框。在该对话框中可以进行雾化设置，如图 8-77 所示。

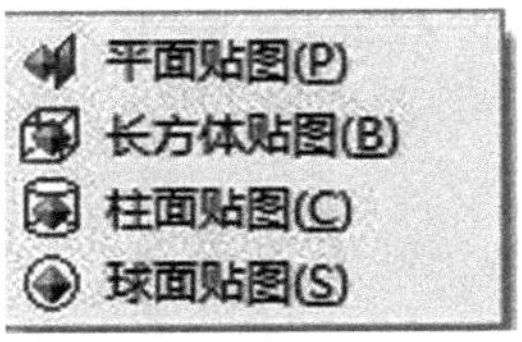

图 8-76　贴图

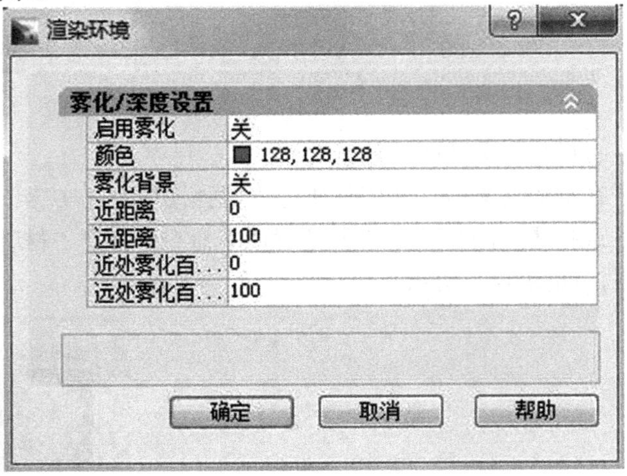

图 8-77　渲染环境

6. 高级渲染设置

在 AutoCAD 2007 中，选择【视图】|【渲染】|【高级设置】命令，打开“高级渲染设置”选项板，可以设置渲染高级选项，如图 8-78 所示

在“选择渲染预设”下拉列表框中，可以选择预设的渲染类型，这时在参数区中，可以设置该渲染类型的基本、光线跟踪、间接发光、诊断、处理等参数。当在“选择渲染预设”下拉列表框中选择“管理渲染预设”选项时，将打开“渲染预设管理器”对话框，可以自定义渲染预设。

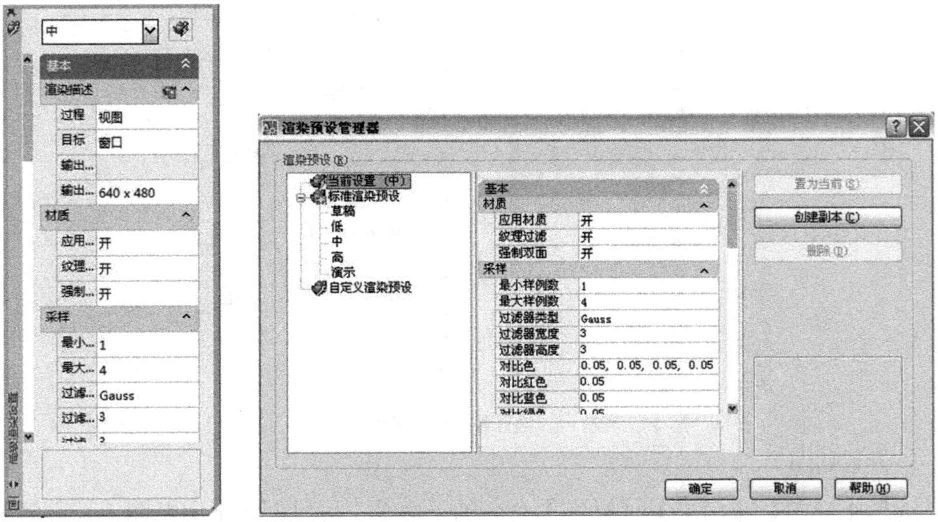

图 8-78　高级设置

8.12　样题解答

教学资源：本样题的图文解答详见光盘根目录下的“样题解答”目录。

本样题的视频解答请访问高新考试教材服务网站（www.citt.org.cn）教材专区中的“计算机辅助设计模块网络服务”。

机械类：《试题汇编》第六单元 6.1 题

操作步骤：

（1）在俯视图中建立 110 mm×65 mm×10 mm 的矩形板，如图 8-79 所示。

- 首先调整视图到：俯视图。
- 作矩形：长 110 宽 65。
- 作倒圆角：半径 10。
- 作两个圆：直径 15。
- 拉伸以上图形。
- 作差集：矩形与两个小圆的差集。

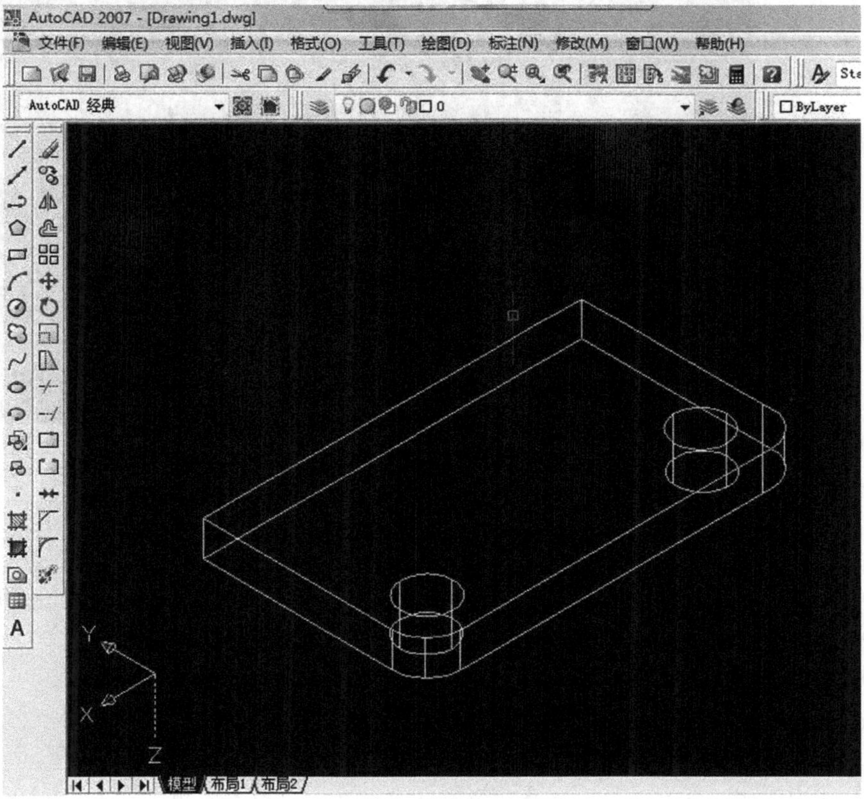

图 8-79　建立矩形板

（2）调整到主视图：如图 8-80 所示。

- 作两个同心圆：半径 15，25。
- 作矩形：长 10，宽 35。
- 作过圆心的水平直线，长 110 直线中心与圆心重合；向下平移该直线，距离 60，作为梯形下底。上底两个端点分别是斜边与圆的切点。利用矩形四条边创建一个面域。

- 小矩形底边中点与梯形底边中点重合。

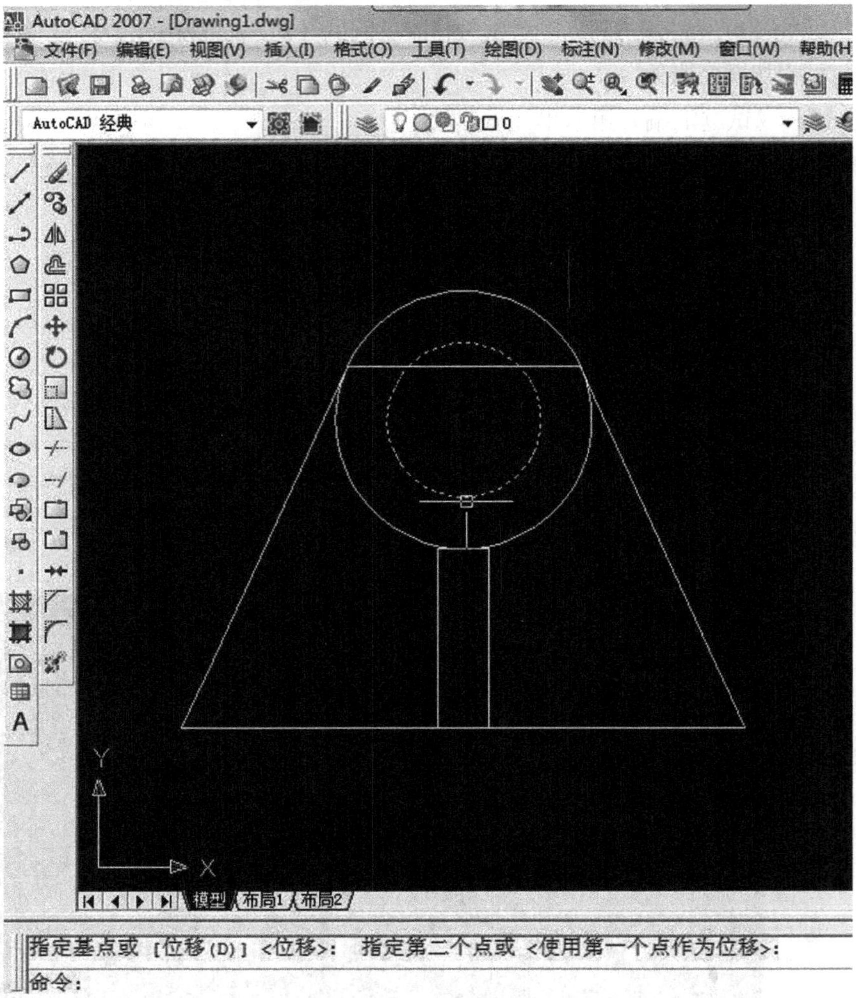

图 8-80　主视图

（3）拉伸两同心圆：高度 50；拉伸梯形：高度 10；拉伸小矩形：高度 30。

- 拉伸：选择“拉伸”工具。
- 根据命令提示选择要拉伸的实体，确认后，输入拉伸高度。

（4）将大圆与梯形求并集，并与小圆求差集。

特别说明：求并集时首先选择命令“并集”，根据命令提示，选择全部要求并集的实体，确认即可。求差集时首先选择命令“差集”，根据命令提示，先选择要保留的实体，然后确认，确认之后再选择要减去的实体，再次确认（这里的确认指：按回车键）。

（5）调整图形到合适的位置，并求并集，如图 8-81 所示。

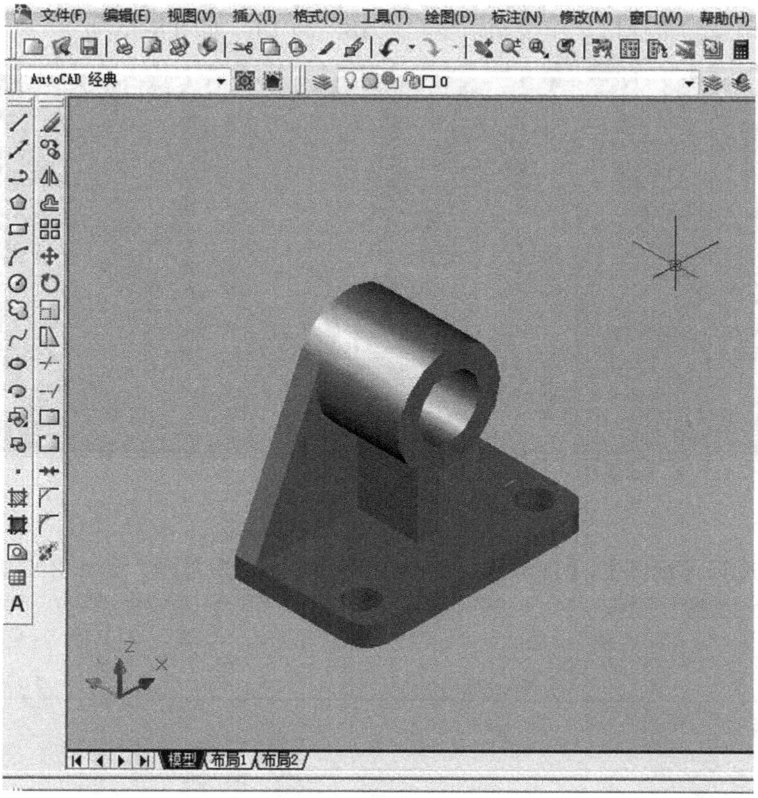

图 8-81　最终效果

建筑类：《试题汇编》第六单元 6.13 题

操作步骤：

（1）调整到世界 UCS 坐标系，建立四个视口，即左视口、主视口、俯视口和西南等轴测视口。

（2）在右视图中作长方体，长 100，宽 18，高 18。

建立图形，如图 8-82 所示。

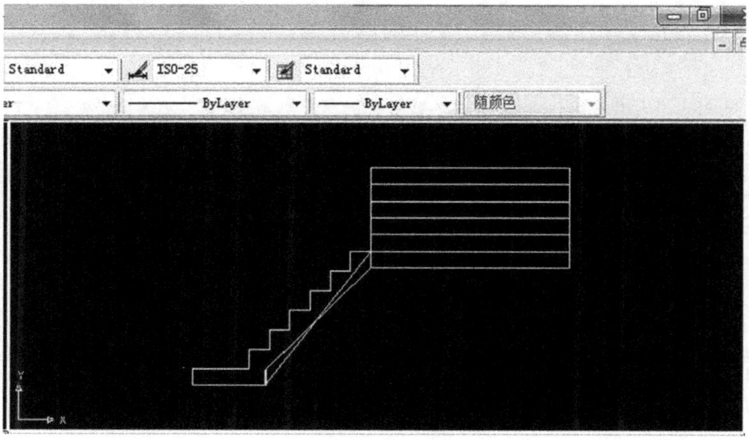

图 8-82　建立图形

（3）调整到主视口，作楼梯踏步，宽 18，高 18，如图 8-83 所示。

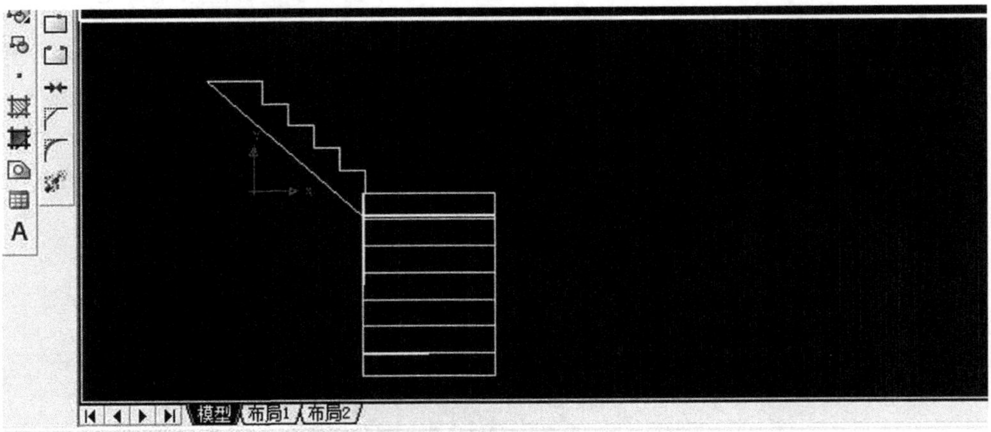

图 8-83　制作楼梯踏步

（4）选择【视图】|【视觉样式】命令，调整为三维视图，如图 8-84 所示。

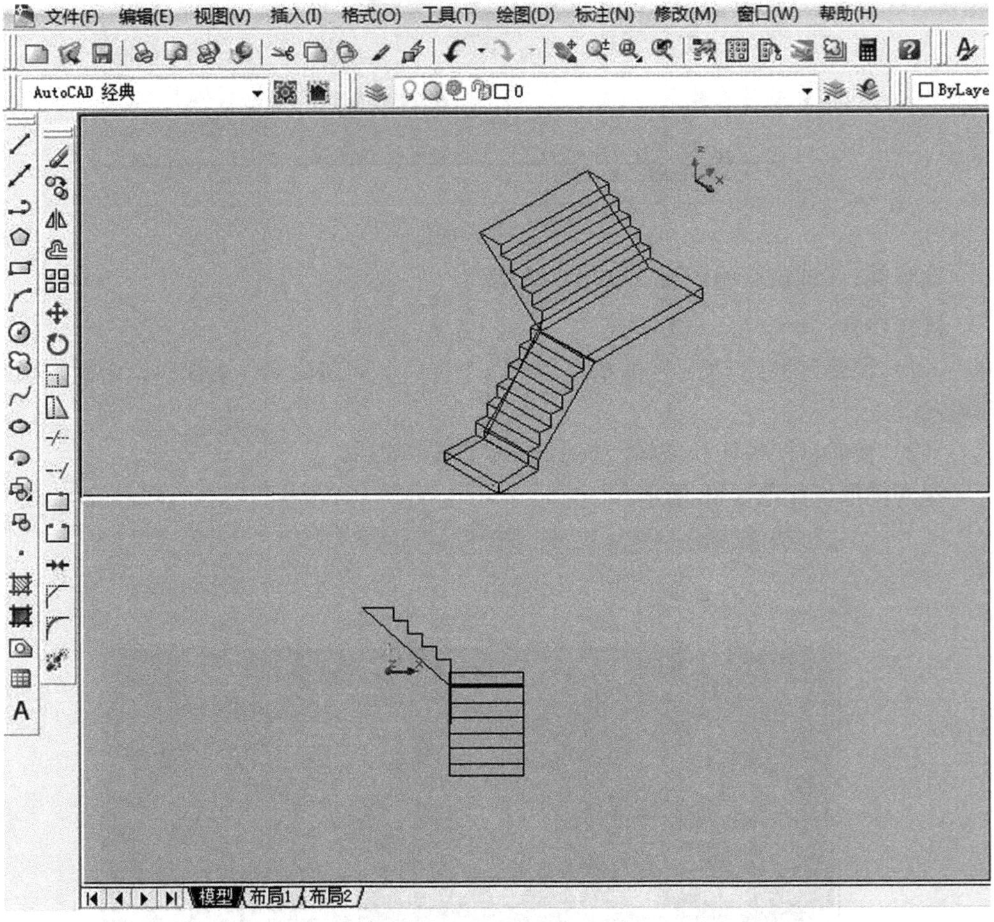

图 8-84　调整三维视图

（5）选择【修改】|【实体编辑】|【着色面】命令，调整颜色，如图 8-85 所示。

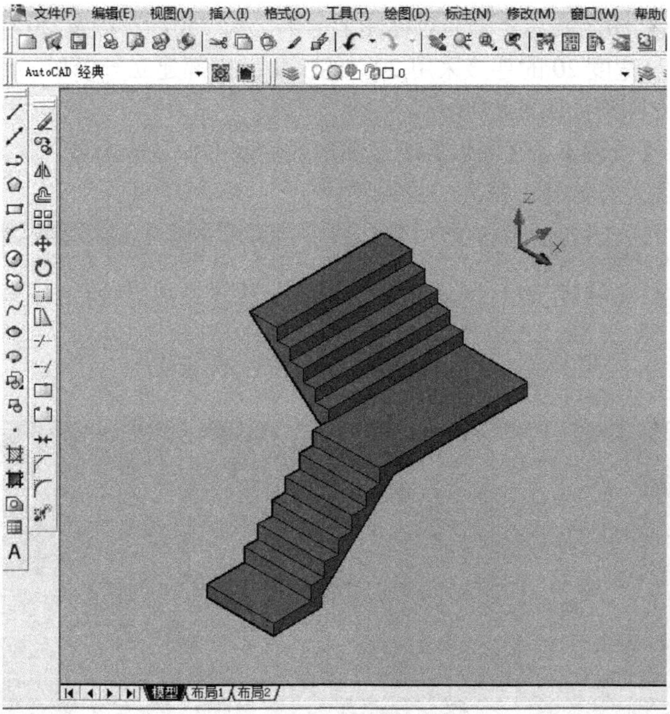

图 8-85　调整颜色

土木工程类：《试题汇编》第六单元 6. 21 题

操作步骤：

（1）建立绘图区域为 100×300。打开【UCS】|【世界】，将绘图区域建立为四个视口，即“主视”、“左视”、“俯视”和“东南等轴测”，视觉样式选为“三维线框”。如图 8-86 所示。

图 8-86　建立绘图视口

（2）在主视图区域建立平面对称图形一半，长 250，左端宽 20，右端宽 25，右端宽的长度为 14，与宽度 20 的连接采用 29° 的倒角。内部建立一矩形，长 250，宽 15，并建立中心线，建立图形如图 8-87 所示。

（3）选择【绘图】｜【面域】所做图形的管壁部分建成面域，并采用【建模】｜【旋转】围绕中心线进行旋转，得到三维视图。

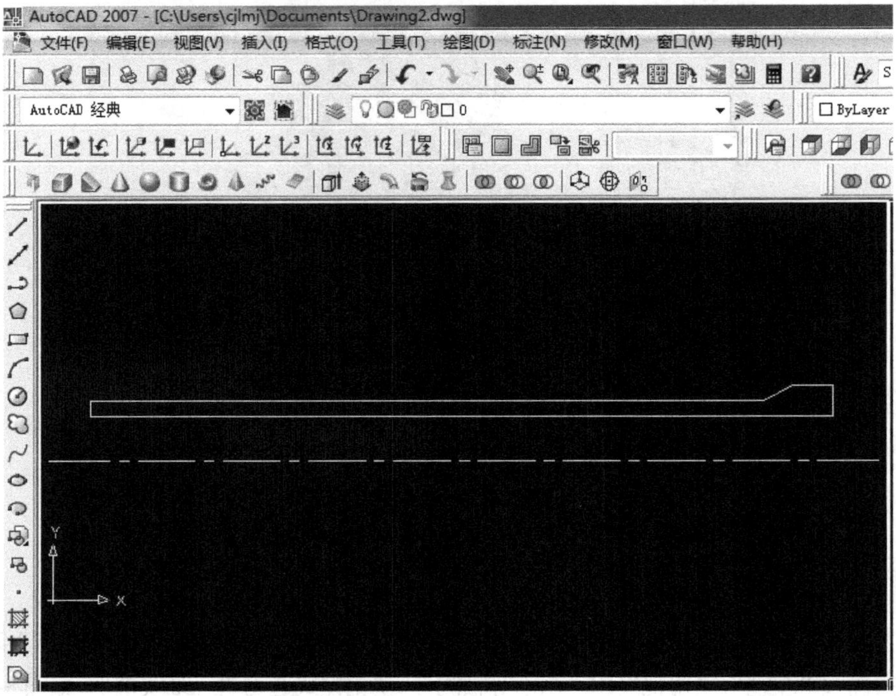

图 8-87　绘制平面图形

（4）绘图编辑，在左视图图形中心绘制一直径为 40 的圆，通过【修改】｜【移动】将圆移动到距离右端面 9 处，同理，在距左端 9 个处做出配合标识线，如图 8-88 所示。采用【建模】｜【拉伸】将所画的圆拉伸为 9 个高的圆柱，并采用【实体编辑】｜【差集】将圆柱从管道的图中减去，得到所需要的三维视图，如图 8-89 所示。

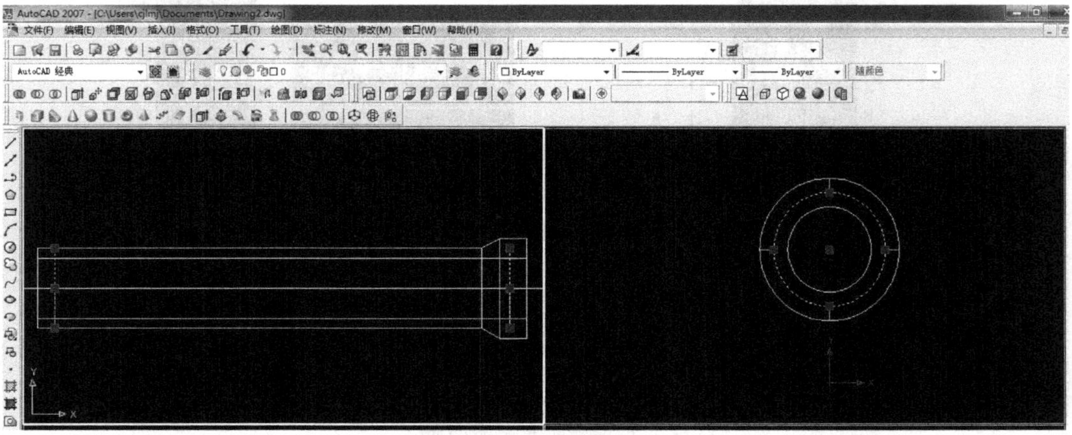

如图 8-88　编辑视图

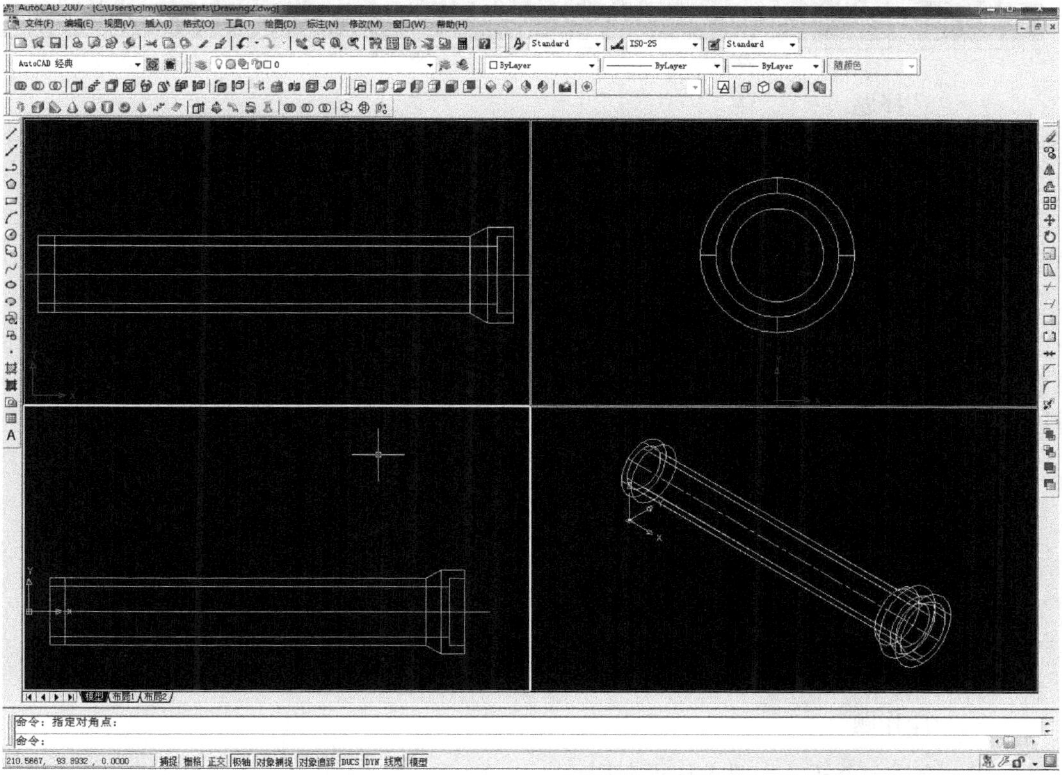

如图 8-89　多视口三维视图

（5）选择【视觉样式】|【概念视觉样式】命令调整东南等轴测视图，并采用【修改】|【实体编辑】|【着色面】命令，调整颜色，如图 8-90 所示。

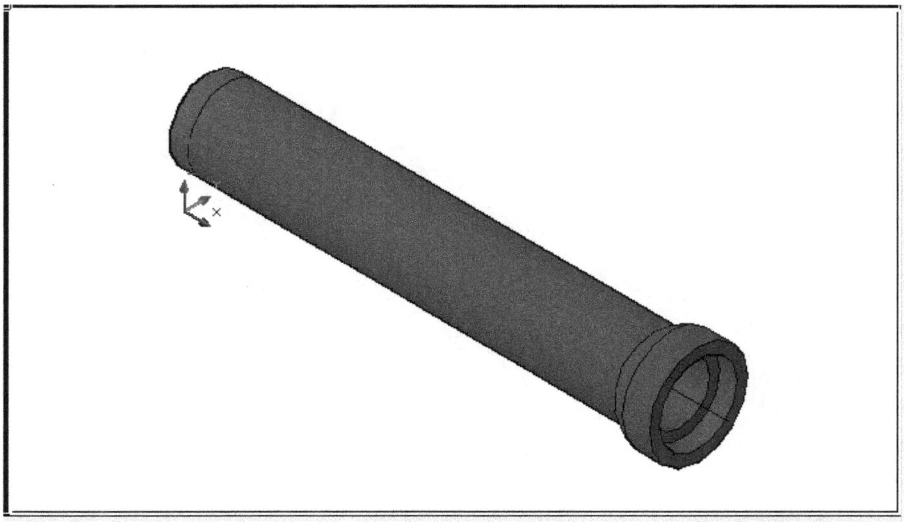

图 8-90　调整颜色概念视觉样式图

8.13 习题

一、选择题

1．在 AUTOCAD 2007 中有两个坐标系：一个是 WCS，另一个是______。

A．USER　B．CS　C．UCS　D．HCS

2．“三维视图”子菜单中，可以从______个视图观察图形。

A．2　B．4　C．6　D．8

3．选择【绘图】|【建模】|【拉伸】命令，可以将 2D 对象沿某个方向拉伸成实体默认情况下，沿______方向拉伸对象。

A．Z 轴　B．Y 轴　C．X 轴　D．不确定

4．在渲染对话框中，子样例中比例数据越大，渲染质量越______。

A．高　B．低　C．不变

二、填空题

1．在 AutoCAD 中，用于实体的布尔运算有______、______和______3 种。

2．在 AutoCAD 中的渲染图中，有______、______、______、______四种光源。

3．绘制长方体的命令是________。

三、操作题

1．绘制一个杯子，要求杯子有把。

2．绘制一个机器零件，如螺丝或螺母等。

3．绘制一个平房模型。

第 9 章　专业绘图

AutoDesk 公司成立于 1982 年，在 20 多年的发展中，该公司不断丰富和完善 AutoCAD 软件，并连续推出新版本，使得 AutoCAD 在建筑、机械、测绘、电子、汽车、服装和造船等许多行业中得到广泛的应用，并成为市场占有率居世界首位的 CAD 系统工具，成为当前工程师设计绘图的重要工具。本章分别从机械专业、建筑专业和土木工程专业介绍其功能。

本章主要技能考核点

- 建立文件：建立新文件，设置恰当的绘图参数。
- 绘制图形：按给的要求绘制图形。
- 图框设置：图框、标题栏应符合制图标准。
- 保存：以给定的文件名保存文件至要求的文件夹中。

评分细则

本章有 5 个基本点，题目学分为 20 分。

序号	评分点	分值	得分条件	判分要求
1	新建立文件	2	设置绘图参数符合要求	有不符时扣分
2	绘图	10	按要求绘制图形	错一处扣 1 分
3	图框设置	5	图框应符合制图标准	错一处扣 0.5 分
4	标题栏	2	正确填写标题栏	错一处扣 0.5 分
5	保存文件	1	文件名、扩展名、保存位置	必须全部正确才有得分

本章导读

AutoCAD 2007 在专业绘图方面成为一门通用“语言”，在土木工程、机械运动、建筑工程、电子工程、液压汽动等的设计、制造、使用和维修时也必须依赖这一“语言”进行技术交流。

本章重点介绍了机械制图，建筑制图和土木工程制图的具体步骤，对于不同的专业领域涉及的绘图步骤也有所差异，一般来讲，首先要设置的都是绘图环境。要想更好地掌握专业绘图本领还应认真学习相关的国家标准，了解图纸幅面及格式、比例、字体、图线和尺寸标注等。

9.1　样题示范

【练习目的】

由《试题汇编》中选取样题，观察本章题目类型，了解本章学习内容。

【样题来源】

机械类：《试题汇编》第七单元 7.2 题。

建筑类：《试题汇编》第七单元 7.22 题。

土木工程类：《试题汇编》第七单元 7.32 题。

【操作要点】

机械类：

（1）调整线形、线宽。

（2）文字标注的尺寸、字体等。

（3）注意图案填充的样式。

建筑类：

（1）注意调整线形的宽度以及颜色。

（2）使用多线命令绘图。

土木工程类：

（1）设置合理图层。

（2）调整绘图比例。

（3）文字标注以及尺寸标注等。

【操作要求】

机械类：

1. **图框设置**：将素材文件 A4 模板.dwt（“光盘:\素材文件\CAD2007\”目录下）复制到考生文件夹中，并在考生文件夹中打开该模板文件，在绘图框内进行绘图。

2. **图形绘制**：参照图 9-1 绘制图形，要求图形层次清晰、布局合理。在绘制图形时，注意图形的孔和斜面等细节部位。

3. **图形编辑**：

- 新建四个图层，图层名称分别为“轮廓线”、“中心线”、“虚线”和“剖面”，线宽分别为“0.4 mm”、“0.2 mm”、“0.2 mm”和“0.2 mm”，线型分别为“Continuous”、“CENTER2”、“DASHED2”和“Continuous”，其余参数均为默认值。
- 新建图层，图层名称为“标注说明”，线宽为“0.2 mm”，其余参数均为默认值。
- 将相应的线条编辑在对应的图层上。在“剖面”图层上给图形的剖面部分添加剖面线，剖面线图案“ANSI31”。
- 编辑图中的虚线，使其在“虚线”图层上。

4. **尺寸、文字标注**：

- 在“标注说明”图层上标注尺寸、文字及符号等，且要符合国家标准。文字字体选用“仿宋_GB2312”，文字高度为“5”，倾斜角度为 15°。
- 将图中零件的主要尺寸标注出来，如 ϕ14 mm、10 mm、75 mm、8 mm 和 40 mm 等尺寸，公差和表面粗糙度的标注可以采用文字标注，文字的高度为“3.5”。
- 图中的角度为 23°和 22°。图中的文字要标注上，注意填写标题栏。

5. **保存文件**：将完成的图形以“全部缩放”的形式显示，并以 CADST7-2.dwg 为文件名保存在考生文件夹中。最终效果如图 9-1 所示。

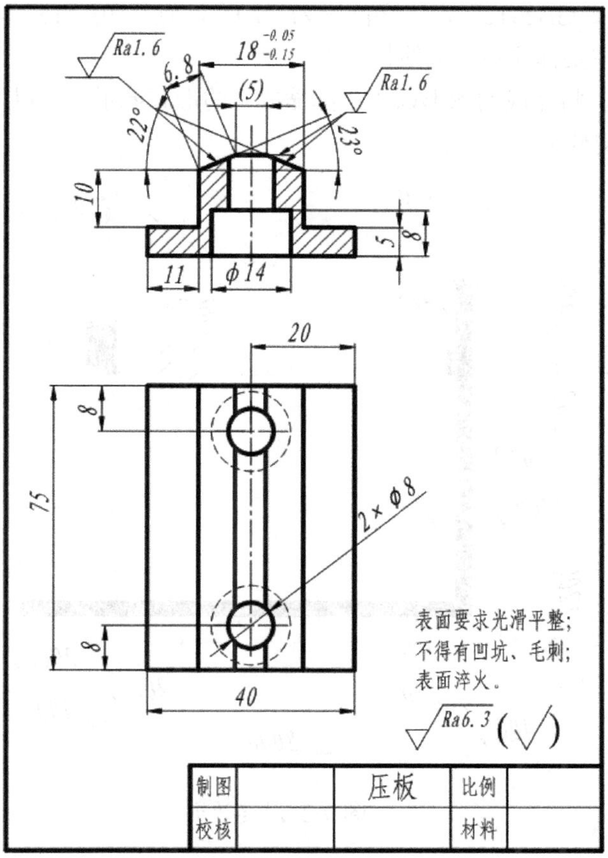

图 9-1　最终效果

建筑类：

1. **图框设置：**建立新图形文件，绘图区域为 2000 mm×1000 mm 幅面，其余参数采用默认设置。

2. **图形绘制：**参照图 9-2 绘制图形，比例为“1∶10”。要求图形层次清晰、布置合理。

3. **图形编辑：**

- 新建四个图层，图层名称分别为“墙线”、“中心线”、“钢筋线”和“壁面”，线宽分别为“0.4 mm”、“0.2 mm”、“0.5 mm”和“0.4 mm”，线型均为“Continuous”，“中心线”图层颜色设置为红色，“墙线”图层颜色设置为蓝色，其余参数均为默认值。
- 新建图层，图层名称为“标注说明”，线宽为“0.2 mm”，颜色为黑色，其余参数为默认值。
- 将相应的线条编辑在对应的图层上。在“壁面”图层上将墙填充单色为黑色剖面；在“中心线”图层上填充图示的立柱剖面线。

4. **尺寸、文字标注：**

- 标注样式设置箭头为“建筑标记”，箭头大小为“20”，起点偏移为“40”。
- 在“标注说明”图层上标注尺寸、文字及符号等，且要符合国家标准。文字字体为“仿宋_GB2312”，文字高度为“20”，倾斜角度 15°。

- 在图中主要标注各结构的长度。

5. **保存文件：**将完成的图形以“全部缩放”的形式显示，并以 KSCAD7-22.dwg 为文件名保存在考生文件夹中。

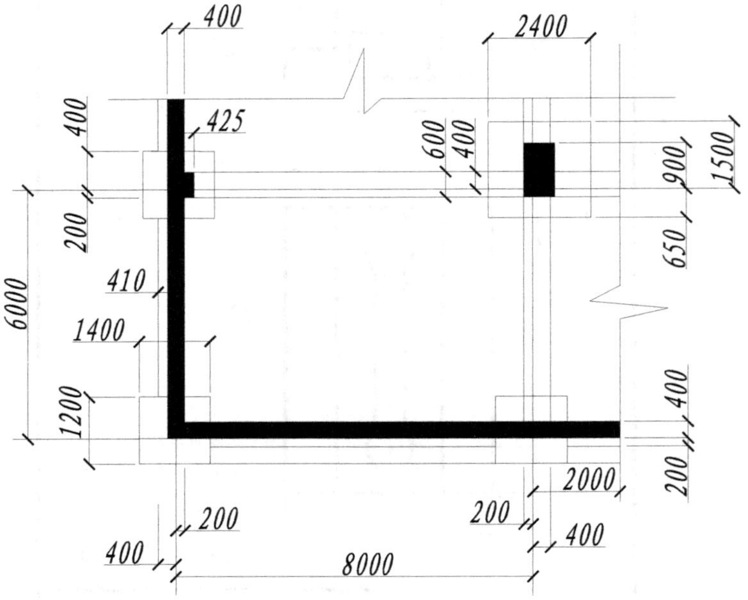

图 9-2 最终效果

土木工程类：

1. **图框设置：**建立新图形文件，绘图区域为 500 mm×1000 mm 幅面，其余参数均采用默认设置。

2. **图形绘制：**参照图 9-3 绘制图形，比例为“1∶10”。要求图形层次清晰、布置合理。

3. **图形编辑：**

- 新建两个图层，图层名称分别为“楼梯线”和“钢筋线”，线宽均为“0.3 mm”，线型均为“Continuous”，“钢筋线”层的颜色设置为红色，其余参数均为默认值。
- 建立新图层，图层名称为“尺寸标注”，其余参数均为默认值。
- 将所有的钢筋线编辑为多段线，线宽为“1 mm”。将线条编辑在相对应的图层上。其余的线条编辑在“0”图层上。

4. **尺寸、文字标注：**

- 标注样式设置箭头为“建筑标记”，起点偏移为“5”，其余设置为默认值。
- 在“尺寸标注”图层上标注尺寸、文字及符号等，且要符合国家标准。文字字体选用“仿宋_GB2312”，文字高度为“6”，倾斜角度为 15°。
- 在图中标注楼梯的宽度和长度。

5. **保存文件：**将完成的图形以“全部缩放”的形式显示，并以 KSCAD7-32.dwg 为文件名保存在考生文件夹中。最终效果如图 9-3 所示。

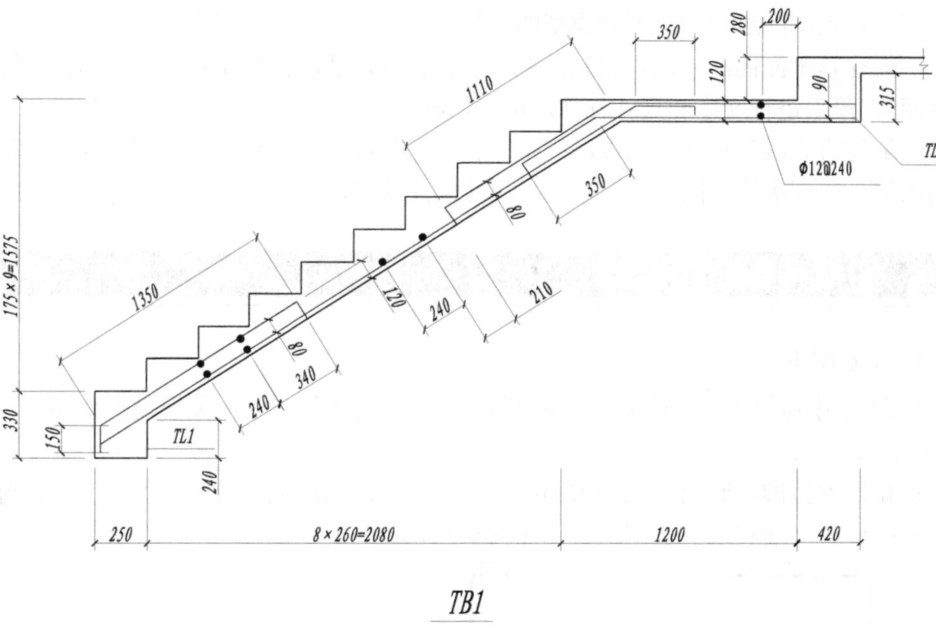

图 9-3　最终效果

9.2　样题分析

“试题汇编”第七章 7-22 题是在二维平面绘制，将使用多线命令，绘制墙体的宽度，可以根据自己的需求来调整多线的线宽以及颜色等。

其中要注意不同标注的样式，按照建筑制图规范来进行绘制。

“试题汇编”第七章 7-32 题是设置新的图层，其中要注意不同线形的颜色、宽度的设置，以及调整绘图比例。解答本题最后需要注意文字标注，掌握文字标注的字体、高度、倾斜的修改方式。

9.3　专业二维图形绘制步骤

在用户使用 AutoCAD 2007 绘制工程图时，仅仅掌握绘图命令是远远不够的，要做到能够高效、精确地绘图，还必须掌握计算机绘图的基本步骤。下面将阐述 AutoCAD 2007 绘制专业图形的一般操作流程。

1. 设置绘图环境
2. 绘制图框
3. 绘制标题栏
4. 绘制图形
5. 图形编辑修改
6. 绘制剖面线
7. 尺寸标注和其他标注

在专业绘图的过程中，不同类型的图形，其绘图步骤也不完全相同。

一般建筑平面图的绘图顺序是：首先绘制轴网，然后依次绘制墙线、门窗、细部（如楼梯间），最后进行文字和尺寸标注，填充，收尾。

一般综合布线工程图的绘图顺序是：首先绘制线框，然后依次绘制方向标，标题栏，绘制图例，绘制图形，图形编辑修改，尺寸标注或其他。

9.4 图框和标题栏绘制

1. 绘制图框

现在绘制 A4 图纸的图框。首先绘制边界线，将“细实线”图层设置为当前层，如图 9-4 所示。

根据国家标准绘制出相应要求的图框。具体方法为：从“对象特性”工具栏对应的下拉列表中单击“细实线”选项即可，如图 9-5 所示。

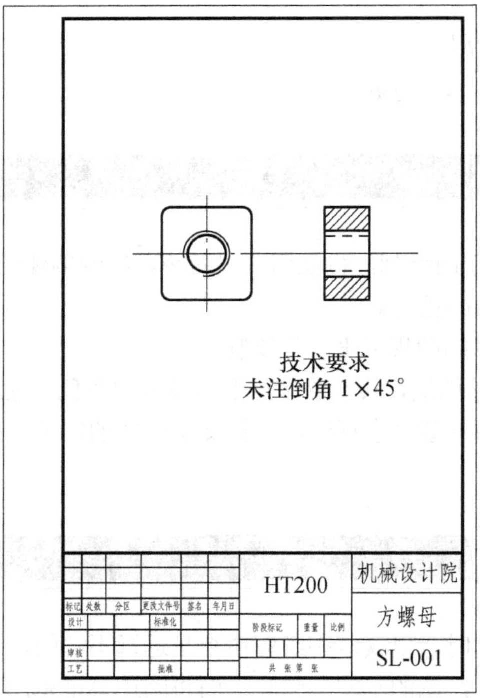

图 9-4 图框

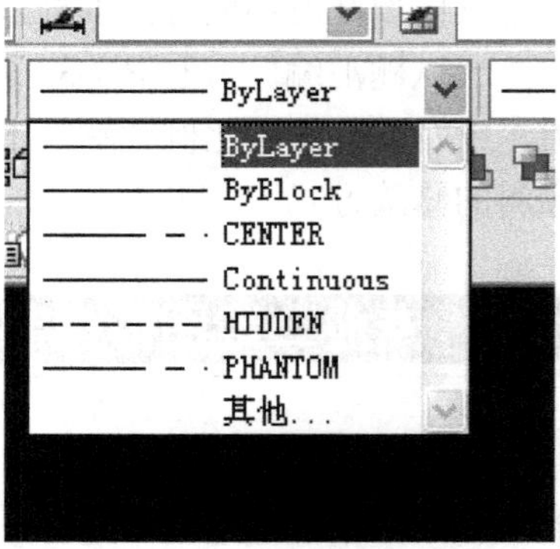

图 9-5 线型选择

2. 绘制标题栏

根据国家机械制图标准对标题栏的规定（参见附录国标中标题栏的格式），标题栏由相互平行的一系列粗实线和细实线组成，如图 9-6 所示。

（1）改变显示比例。在绘图区域中显示了整个图幅。由于所绘标题栏只位于图幅下方，为方便绘图，可以改变显示比例，即在绘图屏幕中尽量大地显示所绘标题栏的区域。

具体方法是：单击“标准”工具栏上的【窗口缩放】按钮，根据提示确定新显示窗口的两个对角点位置即可。结果如图 9-7 所示。

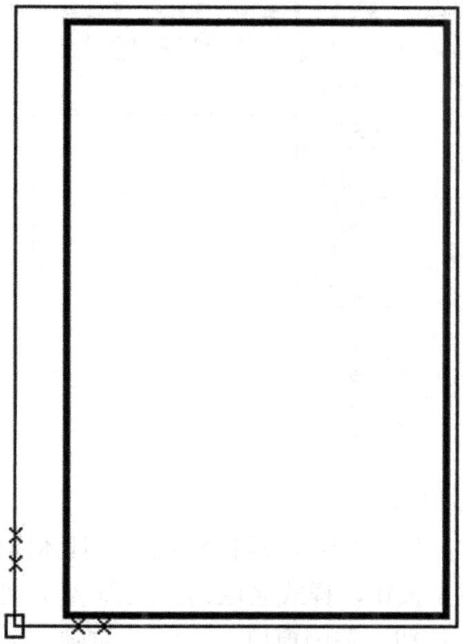

图 9-6　标题栏

图 9-7　窗口缩放后

（2）绘制标题栏各直线。将“粗实线”图层设置为当前层。

- 复制：单击“修改”工具栏上的【复制对象】按钮，或选择【修改】|【复制】命令，即执行 COPY 命令。
- 修剪：单击“修改”工具栏上的【修剪】按钮，或选择【修改】|【修剪】命令。
- 绘制其他直线：用类似的方法，根据国标中所给的尺寸，绘制出标题栏上的其他线段，如图 9-8 所示。

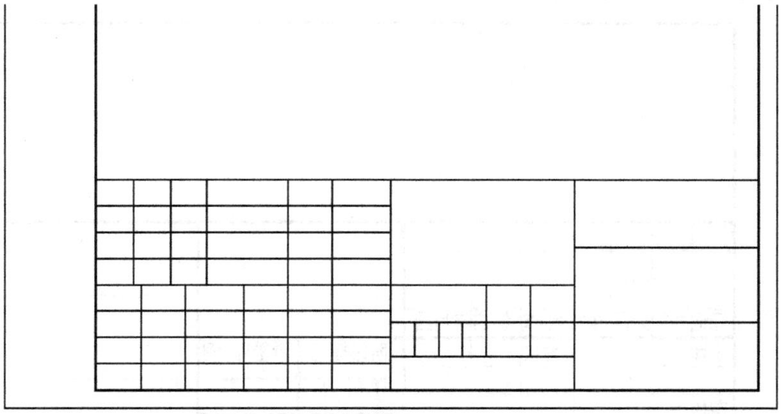

图 9-8　绘制线框

先拾取需要以细实线显示的线段（按住【Shift】键选择线条），在“对象特性”工具条中显示的层是粗实线层，用鼠标将它们的图层从“粗实线”改为“细实线”，如图 9-9 所示。

（3）标注文字。这里将标注标题栏上的固定文字部分，即不是位于圆括号中的文字部分。对于任意图形，其标题栏均有这些固定文字。而对于位于圆括号中的文字内容，则会随图形而变化。

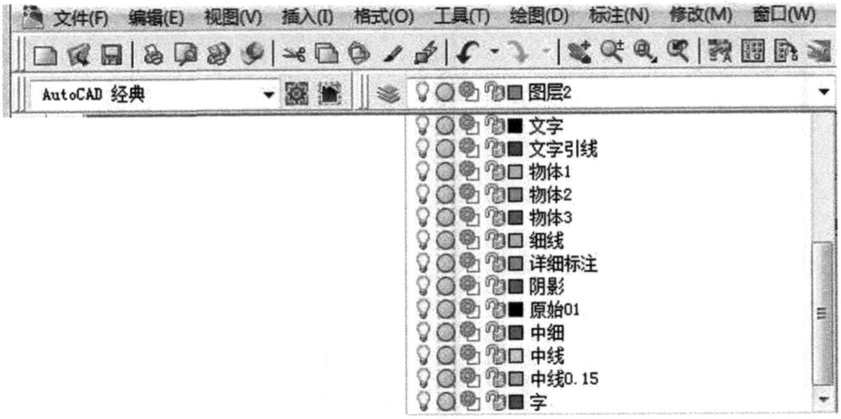

图 9-9　修改属性

标注文字时，要先设置当前的文字样式（字体、高度等应符合要求）。具体操作如下：选择【格式】|【文字样式】命令，按下【新建】按钮，样式名取为“工程字”，然后设定字体名为“宋体”，高度为“3”，单击【应用】按钮，关闭窗口。

将“文字标注”图层置为当前层（过程略）。选择【绘图】|【文字】|【单行文字】命令，即执行 DTEXT 命令，AutoCAD 将提示：

当前文字样式:工程字当前文字高度:3.0000

指定文字的起点或[对正（J）/样式（S）]:113，7.75

↙（起始点位置）

现在以标注标题栏上“共　　张　　第　　张”为例给予说明。

标注标题栏上的其他文字，结果如图 9-10 所示。

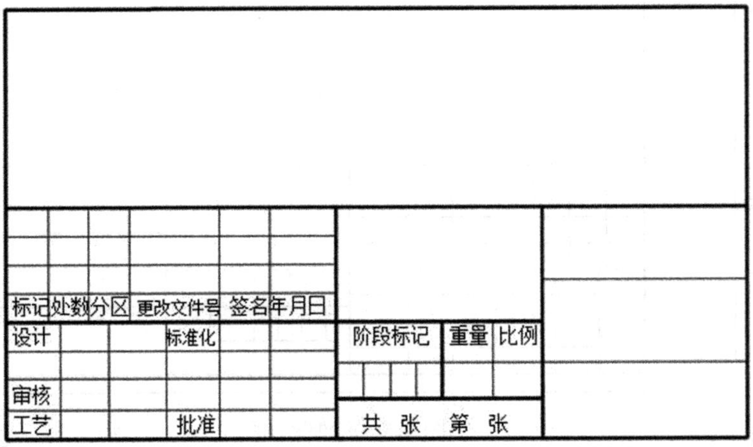

图 9-10　标题栏

（4）定义标题栏块

在实际绘图中，还需要用户往标题栏中填写文字信息，如设计单位的名称、图样名称等。所填写的内容一般包括两部分：将图形通过打印机或绘图仪打印之后在图纸上签名（如设计者等）和用 AutoCAD 绘图时直接填写的内容（如单位名称、图样名称等）。

将“文字标注”图层置为当前层（过程略）。选择【绘图】|【块】|【定义属性】命令，即执行 ATTDEF 命令，AutoCAD 弹出“属性定义”对话框，在该对话框中输入对应的属性设置，如左图所示。

①定义文字样式

在标题栏中，用于标注材料标记、图样名称的文字高度一般为 10 号字；标记单位名称、图样代号的文字高度一般为 7 号字，注意设置宽度比例约为 0.7。

②定义属性

下面以创建属性标记为“(材料标记)”的属性为例说明属性的创建过程。

操作方法：

单击“属性定义”对话框中的【确定】按钮，完成标记为“(材料标记)”的属性定义，且 AutoCAD 将属性标记显示在相应位置，如图 9-11 所示。

（5）定义块

操作方法如下。

单击“绘图”工具栏上的【创建块】按钮，或选择【绘图】|【块】|【创建】命令，即执行 Block 命令，AutoCAD 弹出“块定义”对话框，在该对话框中进行相关设置，如图 9-12 所示。

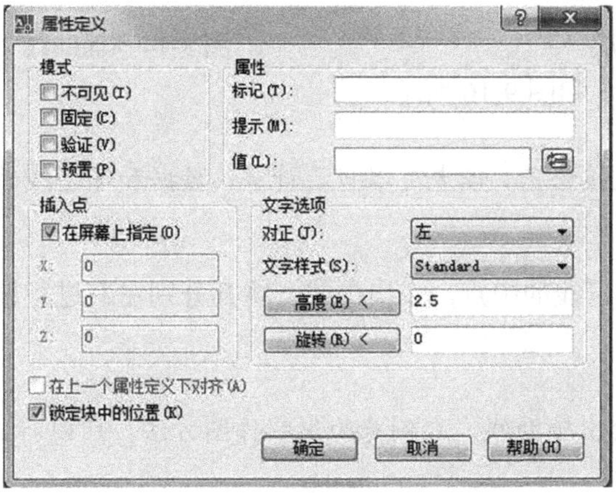

图 9-11　属性定义

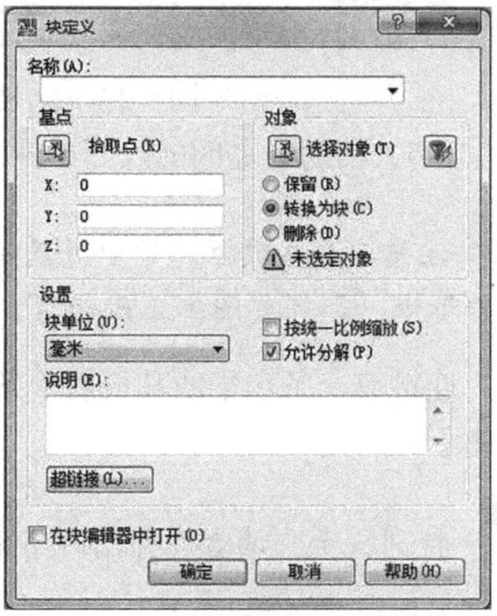

图 9-12　“块定义”对话框

9.5　样题解答

教学资源：本样题的图文解答详见光盘根目录下的“样题解答”目录。

本样题的视频解答请访问高新考试教材服务网站（www.citt.org.cn）教材专区中的“计算机辅助设计模块网络服务”。

机械类：《试题汇编》第七单元 7.2 题

操作步骤：

（1）打开模板文件 A4.dwt（“光盘:\素材文件\CAD2007\”目录下），在绘图框内进行绘图。

（2）根据要求，使布局合理，首先绘图框进行缩放，缩放值取 0.6。

（3）建立图层，如图 9-13 所示。

打开“图层特性管理器”，新建三个图层。

注意：图层名称可以自行设定，只要层次分明，其个数不固定。辅助线为了与实物区分，用虚线，并采用红色。

（4）在图框中作辅助线，如图 9-14 所示。

操作方法：首先绘出长为 40 的直线。根据图中数据，向上偏移。

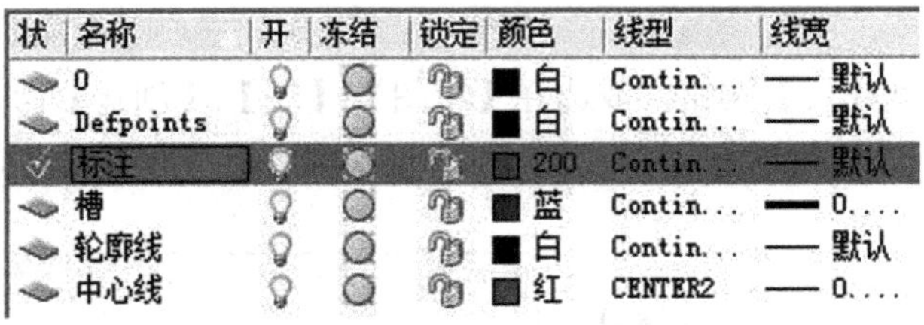

状	名称	开	冻结	锁定	颜色	线型	线宽
	0				白	Contin...	默认
	Defpoints				白	Contin...	默认
✓	标注				200	Contin...	默认
	槽				蓝	Contin...	0....
	轮廓线				白	Contin...	默认
	中心线				红	CENTER2	0....

图 9-13　定义图层

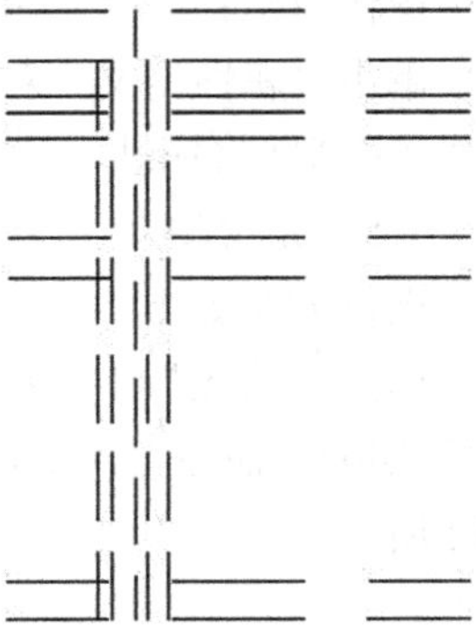

图 9-14　辅助线

（5）辅助线之间的尺寸如图 9-15 和图 9-16 所示。

注意：这些数据题目中并没有直接给出，读者可以自己计算，数据和辅助线的设计方式并不唯一，只要图画正确即可。

连接第一条水平线和最后一条水平线的中点，作出中线，将其分别左右进行偏移，数据如下。

特别提示：读者在作图时不用绘出辅助线，本例是为说明作图方法，所以标出尺寸。

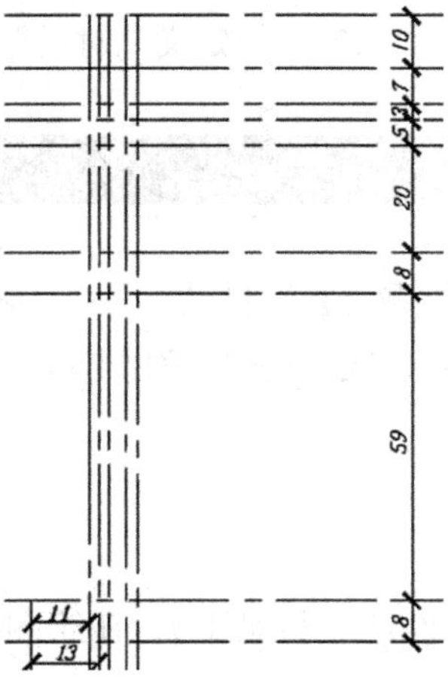

图 9-15　辅助线尺寸-1

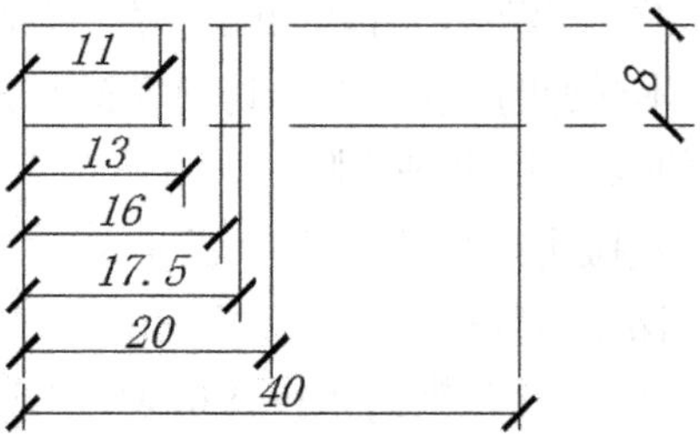

图 9-16　辅助线尺寸-2

（6）作出上半部分图形。

调整到“零件”图层，然后绘制图形。图中直线数据在试题中已经详细给出，不在细述，作好图后调整线宽为 2，如图 9-17 所示。

（7）同上，作出下半部分图形，如图 9-18 所示。

完整图形，如图 9-19 所示。

完成之后，调整到“标注”图层加标注。

注意：将图中零件的主要尺寸标注出来，如 ϕ14、10、20、75、8、40 等尺寸，表面粗糙度值的标注，图中的角度 23° 和 22° 。

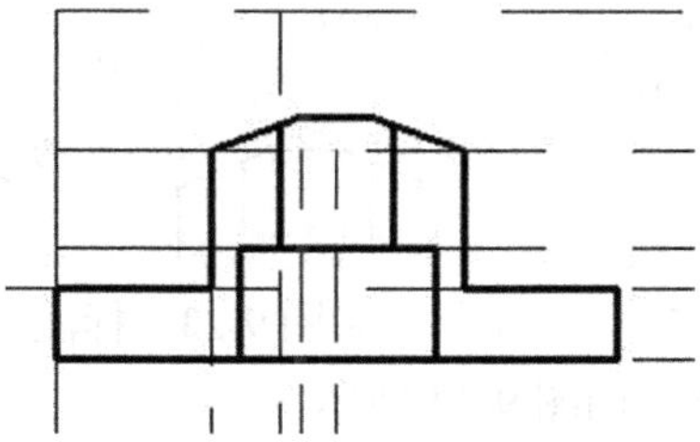

图 9-17　调整宽度

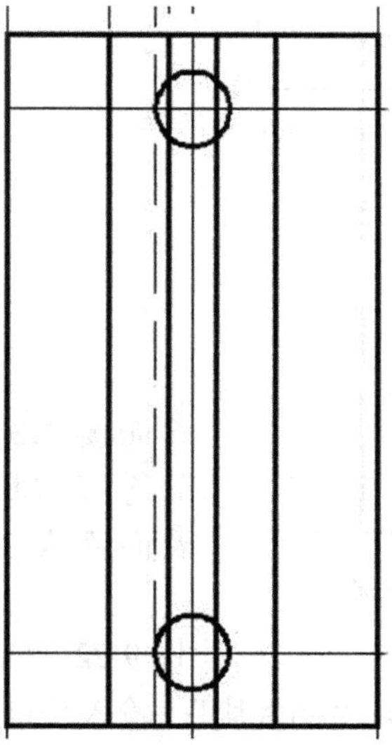

图 9-18　图形下半部分

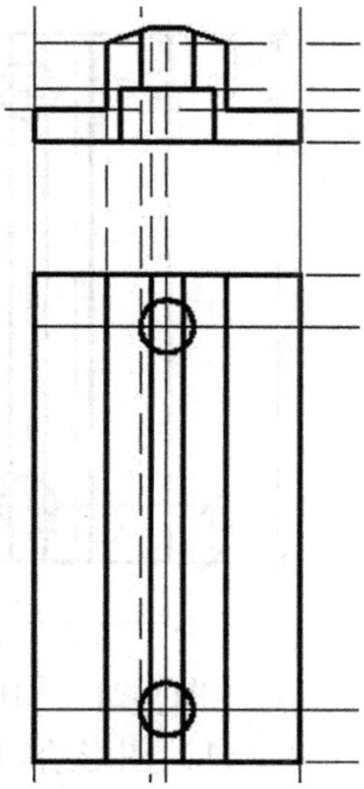

图 9-19　完整图形

（8）加标注。打开标注样式管理器（如图 9-20 所示），修改标注样式。

选择【格式】|【标注样式】开标注样式管理器，选择【修改】按钮。将标注样式修改成题目要求的形式，前面已经讲过，这里不在赘述。

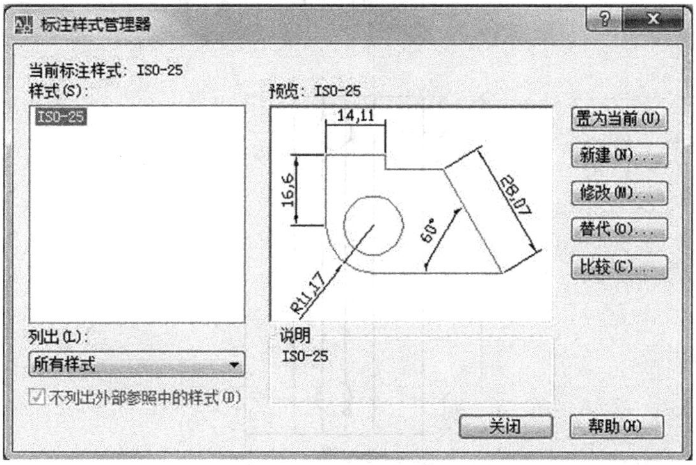

图 9-20　标注样式管理器

（9）加上标注之后，如图 9-21 所示。

（10）标注文字。在图框右上角作出平整度块和文字，如图 9-22 和 9-23 所示。

选择【绘图】|【块】|【定义属性】命令，定义块属性，图中下三角自行绘制。将定义好的块属性，创建成块，取名为“平整度”。

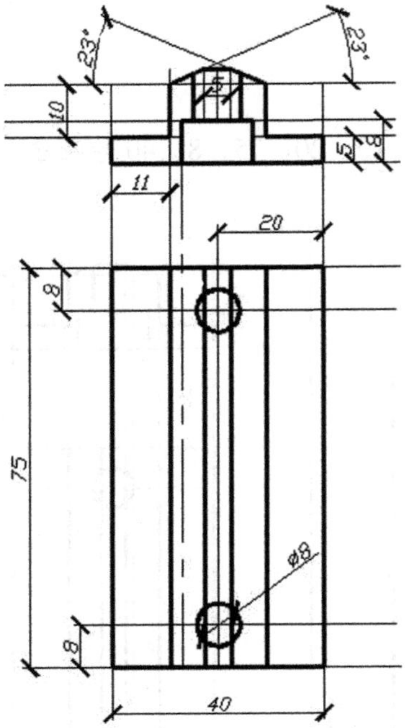

图 9-21　加标注后

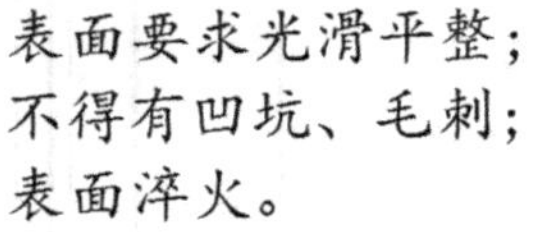

图 9-22　标注文字

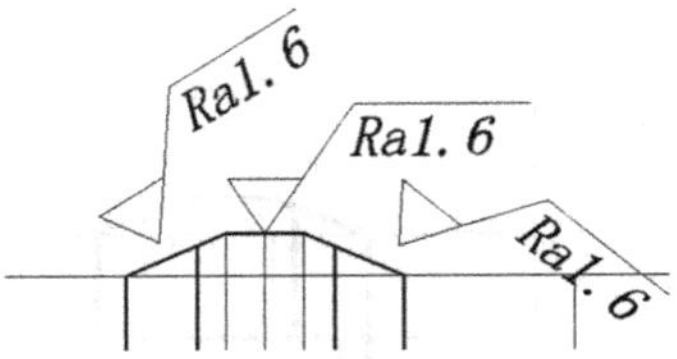

图 9-23　标注

（11）图形绘制完毕。“插入块”，输入平整度 1.6，如图 9-24 所示。

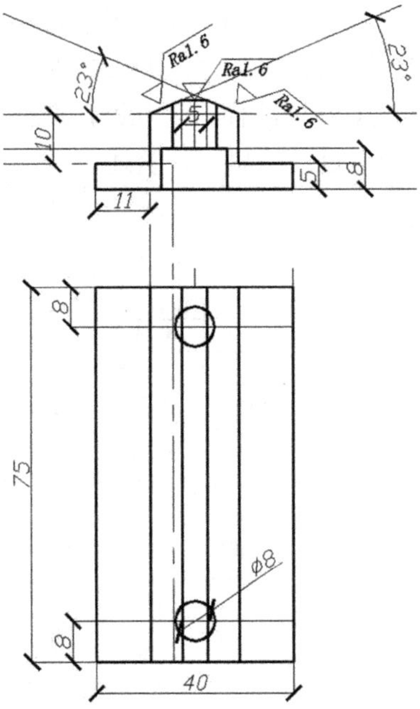

图 9-24　平整

建筑类：《试题汇编》第七单元 7.22 题

操作步骤：

（1）建立新图形文件，修改绘图区域为 2000 mm×1000 mm。

（2）建立图层，如图 9-25 所示。

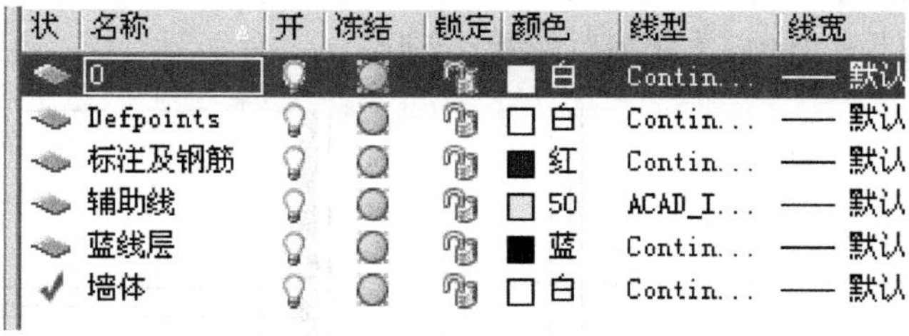

状	名称	开	冻结	锁定	颜色	线型	线宽
	0				白	Contin...	—— 默认
	Defpoints				白	Contin...	—— 默认
	标注及钢筋				红	Contin...	—— 默认
	辅助线				50	ACAD_I...	—— 默认
	蓝线层				蓝	Contin...	—— 默认
✓	墙体				白	Contin...	—— 默认

图 9-25 建立图层

为了与题目要求一致，不同的图层应设置不同的颜色。

（3）作如下的辅助线：如图 9-26、图 9-27 和图 9-28 所示。调整到“辅助线”层。

注意：首先调整标注样式，使比例为 1：10。

操作方法：选择【格式】|【标注样式】|【修改】|【主单位】|【比例】命令。

辅助线的绘制方法上一节已经介绍，这里只提供出尺寸，请读者自己绘制水平线之间的距离。

图 9-26 建立辅助线

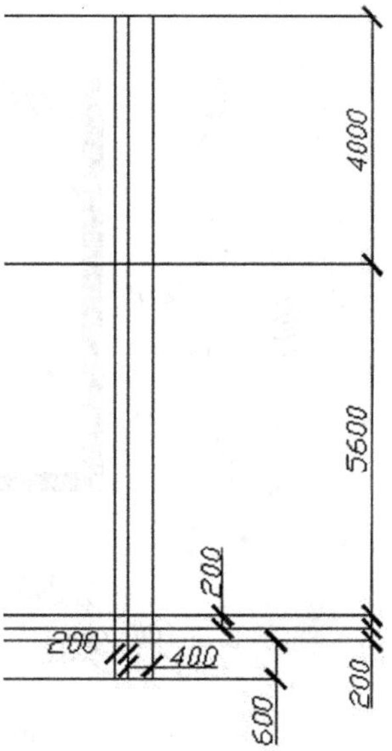

图 9-27 建立辅助线

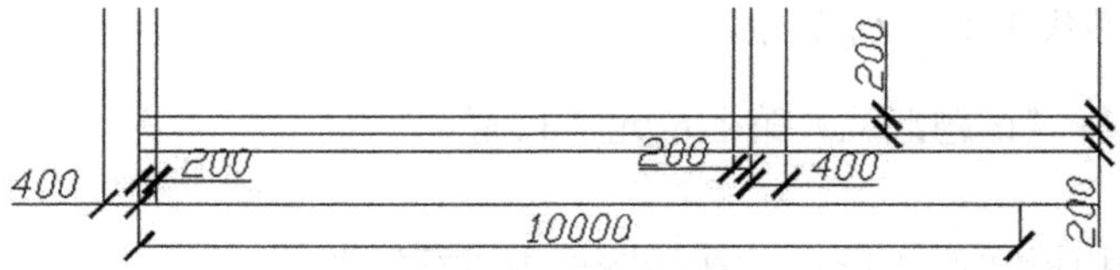

图 9-28 建立辅助线

注意：垂线之间的距离。

（4）绘制墙体，如图 9-29 所示。

利用多线绘制：“绘图”—“多线”—“J”：Z—“S”：40。

（5）绘制蓝线，如图 9-30 所示。

小正方行边长：160；大正方行边长：200。

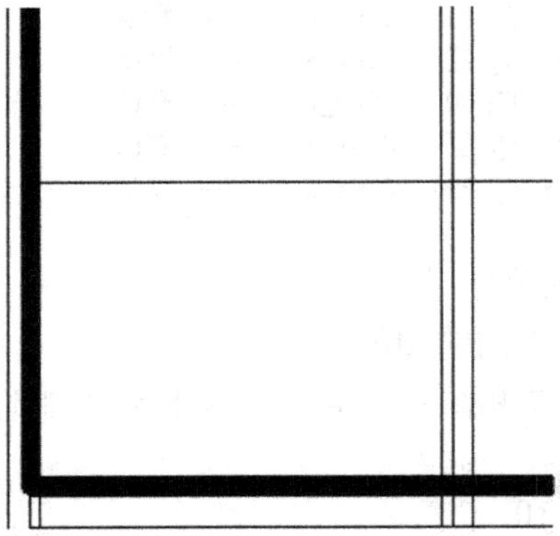

图 9-29　墙体

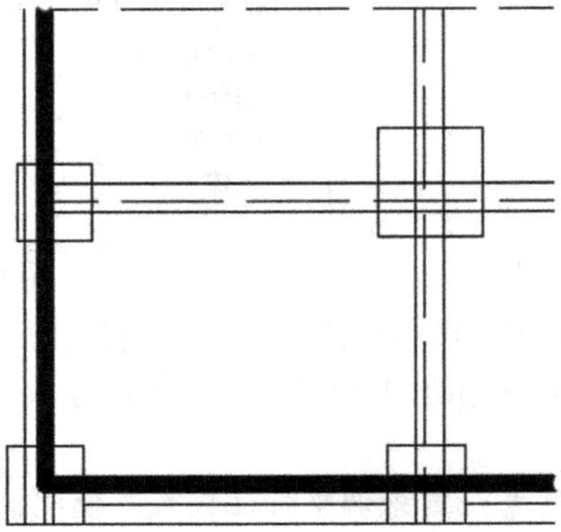

图 9-30　蓝线

（6）绘制标注，如图 9-31 所示。

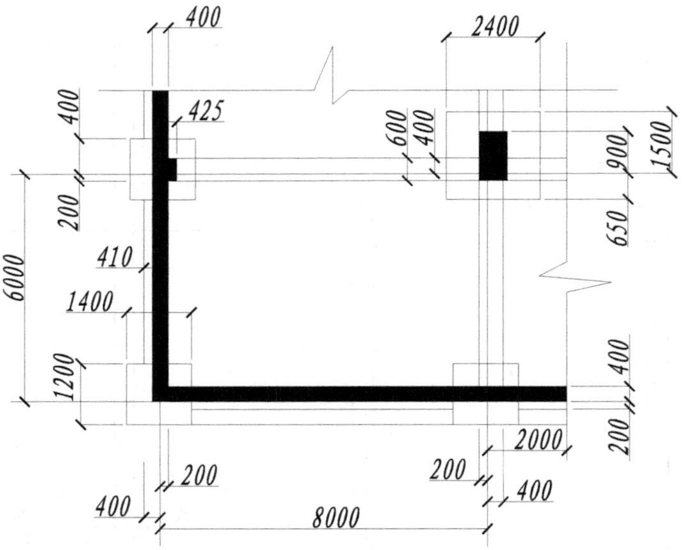

图 9-31　图形绘制完毕

注意：边界线用多段线绘制。

土木工程类：《试题汇编》第七单元 7.32 题

操作步骤：

（1）打开模板文件 A4.dwt，在绘图框内进行绘图。

（2）根据要求，使布局合理，首先绘图框进行缩放，缩放值取 0.6。

（3）建立图层：建立两个图层，如图 9-32 所示。

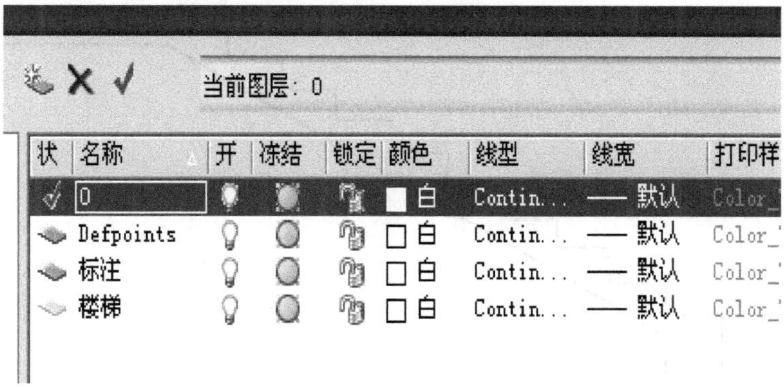

图 9-32　建立图层

注意：首先调整标注样式，使比例为 1∶10。

操作方法：选择【格式】|【标注样式】|【修改】|【主单位】|【比例】命令。

（4）绘制楼梯的一个台阶，如图 9-33 所示，设置长为 26，宽为 17.5。

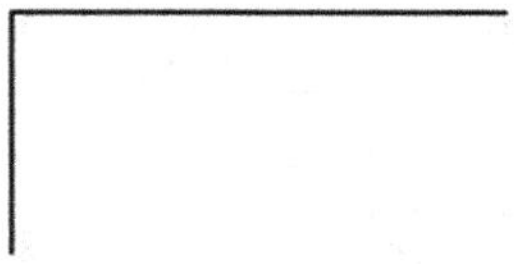

图 9-33　绘制一个台阶

（5）阵列出台阶。如图 9-34 所示，填写阵列条件。

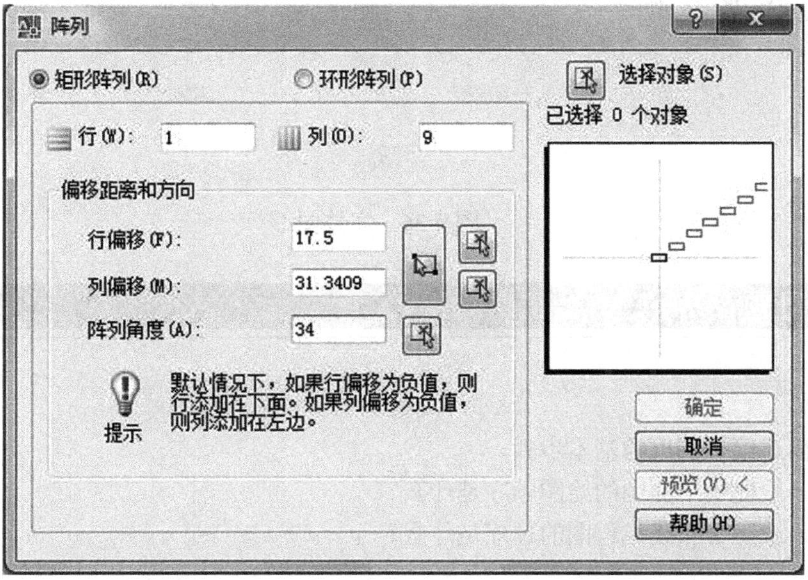

图 9-34　阵列

（6）补充台阶，如图 9-35 所示。

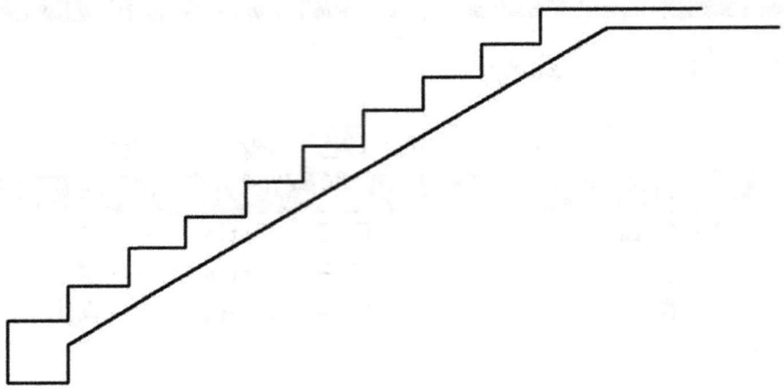

图 9-35　补充完整台阶

（7）加标注。在添加标注之前，如果所画图形在图框中的位置与题目要求有所差别，可以利用移动工具进行调整。图形绘制完成之后如图 9-36 所示。

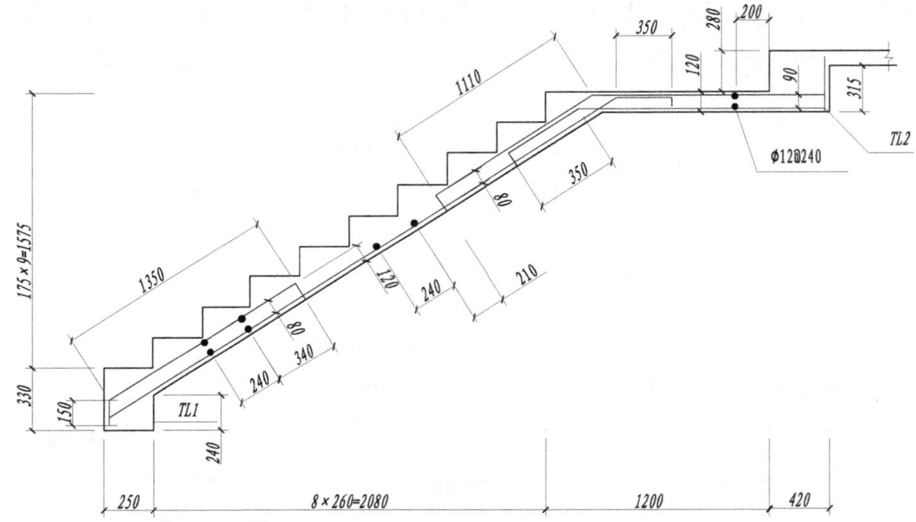

TB1

图 9-36　完整图形

9.6　习题

简答题

1．简述绘制图框的基本步骤。
2．一般建筑平面图的绘图顺序是什么？
3．一般综合布线工程图的顺序是什么？

第 10 章　文件输出

AutoCAD 2007 提供了图形输入与输出接口。不仅可以将其他应用程序中处理好的数据传送给 AutoCAD，以显示其图形，还可以将在 AutoCAD 中绘制好的图形打印出来，或者把它们的信息传送给其他应用程序。本章内容包括图形的输入输出、在模型空间与图形空间之间切换、创建和管理布局、使用浮动视口以及打印图形。

本章主要技能考核点

- 打开文件：正确打开文件，建立视口层。
- 图纸空间设置：按给的要求正确设置图纸空间和视图，并准确显示图框内容顺序，方法不限，正确即可。
- 保存：以给定的文件名保存文件至指定文件夹中。

评分细则

本章有 4 个基本点，题目总分为 12 分。

序号	评分点	分值	得分条件	判分要求
1	打开文件	2	正确打开文件，设置视图层	错一处扣 0.5 分
2	图纸空间设置	5	按要求设置图形布局空间	错一处扣 1 分
3	摆放视图	4	正确摆放视图	有不符处扣 1 分
4	保存文件	1	正确保存文件	必须全部正确才有得分

本章导读

本章主要介绍图形的输出打印，重点介绍了布局、视口和浮动窗口的使用情况。通过学习，能够按照要求正确设置图纸空间和视图，在打印对话框中设置合适的比例、单位，最终将图形输出。

10.1　样题示范

【练习目的】

由《试题汇编》中选取样题，观察本章题目类型，了解本章学习内容。

【样题来源】

机械类：《试题汇编》第八单元 8.4 题。

建筑类：《试题汇编》第八单元 8.14 题。

土木工程类：《试题汇编》第八单元 8.24 题。

【操作要点】

本章文件输出，要掌握绘图设备的设置，在打印过程中，可以灵活设置不打印图层，以及视口比例与图形布置，可以根据使用者的需要进行调整出图。

【操作要求】

机械类：

1. **视图层设置**：将素材文件 CADST8-4.dwg（“光盘:\素材文件\CAD2007\”目录下）复制到考生文件夹中，并在考生文件夹中打开该文件，建立视口层，图层名称为“VPORT”，将此图层设为不打印层。

2. **图纸空间设置**：激活“布局 1”，进入图纸空间，重命名“布局 1”为“A3”，并对“A3”进行如下设置，打印机选“DWF6 ePlot.pc3”，图纸尺寸选“ISO A3（420.00×297.00 毫米）”，打印样式选“monochrome.ctb”，其余参数均为默认值。

3. **视图设置**：在“A3”中的“VPORT”图层上创建四个视口，将布局改变为“四个：相等”，四个视口依次为“主视”、“左视”、“俯视”和“东南等轴测”，比例均为“1∶1”，图形依次生成在相对应的视口中，结果如图 10-1 所示。

4. **保存文件**：将完成的图形以 KSCAD8-4.dwg 为文件名保存在考生文件夹中。

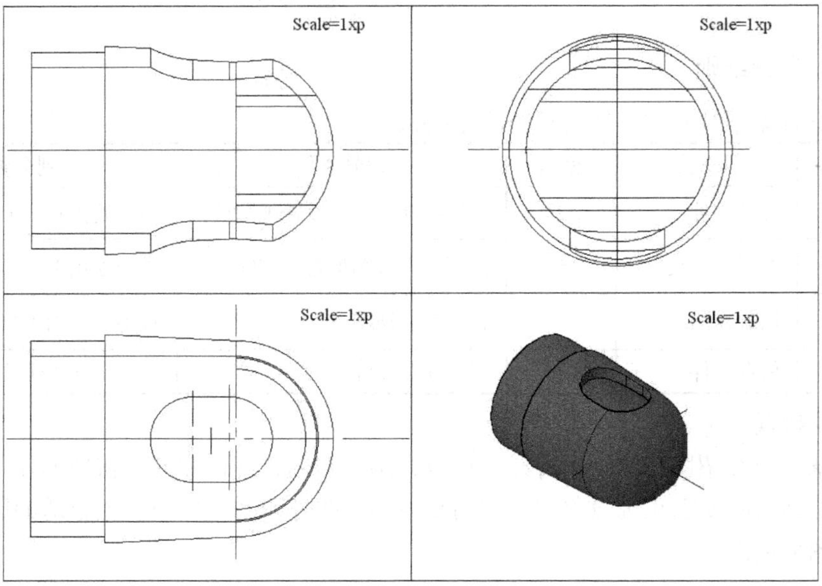

图 10-1　最终效果

建筑类：

1. **视图层设置**：将素材文件 CADST8-14.dwg（“光盘:\素材文件\CAD2007\”目录下）复制到考生文件夹中，并在考生文件夹中打开该文件，建立视口层，图层名称为“VPORT”，将此图层设为不打印层。

2. **图纸空间设置**：激活“布局 1”，进入图纸空间，重命名“布局 1”为“A1”，并对“A1”进行如下设置，打印机选“DWF6 ePlot.pc3”，图纸尺寸选“ISO A1（594.00×841.00 毫米）”，打印样式选“monochrome.ctb”，其余参数均为默认值。

3. **视图设置**：在“A1”中的“VPORT”图层上创建两个视口，将布局改变为“两个：垂直”，视口比例及图形布置如图 10-2 所示。采用“zoom”命令依次按图中的比例缩放视图，并按图中的要求放置视图。

4. **保存文件**：将完成的图形以 KSCAD8-14.dwg 为文件名保存在考生文件夹中。

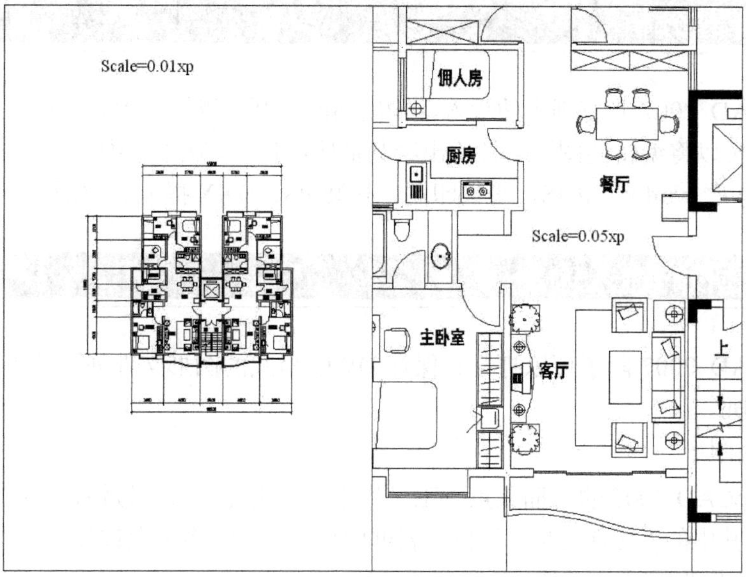

图 10-2　最终效果

土木工程类：

1. **视图层设置**：将素材文件 CADST8-24.dwg（“光盘:\素材文件\CAD2007\”目录下）复制到考生文件夹中，并在考生文件夹中打开该文件，建立视口层，图层名称为“VPORT”，将此图层设为不打印层。

2. **图纸空间**：激活“布局 1”，进入图纸空间，重命名“布局 1”为“A3”，并对“A3”进行如下设置，打印机选“DWF6 ePlot.pc3”，图纸尺寸选“ISO A3（420.00×297.00 毫米）”，打印样式选“monochrome.ctb”，其余参数均为默认值。

3. **视图设置**：在“A3”中的“VPORT”图层上创建两个视口，将布局改变为“两个：垂直”，采用“zoom”命令按图 10-3 中所示的比例依次缩放视图，并按图中的要求来放置视图。

4. **保存文件**：将完成的图形以 KSCAD8-24.dwg 为文件名保存在考生文件夹中。

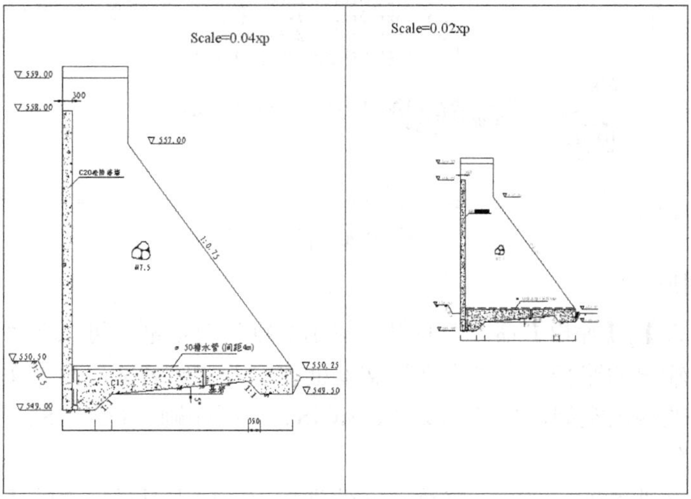

图 10-3　最终效果

10.2 样题分析

AutoCAD 2007 具有强大的输入、输出功能，既可以输入由其他应用程序处理好的图形文件，也可以将编辑的图形文件输出给其他应用程序，在本题中要注意多种形式的输出，如图元文件（*.wmf）、ACIS、平板印刷、封装 PS、DXX 提取、位图和块等。

10.3 图形的输入输出

AutoCAD 2007 除了可以打开和保存 DWG 格式的图形文件外，还可以导入或导出其他格式的图形。

1. 导入图形

在 AutoCAD 2007 的"插入点"工具栏中，单击【输入】按钮，将打开"输入文件"对话框。在其中的"文件类型"下拉列表框中可以看到，系统允许输入"图元文件"、ACIS 及 3D Studio 图形格式的文件。

在 AutoCAD 2007 的菜单命令中没有"输入"命令，但是可以使用【插入】|【3DStudio】命令、【插入】|【ACIS 文件】命令及【插入】|【Windows 图元文件】命令，分别输入上述 3 种格式的图形文件。

2. 插入 OLE 对象

选择【插入】|【OLE 对象】命令，打开"插入对象"对话框，可以插入对象链接或者嵌入对象，如图 10-4 所示。

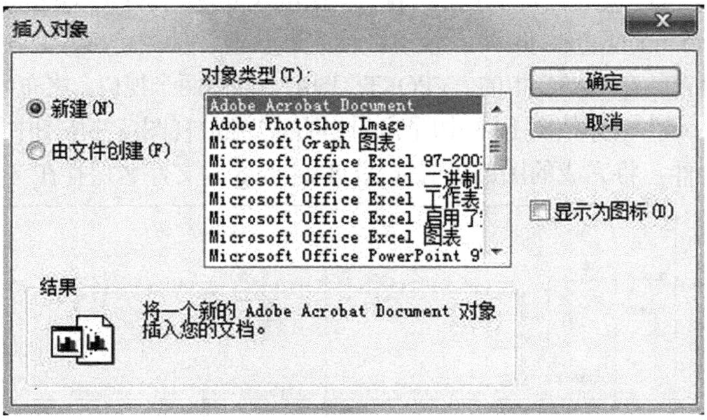

图 10-4　插入对象

3. 输出图形

选择【文件】|【输出】命令，打开"输出数据"对话框。可以在"保存于"下拉列表框中设置文件输出的路径，在"文件"文本框中输入文件名称，在"文件类型"下拉列表框中选择文件的输出类型，如图元文件、ACIS、平板印刷、封装 PS、DXX 提取、位图、3DStudio 及块等。

在设置了文件的输出路径、名称及文件类型后，单击对话框中的【保存】按钮，将切换到绘图窗口中，可以选择需要以指定格式保存的对象。

10.4　在模型空间与图形空间之间切换

模型空间是完成绘图和设计工作的工作空间。使用在模型空间中建立的模型可以完成二维或三维物体的造型，并且可以根据需求用多个二维或三维视图来表示物体，同时配有必要的尺寸标注和注释等来完成所需要的全部绘图工作。在模型空间中，用户可以创建多个不重叠的（平铺）视口以展示图形的不同视图。

10.5　创建和管理布局

在 AutoCAD 2007 中，可以创建多种布局，每个布局都代表一张单独的打印输出图纸。创建新布局后就可以在布局中创建浮动视口。视口中的各个视图可以使用不同的打印比例，并能够控制视口中图层的可见性。

1. 使用布局向导创建布局

选择【工具】|【向导】|【创建布局】命令，打开“创建布局”向导，可以指定打印设备、确定相应的图纸尺寸和图形的打印方向、选择布局中使用的标题栏或确定视口设置。

2. 管理布局

右击“布局”标签，使用弹出的快捷菜单中的命令，可以删除、新建、重命名、移动或复制布局。

默认情况下，单击某个布局选项卡时，系统将自动显示“页面设置”对话框，可供设置页面布局。如果以后要修改页面布局，可从快捷菜单中选择【页面设置管理器】命令，通过修改布局的页面设置，将图形按不同比例打印到不同尺寸的图纸中。

3. 布局的页面设置

选择【文件】|【页面设置管理器】命令，打开“页面设置管理器”对话框，如图 10-5 所示。

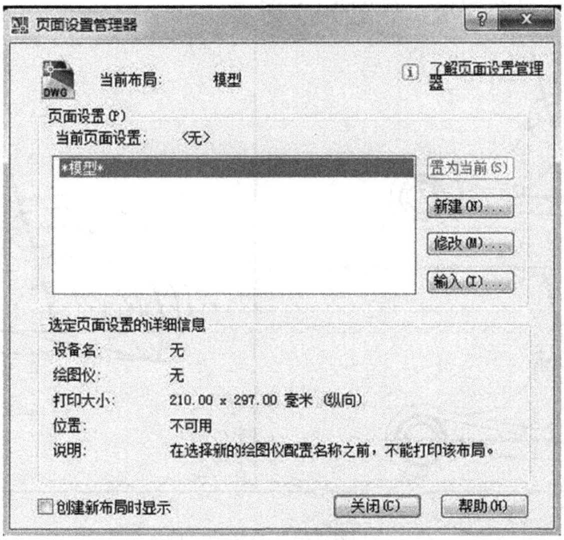

图 10-5　页面设置管理器

单击【新建】按钮，打开“新建页面设置”对话框，可以在其中创建新的布局，如图 10-6 所示。

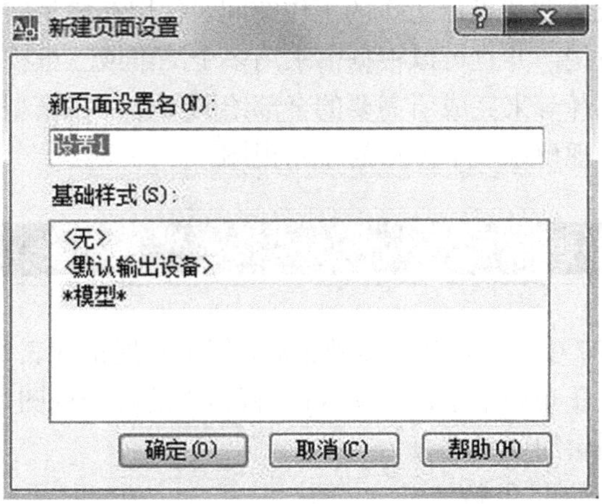

图 10-6 “新建页面设置”对话框

10.6 使用浮动视口

在构造布局图时，可以将浮动视口视为图纸空间的图形对象，并对其进行移动和调整。浮动视口可以相互重叠或分离。在图纸空间中无法编辑模型空间中的对象，如果要编辑模型，必须激活浮动视口，进入浮动模型空间。激活浮动视口的方法有多种，如可执行 MSPACE 命令、单击状态栏上的【图纸】按钮或双击浮动视口区域中的任意位置。

1. 删除、新建和调整浮动视口

在布局图中，选择浮动视口边界，然后按【Delete】键即可删除浮动视口。删除浮动视口后，选择【视图】|【视口】|【新建视口】命令，可以创建新的浮动视口，此时需要指定创建浮动视口的数量和区域，如图 10-7 所示。

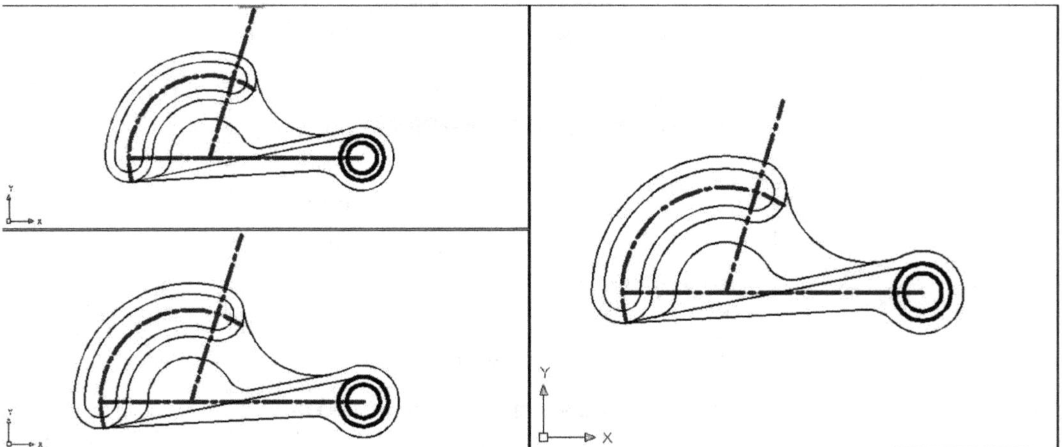

图 10-7 新建视口

2. 相对图纸空间比例缩放视图

如果布局图中使用了多个浮动视口时，就可以为这些视口中的视图建立相同的缩放比例，如图 10-8 所示。

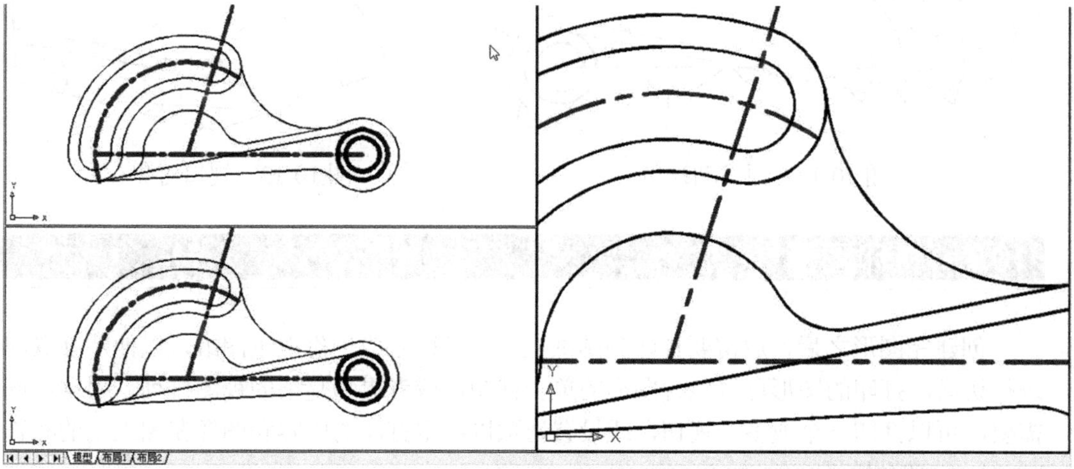

图 10-8　按照比例缩放

这时可选择要修改其缩放比例的浮动视口，在“特性”选项板的“标准比例”下拉列表框中选择某一比例，然后对其他的所有浮动视口执行同样的操作，就可以设置一个相同的比例值。

3. 在浮动视口中旋转视图

在浮动视口中，执行 MVSETUP 命令可以旋转整个视图，该功能与 ROTATE 命令不同，ROTATE 命令只能旋转单个对象。视图旋转前后，如图 10-9 和 10-10 所示。

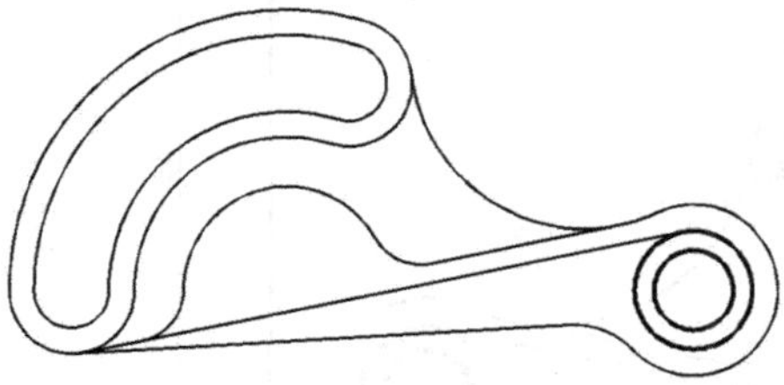

图 10-9　旋转前

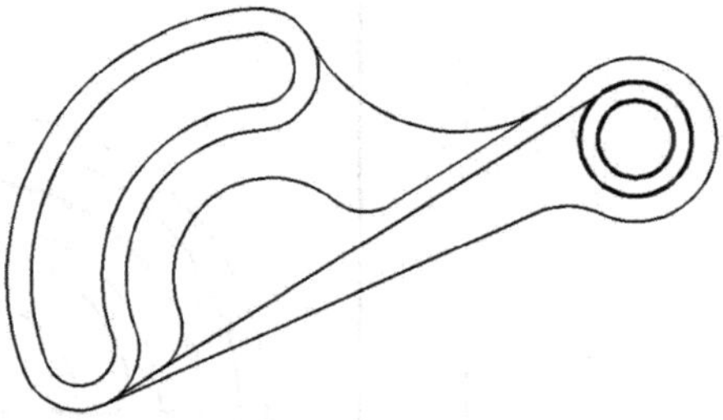

图 10-10　旋转后

4. 创立特殊形状的浮动视口，如图 10-11 所示

在删除浮动视口后，可以选择【视图】|【视口】|【多边形视口】菜单，创建多边形形状的浮动视口。也可以将图纸空间中绘制的封闭多段线、圆、面域、样条或椭圆等对象设置为视口边界，这时可选择【视图】|【视口对象】命令来创建，如图 10-12 所示。

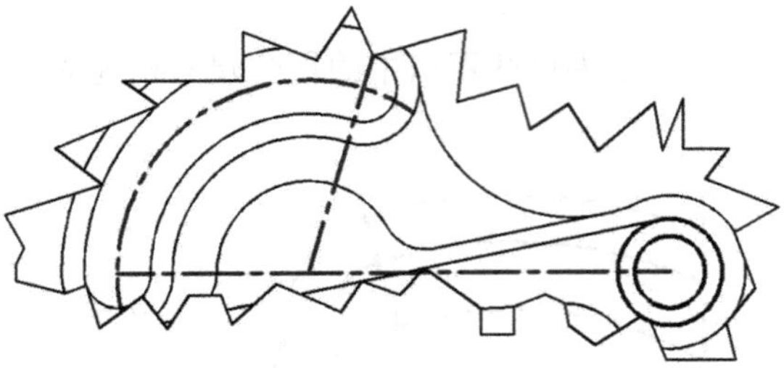

图 10-11　原浮动视口

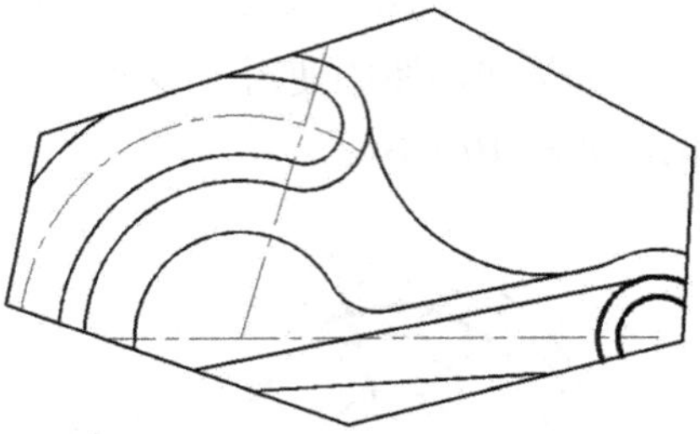

图 10-12　视口对象

10.7　打印图形

创建完图形之后，通常要打印到图纸上，也可以生成一份电子图纸，以便从互联网上进行访问。打印的图形可以包含图形的单一视图，或者更为复杂的视图排列。根据不同的需要，可以打印一个或多个视口，或设置选项以决定打印的内容和图像在图纸上的布置。

1. 打印预览

在打印输出图形之前可以预览输出结果，以检查设置是否正确。例如，图形是否都在有效输出区域内等。

AutoCAD 将按照当前的页面设置、绘图设备设置及绘图样式表等在屏幕上绘制最终要输出的图纸。选择【文件】|【打印预览】命令（PREVIEW），或在“标准”工具栏中单击【打印预览】按钮，可以预览输出结果。如下图 10-13 所示。

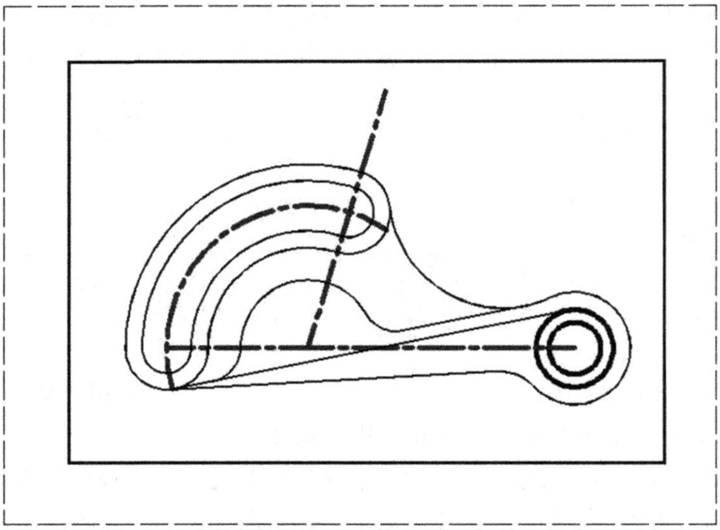

图 10-13　打印预览

2. 输出图形

在 AutoCAD2007 中，可以使用“打印”对话框打印图形。

当在绘图窗口中选择一个布局选项卡后，选择【文件】|【打印】命令，打开“打印”对话框，如图 10-14 所示。

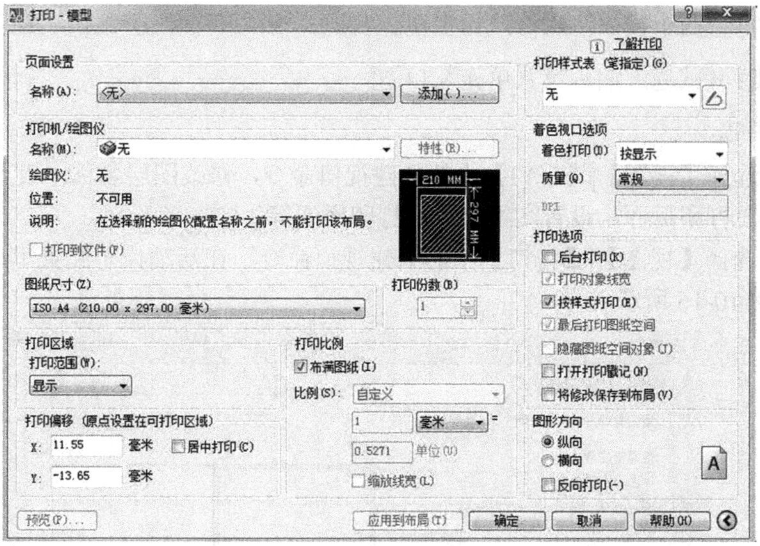

图 10-14　打印

10.8　样题解答

教学资源：本样题的图文解答详见光盘根目录下的“样题解答”目录。

本样题的视频解答请访问高新考试教材服务网站（www.citt.org.cn）教材专区中的“计算机辅助设计模块网络服务”。

机械类：《试题汇编》第八单元 8.4 题

操作步骤：

（1）选择【视图】|【视口】中的新建视口命令，修改图层名称，设置为不打印层。

（2）在打印页面，设置图纸尺寸、打印样式等。

（3）选择【视图】|【视口】中的新建视口命令，在活动模型配置里选择四个：相等选项，如图 10-15 所示。

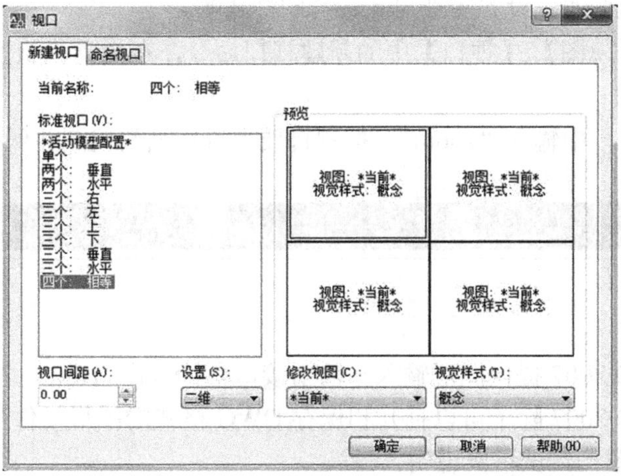

图 10-15　新建视口

（4）再将四个视口依次修改为主视、左视、俯视和东南等轴测，并保存文件。

建筑类：《试题汇编》第八单元 8.14 题

操作步骤：

（1）选择【视图】|【视口】中的新建视口命令，修改图层名称，设置为不打印层。

（2）在打印页面，设置图纸尺寸，打印样式等。

（3）选择【视图】|【视口】中的新建视口命令，在活动模型配置里选择二个：垂直选项，如图 10-16 所示。

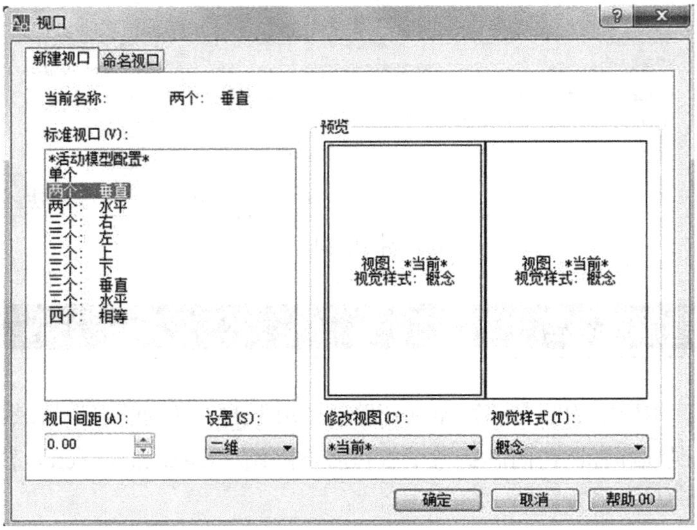

图 10-16 新建视口

（4）在命令行中输入“zoom”，按题目要求进行缩放视图并保存。

土木工程类：《试题汇编》第八单元 8.24 题

操作步骤：

（1）选择【视图】|【视口】中的新建视口命令，修改图层名称，设置为不打印层。

（2）在打印页面，设置图纸尺寸、打印样式等。

（3）选择【视图】|【视口】中的新建视口命令，在活动模型配置里选择两个：垂直选项。

（4）在命令行中输入“zoom”，按题目要求进行缩放视图并保存。

10.9 习题

简答题

1．AutoCAD 2007 提供图形输入与输出接口有什么作用？

2．AutoCAD 2007 除了可以打开和保存 DWG 格式的图形文件外，是否还可以导入或导出其他格式的图形，试举例说明。

3．创建布局有什么作用？

第 11 章　AutoCAD 2007 的 Internet 功能

为适应互联网络的快速发展，使用户能够快速有效地共享设计信息，AutoCAD 2007 强化了其 Internet 功能，使其与互联网相关的操作更加方便、高效，可以创建 Web 格式的文件（DWF），以及发布 AutoCAD 图形文件到 Web 页。

本章学习要点

- 电子格式输出
- 将图形发布到 Web
- 发布 DWF 文件

本章导读

本章主要介绍了 AutoCAD 2007 的 Internet 功能，有兴趣的读者可以加以了解。AutoCAD 2007 中的 Internet 功能进行了更新，全面融入了 Web 技术。这使得用户在使用 AutoCAD 进行产品设计时，可以快速、方便地通过网络进行交流、协作，可以在网上发布、浏览和下载图形文件，还可以在图形文件中建立超级链接。

11.1　AutoCAD 2007 与 Internet

11.11.1　AutoCAD 2007 中的 Internet 功能

- AutoCAD 2007 中直接使用 Web 浏览器。
- 将 AutoCAD 图形转换为可供 Web 浏览器浏览的 DWF 格式的图形文件。
- 将超链接置于图形对象之中。
- 将在 Internet 上存放的图形文件拖到 AutoCAD 2007 中打开。
- 将单机上的图形文件在指定的统一资源定位器上保存。
- 将图形发布到 Web。
- 具备“网络会议”功能。

11.1.2　Internet 的用途

- 商业用途
- 电子邮件的通讯
- 文件传输服务
- 远程登陆
- 信息浏览与检索服务
- 文本查询服务

11.1.3　相关概念

1. URL

统一资源定位符 URL（Uniform Resource Locator）是万维网用来描述资源的位置（即

地址）和访问资源时所用的协议，它标志万维网上的各种文档，使每一个文档在整个因特网的范围内具有唯一的标识符。

由以冒号隔开的两大部分组成，并且在 URL 中的字符对大写或小写没有要求，URL 的一般形式是：<URL 的访问方式>://<主机>:<端口>/<路径> 。

2. Intranet 和 Internet

Intranet 为企业内部网，也可并入 Internet，形成广义的 Internet 资源。Internet 即国际互联网，通常称为因特网。Internet 是用 TCP/IP 协议将不同结构的网络连接起来的计算机信息网络。在 Internet 中任何一个用户都可以使用网络上的资源。Intranet 是企业内部互连网，是使用了 TCP/IP 技术和信息技术的局域网。该网具有与 Internet 连接的功能，是随着 Internet 的发展而建立起来的。

Internet 和 Intranet 主要区别如下。

（1）Intranet 是属于某个企业或事业单位自己组建的内部计算机信息网络，而 Internet 是不属于任何一个部门所独有的计算机信息网络。

（2）Intranet 上的企业内部私有的资源信息，需要严格的保护；而企业的公开信息，则希望社会上的用户尽可能多地访问。在 Internet 中，任何一个用户都可以使用网络上的资源，比如访问网页资源。

11.2 在 AutoCAD 2007 中启动浏览器

用户在计算机中若装有网络浏览器，且在系统注册表中定义为缺省的 Web 浏览器，则可以在 AutoCAD 2007 中通过激活命令启动该浏览器。

在命令行中输入：BROWSER

系统提示输入网址（URL），默认为：http://www.autodesk.com

此时如果输入“http://www.baidu.com”，则直接跳转到如图 11-1 所示网页。

图 11-1　直接跳转到网络站点

11.3　AutoCAD 图形中加入超链接

在 AutoCAD 2007 中，插入超链接的操作可以通过超级链接命令来进行。

（1）输入命令的方法：下拉菜单：单击菜单插入 | …（超级链接）项。

（2）选中该项，弹出的对话框如图 11-2 所示。

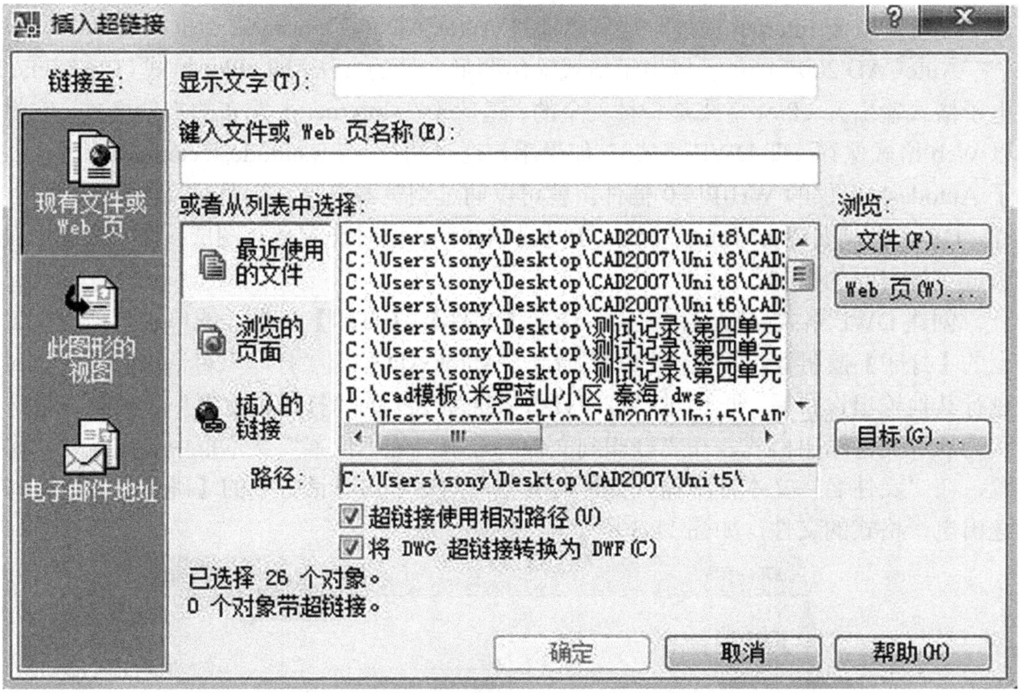

图 11-2　打开“插入超链接”对话框

在文本框中填写“连接时显示文字”，选择要链接的文件名称，可以从本地文件中选取，单击右侧【文件】按钮，弹出“选择文件”对话框，选择合适的文件；或者在输入 Web 页名称，单击右侧【Web 页】按钮，弹出“选择文件”对话框，选择合适的文件，最后单击【确定】按钮即可。

11.4　电子格式输出

11.4.1　使用对话框存取文件

选择【文件】|【打开】命令、【文件】|【另存为】命令，或在命令行直接输入 OPEN、APPLOAD、EXPORT、SAVEAS 等命令后回车，AutoCAD 2007 都会出现“打开”或“保存”对话框，在对话框的文件栏里，用户可以输入 URL 路径，系统可以有效识别 URL 路径（http://www.autodesk.com/mydrawing.dwg），通过内部集成的浏览器访问 Internet 站点，进行一般文件操作。

11.4.2 用浏览器存取文件

如果用户事先不知道要打开文件的确切 Internet 地址，或者不愿意输入比较长的 Internet 地址，则可以通过浏览器的导航功能（前进或后退）转到文件所在的站点，然后打开或查找所需要的文件。

如果用户有经常要使用的 Internet 地址，则可以将该地址作为每次从 AutoCAD 中打开浏览器时的缺省 Internet 地址，这可以通过 AutoCAD 的 Options 对话框来设置。

AutoCAD 2007 提供了以电子格式输出图形文件的方法，即 ePlot 格式（Electronic Plot，电子格式输出）。ePlot 格式是一种安全的、适应于在 Internet 上发布的文件格式，它将图形以 Web 格式保存（即 DWF 格式）。如果用户通过网址 www.autodesk.com/whip 下载并安装了 Autodesk 提供的 WHIP!4.0 插件，就可以通过浏览器打开、浏览、打印 DWF 文件。此外，DWF 格式支持实时显示缩放、实时显示移动，同时还支持对图层、命名视图、嵌套超级链接等方面的控制。

创建 DWF 格式文件的方法为：选择【文件】|【打印】命令，或单击“标准”工具栏上的【打印】按钮，即执行 PLOT 命令，AutoCAD 弹出“打印”对话框。通过该对话框进行其他输出设置后，再通过“打印设备”选项卡中的“打印机配置”下拉列表框选择后缀为.pc3 文件输出格式，在“打印到文件”选项组的“位置”文本框中确定文件输出的位置，在“文件名”文本框中输入文件的名称，然后单击对话框中的【确定】按钮，即可创建出电子格式的文件，如图 11-3 所示。

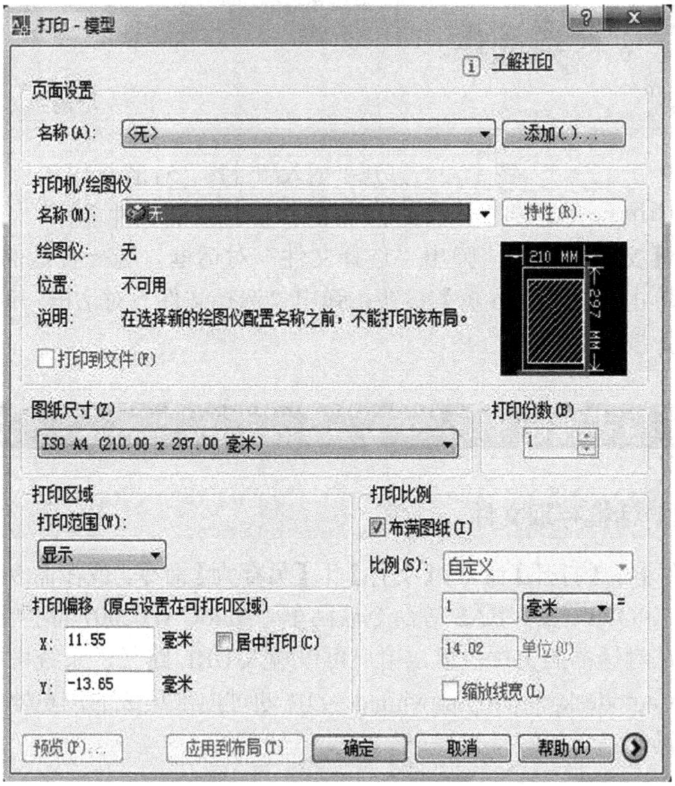

图 11-3 “打印”对话框

小技巧：巧借 Excel 在 AutoCAD 中绘曲线

在工程计算时，经常要用 AutoCAD 画出一条曲线，而这条曲线如果是由多个坐标点连接成的，输入起来就麻烦，而且容易出错。如果利用 Excel 应用程序来保存数据，并与 AutoCAD 巧妙地结合起来，就能很容易地画出该曲线。

具体方法为：首先，在 Excel 中输入坐标值。我们将 x 坐标值放入 A 列，y 坐标值放入 B 列，再将 A 列和 B 列合并成 C 列。由于 AutoCAD 中二维坐标点之间是用逗号隔开的，所以我们在 C2 单元格中输入："=A2&","&B2"，C2 中就出现了一对坐标值。我们用鼠标拖动的方法将 C2 的的公式进行复制，就可以得到一组坐标值，如图 11-4 所示。

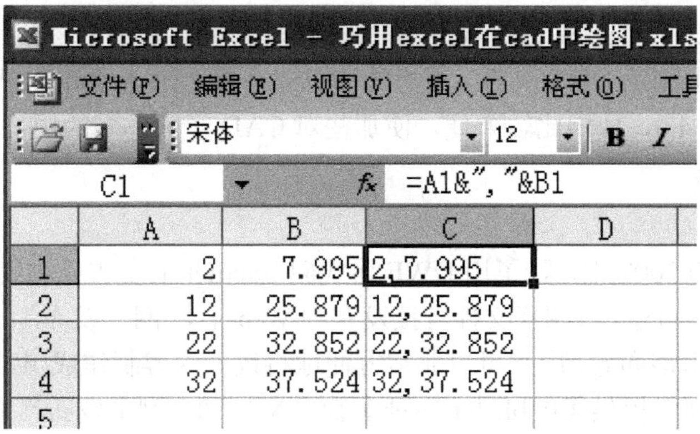

图 11-4　Excel 中输入坐标值

其次，选出所需画线的点的坐标值，如上例中 C 列数据，将其复制到剪贴板上，即按 Excel 中的复制按钮来完成此工作。

最后，打开 AutoCAD，在命令行处键入 spline（画曲线命令），出现提示："Object/:"，再在此位置处点击鼠标右键，弹出菜单，在菜单中选择 Paste 命令，这样在 Excel 中的坐标值就传送到了 AutoCAD 中，并自动连接成曲线，单击鼠标右键，取消继续画线状态，曲线就画好了，如图 11-5 所示。

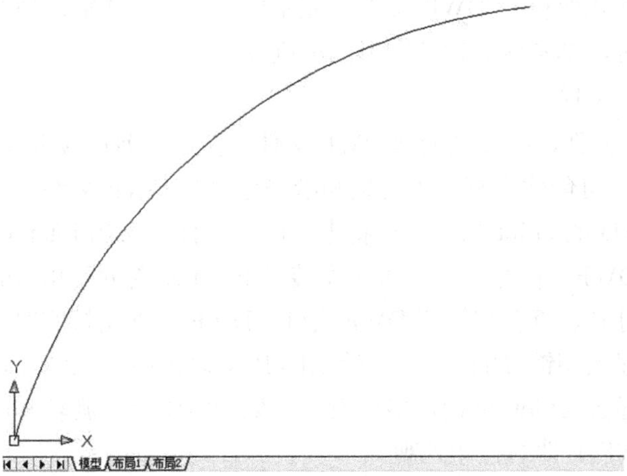

图 11-5　生成曲线

11.5 制作 Web 图形文件

在 AutoCAD 2007 中，选择【文件】|【网上发布】命令，即使不熟悉 HTML 代码，也可以方便、迅速地创建格式化 Web 页，该 Web 页包含有 AutoCAD 图形的 DWF、PNG 或 JPEG 等格式图像。一旦创建了 Web 页，就可以将其发布到 Internet。

1. 输出 DWF 格式文件

在输出 DWF 格式文件的命令是 Plot，或用“另存为”选定 DWF 格式，皆可将当前 AutoCAD 图形转存为 DWF 格式。关于 DWFOUT 命令，AutoCAD 建议不再使用。

2. 浏览 DWF 格式文件

在 AutoCAD 中创建的 DWF 文件只能在 Web 浏览器里浏览，不能在 AutoCAD 中浏览。为了在 Internet 上浏览 DWF 文件，用户的浏览器需要一个 Autodesk WHIP!的插件，WHIP!插件的新版本为 4.0，使用比较方便，使那些对 CAD 了解不多的用户也能方便地用浏览器查看 DWF 文件。

3. Web 发布

在 AutoCAD 2007 中，除了用 DWF 格式向 Internet 上发布或浏览图形文件外，还可以使用“网上发布”向导，将图形文件直接发布到 Web 上。“网上发布”向导是 AutoCAD 2007 新增的功能，利用该向导，用户可以非常方便地将设计内容制作成 Web 页并发布到 Internet 上。AutoCAD 2007 提供【Publish to web】命令来启动“网上发布”向导。

11.6 发布 DWF 文件

现在，国际上通常采用 DWF（Drawing Web Format，图形网络格式）图形文件格式。DWF 文件可在任何装有网络浏览器和 Autodesk WHIP！插件的计算机中打开、查看和输出。

DWF 文件支持图形文件的实时移动和缩放，并支持控制图层、命名视图和嵌入链接显示效果。DWF 文件是矢量压缩格式的文件，可提高图形文件打开和传输的速度，缩短下载时间。以矢量格式保存的 DWF 文件，完整地保留了打印输出属性和超链接信息，并且在进行局部放大时，基本能够保持图形的准确性。

1. 输出 DWF 文件

要输出 DWF 文件，必须先创建 DWF 文件，在这之前还应创建 ePlot 配置文件。使用配置文件 ePlot.pc3 可创建带有白色背景和纸张边界的 DWF 文件。

通过 AutoCAD 的 ePlot 功能，可将电子图形文件发布到 Internet 上，所创建的文件以 Web 图形格式（DWF）保存。用户可在安装了 Internet 浏览器和 Autodesk WHIP!4.0 插件的任何计算机中打开、查看和打印 DWF 文件。DWF 文件支持实时平移和缩放，可控制图层、命名视图和嵌入超链接的显示。在使用 ePlot 功能时，系统先按建议的名称创建一个虚拟电子出图。通过 ePlot 可指定多种设置，如指定画笔、旋转和图纸尺寸等，所有这些设置都会影响 DWF 文件的打印外观。

2. 在外部浏览器中浏览 DWF 文件

如果在计算机系统中安装了 4.0 或以上版本的 WHIP!插件和浏览器，则可在 Internet

Explorer 览器中查看 DWF 文件。如果 DWF 文件包含图层和命名视图，还可在浏览器中控制其显示特征。

11.7　网络会议

AutoCAD 2007 中具有网络会议功能，用户可以利用该功能从 AutoCAD 中直接启动 Microsoft 公司的 Netmeeting 工具，召开网络会议。该网络会议有一个特点，就是会议主持人的 AutoCAD 系统界面将自动显示在与会者的屏幕上，使得主持人能通过会议来演示范例，讨论设计中的问题等。

11.8　习题

简答题

1．简述 AutoCAD 2007 中的 Internet 功能。

2．简述 AutoCAD 2007 主要应用在哪些方面。

3．如何激活 AutoCAD 2007 中的浏览器。